Tilman Butz

Fouriertransformation für Fußgänger

Tilman Butz

Fouriertransformation für Fußgänger

7., aktualisierte Auflage

STUDIUM

**VIEWEG+
TEUBNER**

Bibliografische Information der Deutschen Nationalbibliothek
Die Deutsche Nationalbibliothek verzeichnet diese Publikation in der
Deutschen Nationalbibliografie; detaillierte bibliografische Daten sind im Internet über
<http://dnb.d-nb.de> abrufbar.

Prof. Dr. rer. nat. habil. Tilman Butz
Geboren 1945 in Göggingen/Augsburg. Ab 1966 Studium der Physik an der Technischen Universität
München, Diplom 1972, Promotion 1975, Habilitation 1985. Von 1985 bis 1992 wissenschaftlicher
Assistent. Seit 1993 Professor für Experimentalphysik an der Universität Leipzig, Fakultät für Physik
und Geowissenschaften.

E-Mail: butz@physik.uni-leipzig.de
http://www.uni-leipzig.de/~nfp/Staff/Tilman_Butz/tilman_butz.html

Abbildungen: H. Gödel, Dr. T. Soldner (1.2, 1.5), H. Dietze (1.3, 1.10), Dr. T. Reinert (3.11), St. Jankuhn
(2.22, 4.24, A.1 - A.9, A.16 - A.18)

1. Auflage 1998
2. Auflage 2000
3. Auflage 2003
4. Auflage 2005
5. Auflage 2007
6. Auflage 2009
7., aktualisierte Auflage 2011

Lektorat: Ulrich Sandten | Kerstin Hoffmann

Vieweg+Teubner Verlag ist eine Marke von Springer Fachmedien.
Springer Fachmedien ist Teil der Fachverlagsgruppe Springer Science+Business Media.
www.viewegteubner.de

Umschlaggestaltung: KünkelLopka Medienentwicklung, Heidelberg
Druck und buchbinderische Verarbeitung: AZ Druck und Datentechnik, Berlin
Gedruckt auf säurefreiem und chlorfrei gebleichtem Papier
Printed in Germany

ISBN 978-3-8348-0946-9

Für Renate, Raphaela und Florentin

Vorwort

Fouriertransformation[1] für Fußgänger. Für *Fußgänger*? Zu diesem Titel inspirierte mich das berühmte Buch von Harry J. Lipkin „Beta-decay for Pedestrians" [1], in dem so schwierige physikalische Probleme der schwachen Wechselwirkung wie Helizität und Paritätsverletzung für „Fußgänger" anschaulich erläutert werden. Im Gegensatz dazu kommt man bei der diskreten Fouriertransformation mit den vier Grundrechenarten aus, die jeder Schüler beherrschen sollte. Da es sich auch noch um einen linearen Algorithmus[2] handelt, dürfte es eigentlich ebensowenig Überraschungen geben wie bei der vielzitierten „Milchmädchenrechnung". Dennoch hält sich im Zusammenhang mit Fouriertransformationen hartnäckig das Vorurteil, dabei könne Information verlorengehen oder man könnte Artefakten aufsitzen; jedenfalls sei diesem mystischen Zauberspuk nicht zu trauen. Solche Vorurteile haben ihre Wurzeln häufig in schlechten Erfahrungen, die man bei der – unsachgemäßen – Verwendung fertiger Fouriertransformationsprogramme oder -hardware gemacht hat.

Dieses Buch wendet sich an alle, die als Laien – als Fußgänger – einen behutsamen und auch amüsanten Einstieg in die Anwendung der Fouriertransformation suchen, ohne dabei mit zuviel Theorie, mit Existenzbeweisen und dergleichen konfrontiert werden zu wollen. Es ist geeignet für Studenten der naturwissenschaftlichen Fächer an Fachhochschulen und Universitäten, aber auch für „nur" interessierte Computerfreaks. Ebenso eignet es sich für Studenten der Ingenieurwissenschaften und für alle Praktiker, die mit der Fouriertransformation arbeiten. Elementare Kenntnisse in der Integralrechnung sind allerdings wünschenswert.

Wenn sich durch dieses Buch Vorurteile vermeiden oder gar abbauen lassen, dann hat sich das Schreiben schon gelohnt. Hier wird gezeigt, wie es „funktioniert". Die Fouriertransformation wird generell nur in einer Dimension behandelt. In Kap. 1 werden als Einstieg Fourierreihen vorgestellt und dabei wichtige Sätze bzw. Theoreme eingeführt, die sich wie ein roter Fa-

---

[1] Jean Baptiste Joseph Fourier (1768–1830), französischer Mathematiker und Physiker.

[2] Integration und Differentiation sind lineare Operatoren. Dies ist in der diskreten Version (Kap. 4) sofort einsichtig und gilt natürlich auch beim Übergang zur kontinuierlichen Form.

den durch das ganze Buch ziehen. Wie es sich für Fußgänger gehört, werden natürlich auch „Fußangeln" erläutert. Kapitel 2 behandelt kontinuierliche Fouriertransformationen in großer Ausführlichkeit. Sehr umfangreich werden in Kap. 3 die Fensterfunktionen diskutiert, deren Verständnis essentiell für die Vermeidung enttäuschter Erwartungen ist. In Kap. 4 werden diskrete Fouriertransformationen unter besonderer Berücksichtigung des Cooley–Tukey-Algorithmus (Fast Fourier Transform, FFT) besprochen. Kapitel 5 bringt schließlich ein paar nützliche Beispiele für die Filterwirkung einfacher Algorithmen. Hier wurden aus der riesigen Stofffülle nur solche Themen aufgegriffen, die bei der Datenaufnahme bzw. -vorverarbeitung relevant sind und oftmals unbewußt ausgeführt werden. Die Spielwiese im Anhang bietet die Möglichkeit, das Gelernte an einigen nützlichen Beispielen auszuprobieren, und zugleich soll sie die Lust für die Entwicklung eigener Ideen wecken.

Dieses Buch entstand aus einem Manuskript für Vorlesungen an der Technischen Universität München und an der Universität Leipzig. Es hat daher einen starken Lehrbuchcharakter und enthält viele Beispiele – oft „per Hand" nachzurechnen – und zahlreiche Abbildungen. Zu zeigen, daß ein deutschsprachiges Lehrbuch auch amüsant und unterhaltsam sein kann, war mir ein echtes Anliegen, denn Strebsamkeit und Fleiß alleine können Kreativität und Phantasie töten. Es muß auch Spaß machen und sollte den Spieltrieb fördern. Die beiden Bücher „Applications of Discrete and Continuous Fourier Analysis" [2] und „Theory of Discrete and Continuous Fourier Analysis" [3] haben die Gliederung und den Inhalt dieses Buches stark beeinflußt und sind als Zusatzlektüre – speziell für „Theoriedurstige" – zu empfehlen. Für die vielen neudeutschen Ausdrücke wie z.B. „sampeln" oder „wrappen" entschuldige ich mich im voraus und bitte um Milde.

Dank gebührt Frau U. Seibt und Frau K. Schandert sowie den Herren Dipl.-Phys. T. Reinert, T. Soldner und St. Jankuhn, insbesondere aber Herrn Dipl.-Phys. H. Gödel für die mühevolle Arbeit, aus einem Manuskript ein Buch entstehen zu lassen. Anregungen, Anfragen und Änderungsvorschläge sind erwünscht.

Viel Spaß beim Lesen, Spielen und Lernen.

Leipzig,
Mai 1998   *Tilman Butz*

Vorwort zur zweiten Auflage

Bei der Durchsicht der ersten Auflage sind einige Fehler gefunden worden, die in der zweiten Auflage korrigiert wurden. Ich danke insbesondere für Hinweise von aufmerksamen Lesern, auch für Hinweise per e-mail. Anregungen, Anfragen und Hinweise sind weiterhin erwünscht.

Leipzig,
Dezember 1999   *Tilman Butz*

Vorwort zur dritten Auflage

Zu der ersten und zweiten Auflage des Buches sind zahlreiche Hinweise, Anfragen und Anregungen von aufmerksamen Lesern eingegangen, auch per e-mail, für die ich mich sehr bedanke. Besonderer Dank gebührt Herrn Dipl.-Phys. St. Jankuhn für sein akribisches Korrekturlesen; die Hinweise wurden in der dritten Auflage berücksichtigt. Außerdem wurden einige Änderungen und Erweiterungen vorgenommen, insbesondere in den Kapiteln 2.3, 2.4, 3, 4.7 und 5.2, die zum Teil aus intensiven e-mail Diskussionen über bestimmte Formulierungen resultierten. Anregungen, Anfragen und Hinweise sind weiterhin erwünscht.

Leipzig,
Juli 2003   *Tilman Butz*

Vorwort zur vierten Auflage

Die vierte, durchgesehene und erweiterte Auflage basiert auf der 3. Auflage und enthält eine Fülle von neuen „Spielwiesen" (manche nennen das lieber „Probleme") nach jedem Kapitel, die der ersten englischen Ausgabe entnommen sind. Besonderer Dank gebührt, wie schon früher, Herrn Dipl.-Phys. St. Jankuhn für sein akribisches Korrekturlesen und seinen virtuosen Umgang mit LaTeX sowie Frau A. Käthner. Anregungen, Anfragen und Hinweise sind weiterhin erwünscht.

Leipzig,
September 2005   *Tilman Butz*

Vorwort zur fünften Auflage

Die fünfte, durchgesehene Auflage basiert auf der 4. Auflage. Besonderer Dank gebührt wiederum Herrn Dipl.-Phys. St. Jankuhn, und natürlich auch allen aufmerksamen Lesern, die mich auf Schwächen und Fehler aufmerksam gemacht haben. Anregungen, Anfragen und Hinweise sind immer erwünscht.

Leipzig,
Februar 2007   *Tilman Butz*

Vorwort zur sechsten Auflage

Die sechste, durchgesehene Auflage basiert auf der 5. Auflage. Besonderer Dank gebührt wiederum Herrn Dipl.-Phys. St. Jankuhn, und natürlich auch allen aufmerksamen Lesern, die mich auf Schwächen und Fehler (immer noch!) aufmerksam gemacht haben. Anregungen, Anfragen und Hinweise sind wie immer erwünscht.

Leipzig,
August 2008   *Tilman Butz*

Vorwort zur siebten Auflage

Die siebte, durchgesehene Auflage basiert auf der 6. Auflage. Besonderer Dank gebührt allen aufmerksamen Lesern, die mich auf Schwächen und Fehler aufmerksam gemacht haben und natürlich auch Herrn Dipl.-Phys. St. Jankuhn. Anregungen, Anfragen und Hinweise sind wie immer erwünscht.

Leipzig,
August 2011   *Tilman Butz*

Inhaltsverzeichnis

Einleitung

Es ist eine generelle Aufgabe in Wissenschaft und Technik, Meßsignale zu erfassen und den angefallenen Daten ihre „Geheimnisse" (Informationen) zu entlocken. Wir interessieren uns hier vor allem für zeitlich variable Meßsignale. Diese können periodische und nicht periodische Signale, Rauschen oder auch Überlagerungen dieser Anteile sein. In jedem Fall setzt sich unser Meßsignal aus mehreren Komponenten zusammen, d.h., neben dem Signal der eigentlich interessanten Meßgröße kommen apparative Effekte der verwendeten Elektronik und z.B. das Rauschen hinzu. Es besteht also die Aufgabe, aus dem ankommenden Meßsignal die interessanten Anteile herauszufiltern und diese auszuwerten. In vielen Fällen interessiert man sich vorrangig für die periodischen Komponenten des Signals, d.h. für den *spektralen Gehalt*, der dann aus diskreten Anteilen besteht. Derartige Analysen sind mit der Fouriertransformation besonders gut durchführbar.

Beispiele hierfür sind:

- die Analyse der Schwingungen einer Violinsaite oder auch einer Brücke,
- die Überprüfung der Qualität eines Hi-Fi-Verstärkers,
- Hochfrequenz-Fouriertransformations-Spektroskopie,
- optische Fouriertransformations-Spektroskopie,
- digitale Bildverarbeitung (2- bzw. 3-dimensional),

um nur einige Beispiele aus den Bereichen Akustik, Elektronik und Optik anzusprechen und zu zeigen, daß die Methode nicht nur für rein wissenschaftliche Untersuchungen nützlich ist.

Viele mathematische Verfahren in fast allen Zweigen der Natur- und Ingenieurwissenschaften bedienen sich der Fouriertransformation. Das Verfahren ist so weit verbreitet (fast ein alter Hut), daß der Anwender oft nur ein paar Knöpfe drücken muß (bzw. ein paar Mouseklicks braucht), um eine Fouriertransformation durchzuführen, oder es wird gleich alles „frei Haus" geliefert. Mit dieser Nutzerfreundlichkeit geht allerdings häufig der Verlust aller dazu nötigen Kenntnisse einher. Bedienungsfehler, Fehlinterpretationen und Frustration sind die Folge falscher Einstellungen oder ähnlicher Delikte.

Dieses Buch soll dazu beitragen, Verständnis dafür zu wecken, was man bei der Verwendung von Fouriertransformationsalgorithmen *tun und lassen* sollte. Erfahrungsgemäß sind zwei Hürden vom mathematisch nicht vorbelasteten Leser zu überwinden:

- die Differential- und Integralrechnung und
- das Rechnen mit komplexen Zahlen.

Da bei der Definition[1] der Fourierreihe und der kontinuierlichen Fouriertransformation unweigerlich Integrale auftreten, wie z.B. in Kap. 3 (Fensterfunktionen), läßt sich das Problem nicht umgehen, aber mit Hilfe einer Integraltafel entschärfen. Beispielsweise ist das TEUBNER-TASCHENBUCH der Mathematik [4] als Hilfsmittel gut geeignet. In den Kapiteln 4 und 5 genügen zum Verständnis allerdings die vier Grundrechenarten. Was das Rechnen mit komplexen Zahlen angeht, so habe ich in Kap. 1 alle Formeln ausführlich ohne und mit komplexer Schreibweise behandelt, so daß dieses Kapitel auch als kleine Einführung in den Umgang mit komplexen Zahlen dienen kann.

Für all diejenigen, die sofort vor ihrem PC zur Tat schreiten möchten, ist z.B. das Buch „Numerical Recipes" [5] besonders nützlich. Dort werden u.a. Programme für fast alle Wünsche angeboten und erläutert.

---

[1] Die in diesem Buch gegebenen Definitionen haben den Charakter von Vereinbarungen und erheben keinen Anspruch auf mathematische Strenge.

1 Fourierreihen

Abbildung einer *periodischen* Funktion $f(t)$ auf eine Reihe von Fourierkoeffizienten C_k

1.1 Fourierreihen

Dieser Teil dient als Einstieg. Er mag vielen Lesern zu einfach vorkommen; dennoch sollte er gelesen und ernstgenommen werden. Vorab ein paar Bemerkungen:

i. Der Anschaulichkeit halber wird im gesamten Buch nur von Funktionen in der Zeitdomäne und ihrer Fouriertransformation in der Frequenzdomäne gesprochen. Dies entspricht der häufigsten Anwendung, und die Übertragung auf andere Paare, wie z.B. Ort und Impuls, ist trivial.

ii. In der Frequenzdomäne wird die Kreisfrequenz ω verwendet. Die Dimension der Kreisfrequenz ist Radiant/Sekunde (oder einfacher s^{-1}). Sie ist mit der Frequenz ν der Rundfunksender – z.B. UKW 105,4 MHz – verknüpft über:

$$\omega = 2\pi\nu. \tag{1.1}$$

Die Dimension von ν ist das Hertz, abgekürzt Hz.

Übrigens, wenn jemand – wie mein sehr geschätztes Vorbild H.J. Weaver – eine andere Nomenklatur verwendet, um die lästigen Faktoren 2π zu vermeiden, die überall auftauchen, dann glauben Sie ihm nicht. Für jedes 2π, das man irgendwo einspart, tauchen am anderen Ende wieder ein oder mehrere Faktoren 2π auf. Es gibt allerdings andere gute Gründe, wie z.B. in „Numerical Recipes" erläutert, mit t und ν zu arbeiten.

In diesem Buch wird trotzdem durchweg t und ω verwendet, wobei ich mich bemüht habe, weniger nonchalant mit den 2π umzugehen als oft üblich.

1.1.1 Gerade und ungerade Funktionen

Alle Funktionen sind entweder:

$$\boxed{f(-t) = f(t) \ : \text{gerade}} \tag{1.2}$$

oder:

$$\boxed{f(-t) = -f(t) \ : \text{ungerade}} \tag{1.3}$$

oder eine „Mischung", d.h. Superposition von geradem und ungeradem Anteil. Die Zerlegung ergibt:

$$f_{\text{gerade}}(t) = (f(t) + f(-t))/2$$
$$f_{\text{ungerade}}(t) = (f(t) - f(-t))/2.$$

Beispiele sind in Abb. 1.1 angegeben.

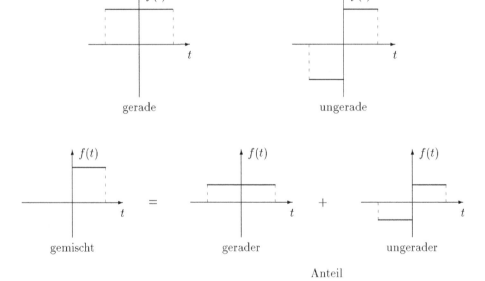

Abb. 1.1. Beispiele für gerade, ungerade und gemischte Funktionen

1.1.2 Definition der Fourierreihe

Die Fourieranalyse wird häufig auch harmonische Analyse genannt, da sie als Basisfunktionen die trigonometrischen Funktionen Sinus und Kosinus verwendet, die bei harmonischen Schwingungen eine zentrale Rolle spielen.

So wie eine Funktion in vielen Fällen in eine Potenzreihe entwickelt werden kann, lassen sich speziell periodische Funktionen nach den trigonometrischen Funktionen Sinus und Kosinus entwickeln[1].

---

[1] Hier und im folgenden wollen wir voraussetzen, daß die Reihen konvergieren.

Definition 1.1 (Fourierreihe).

$$f(t) = \sum_{k=0}^{\infty}(A_k \cos\omega_k t + B_k \sin\omega_k t) \tag{1.4}$$

$$\text{mit } \omega_k = \frac{2\pi k}{T} \text{ und } B_0 = 0.$$

Hier bedeutet T die Periode der Funktion $f(t)$. Die Amplituden oder Fourierkoeffizienten A_k und B_k werden, wie wir gleich sehen, so bestimmt, daß die unendliche Reihe mit der Funktion $f(t)$ übereinstimmt. Gleichung (1.4) besagt also, daß sich jede periodische Funktion als Überlagerung von Sinus- und Kosinus-Funktionen geeigneter Amplitude darstellen läßt – notfalls mit unendlich vielen Termen –, wobei aber nur ganz bestimmte Frequenzen vorkommen:

$$\omega = 0, \frac{2\pi}{T}, \frac{4\pi}{T}, \frac{6\pi}{T}, \dots$$

In Abb. 1.2 sind die Basisfunktionen für $k = 0, 1, 2, 3$ dargestellt.

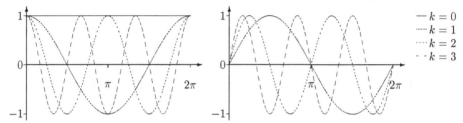

Abb. 1.2. Basisfunktionen der Fouriertransformation: links: Kosinus; rechts: Sinus

Beispiel 1.1 („Trigonometrische Identität").

$$f(t) = \cos^2\omega t = \frac{1}{2} + \frac{1}{2}\cos 2\omega t . \tag{1.5}$$

Durch die trigonometrische Umformung in (1.5) wurden bereits die Fourierkoeffizienten A_0 und A_2 bestimmt: $A_0 = 1/2$, $A_2 = 1/2$ (siehe Abb. 1.3). Da die Funktion $\cos^2\omega t$ eine gerade Funktion ist, brauchen wir keine B_k.

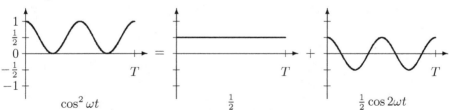

Abb. 1.3. Zerlegung von $\cos^2\omega t$ in den Mittelwert $1/2$ und eine Schwingung mit Amplitude $1/2$ und Frequenz 2ω

1.1.3 Berechnung der Fourierkoeffizienten

Bevor wir an die Berechnung der Fourierkoeffizienten gehen, benötigen wir einige Hilfsmittel. Bei allen folgenden Integralen wird von $-T/2$ bis $+T/2$ integriert, d.h. über ein zu $t = 0$ *symmetrisches* Intervall der Periode T. Wir könnten aber auch ein beliebiges anderes Intervall wählen, solange der Integrand periodisch mit Periode T ist und über eine *komplette* Periode integriert wird. Die Buchstaben n und m in den folgenden Formeln sind natürliche Zahlen $0, 1, 2, \dots$. Wir betrachten jetzt:

$$\int_{-T/2}^{+T/2} \cos \frac{2\pi n t}{T} \mathrm{d}t = \begin{cases} 0 & \text{für } n \neq 0 \\ T & \text{für } n = 0 \end{cases}, \tag{1.6}$$

$$\int_{-T/2}^{+T/2} \sin \frac{2\pi n t}{T} \mathrm{d}t = 0 \qquad \text{für alle } n. \tag{1.7}$$

Dies ergibt sich daraus, daß sich die Flächen auf der positiven Halbebene und auf der negativen Halbebene genau wegheben, wenn über eine ganze Zahl von Perioden integriert wird. Eine „Extrawurst" muß man bei dem Kosinus-Integral für $n = 0$ „braten", da dort nichts oszilliert und sich somit nichts wegheben kann. Der Integrand ist dort 1, und die Fläche unter dieser Horizontalen ist gleich der Intervallbreite T.

Wir benötigen weiter die folgenden trigonometrischen Identitäten:

$$\begin{aligned} \cos\alpha \cos\beta &= 1/2 \ [\cos(\alpha+\beta) + \cos(\alpha-\beta)], \\ \sin\alpha \sin\beta &= 1/2 \ [\cos(\alpha-\beta) - \cos(\alpha+\beta)], \\ \sin\alpha \cos\beta &= 1/2 \ [\sin(\alpha+\beta) + \sin(\alpha-\beta)]. \end{aligned} \tag{1.8}$$

Mit diesen Hilfsmitteln können wir sofort beweisen, daß das Basisfunktionensystem, bestehend aus:

$$1, \ \cos \frac{2\pi t}{T}, \ \sin \frac{2\pi t}{T}, \ \cos \frac{4\pi t}{T}, \ \sin \frac{4\pi t}{T}, \ \dots, \tag{1.9}$$

ein *Orthogonalsystem*[2] ist.

---

[2] Analog zu zwei Vektoren, die senkrecht aufeinanderstehen und deren Skalarprodukt 0 ergibt, bezeichnet man einen Satz von Basisfunktionen als Orthogonalsystem, wenn das Integral über das Produkt von zwei verschiedenen Basisfunktionen verschwindet.

In Formeln ausgedrückt bedeutet dies:

$$\int\limits_{-T/2}^{+T/2} \cos\frac{2\pi nt}{T} \cos\frac{2\pi mt}{T} \mathrm{d}t = \begin{cases} 0 & \text{für } n \neq m \\ T/2 & \text{für } n = m \neq 0 \\ T & \text{für } n = m = 0 \end{cases}, \tag{1.10}$$

$$\int\limits_{-T/2}^{+T/2} \sin\frac{2\pi nt}{T} \sin\frac{2\pi mt}{T} \mathrm{d}t = \begin{cases} 0 & \text{für } \begin{array}{l} n \neq m,\, n = 0 \\ \text{und/oder } m = 0 \end{array} \\ T/2 & \text{für } n = m \neq 0 \end{cases}, \tag{1.11}$$

$$\int\limits_{-T/2}^{+T/2} \cos\frac{2\pi nt}{T} \sin\frac{2\pi mt}{T} \mathrm{d}t = 0. \tag{1.12}$$

Die rechten Seiten von (1.10) und (1.11) zeigen, daß unser Basissystem kein *Orthonormalsystem* ist, d.h., die Integrale für $n = m$ sind nicht auf 1 normiert. Schlimmer noch, der Sonderfall beim Kosinus für $n = m = 0$ ist besonders ärgerlich und wird uns immer wieder ärgern.

Mit diesen Orthogonalitätsrelationen lassen sich die Fourierkoeffizienten sofort berechnen. Hierzu multiplizieren wir (1.4) auf beiden Seiten mit $\cos\omega_{k'}t$ und integrieren von $-T/2$ bis $+T/2$. Wegen der Orthogonalität bleiben nur Terme mit $k = k'$; das 2. Integral verschwindet immer.

Wir erhalten so:

$$\boxed{A_k = \frac{2}{T} \int\limits_{-T/2}^{+T/2} f(t)\cos\omega_k t\, \mathrm{d}t \qquad \text{für } k \neq 0,} \tag{1.13}$$

mit der „Extrawurst":

$$\boxed{A_0 = \frac{1}{T} \int\limits_{-T/2}^{+T/2} f(t)\mathrm{d}t.} \tag{1.14}$$

Bitte beachten Sie den Vorfaktor $2/T$ bzw. $1/T$ in (1.13) bzw. (1.14). Gleichung (1.14) ist einfach der Mittelwert der Funktion $f(t)$. Die „Elektriker", die sich unter $f(t)$ vielleicht einen zeitlich variierenden Strom vorstellen, würden A_0 den „DC"-Anteil nennen (von DC = direct current im Gegensatz zu AC = alternating current). Jetzt multiplizieren wir (1.4) auf beiden Seiten mit $\sin\omega_k t$ und integrieren von $-T/2$ bis $+T/2$.

Das Ergebnis lautet:

$$B_k = \frac{2}{T} \int\limits_{-T/2}^{+T/2} f(t) \sin \omega_k t\, dt \qquad \text{für alle } k. \tag{1.15}$$

Gleichungen (1.13) und (1.15) lassen sich auch so interpretieren: durch die Wichtung der Funktion $f(t)$ mit $\cos \omega_k t$ bzw. $\sin \omega_k t$ „pickt" man sich bei der Integration die spektralen Komponenten aus $f(t)$ heraus, die den geraden bzw. ungeraden Anteilen mit der Frequenz ω_k entsprechen. In den folgenden Beispielen werden die Funktionen $f(t)$ nur im Grundintervall $-T/2 \leq t \leq +T/2$ angegeben. Sie müssen aber, definitionsgemäß, über dieses Grundintervall periodisch fortgesetzt werden.

Beispiel 1.2 („Konstante"). Siehe Abb. 1.4(*links*):

$$f(t) = 1$$
$$A_0 = 1 \text{ „Mittelwert"}$$
$$A_k = 0 \text{ für alle } k \neq 0$$
$$B_k = 0 \text{ für alle } k \text{ (weil } f \text{ gerade ist).}$$

Abb. 1.4. „Konstante" (*links*); „Dreieckfunktion" (*rechts*). Es ist jeweils nur das Grundintervall dargestellt

Beispiel 1.3 („Dreieckfunktion"). „Dreieckfunktion" Siehe Abb. 1.4(*rechts*):

$$f(t) = \begin{cases} 1 + \dfrac{2t}{T} & \text{für } -T/2 \leq t \leq 0 \\[2mm] 1 - \dfrac{2t}{T} & \text{für } 0 \leq t \leq +T/2 \end{cases}.$$

Wir erinnern uns: $\omega_k = \dfrac{2\pi k}{T}$ $A_0 = 1/2$ („Mittelwert").

Für $k \neq 0$ erhalten wir:

$$A_k = \frac{2}{T} \left[\int_{-T/2}^{0} \left(1 + \frac{2t}{T}\right) \cos \frac{2\pi k t}{T} dt + \int_{0}^{+T/2} \left(1 - \frac{2t}{T}\right) \cos \frac{2\pi k t}{T} dt \right]$$

$$= \underbrace{\frac{2}{T} \int_{-T/2}^{0} \cos \frac{2\pi k t}{T} dt + \frac{2}{T} \int_{0}^{+T/2} \cos \frac{2\pi k t}{T} dt}_{= 0}$$

$$+ \frac{4}{T^2} \int_{-T/2}^{0} t \cos \frac{2\pi k t}{T} dt - \frac{4}{T^2} \int_{0}^{+T/2} t \cos \frac{2\pi k t}{T} dt$$

$$= -\frac{8}{T^2} \int_{0}^{+T/2} t \cos \frac{2\pi k t}{T} dt.$$

Im letzten Schritt verwenden wir $\int x \cos ax\, dx = \frac{x}{a} \sin ax + \frac{1}{a^2} \cos ax$ und erhalten schließlich:

$$A_k = \frac{2(1 - \cos \pi k)}{\pi^2 k^2} \qquad (k > 0),$$

$$\tag{1.16}$$

$$B_k = 0 \qquad \text{(weil } f \text{ gerade ist)}.$$

Der Ausdruck für A_k verdient noch ein paar Bemerkungen:

i. Für alle geraden k verschwindet A_k.
ii. Für alle ungeraden k haben wir $A_k = 4/(\pi^2 k^2)$.
iii. Für $k = 0$ sollten wir lieber den Mittelwert A_0 nehmen und nicht $k = 0$ in (1.16) einsetzen.

Wir könnten also weiter vereinfachen zu:

$$A_k = \begin{cases} \dfrac{1}{2} & \text{für } k = 0 \\[2mm] \dfrac{4}{\pi^2 k^2} & \text{für } k \text{ ungerade} \\[2mm] 0 & \text{für } k \text{ gerade, } k \neq 0 \end{cases} \qquad . \tag{1.17}$$

Die Reihenglieder nehmen zwar mit steigendem k rasch ab (quadratisch in den ungeraden k), aber prinzipiell haben wir eine unendliche Reihe. Dies liegt an dem „spitzen Dach" bei $t = 0$ und an dem Knick (periodische Fortsetzung!) bei $\pm T/2$ unserer Funktion $f(t)$. Um diese Knicke zu beschreiben, brauchen wir unendlich viele Fourierkoeffizienten.

Daß nichts so heiß gegessen wird, wie es gekocht wird, sollen die folgenden Abbildungen illustrieren.

Mit $\omega = 2\pi/T$ (siehe Abb. 1.5) erhalten wir:

$$f(t) = \frac{1}{2} + \frac{4}{\pi^2} \left(\cos\omega t + \frac{1}{9}\cos 3\omega t + \frac{1}{25}\cos 5\omega t \ldots \right). \qquad (1.18)$$

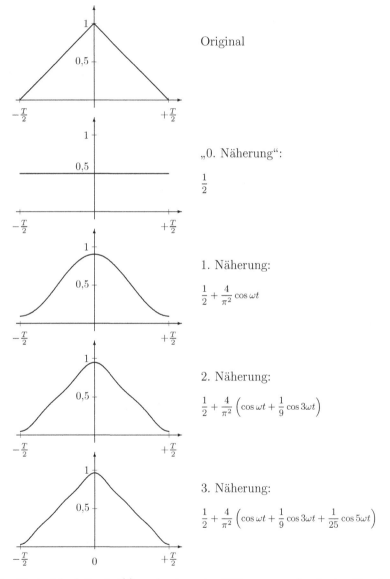

Original

„0. Näherung":

$\frac{1}{2}$

1. Näherung:

$\frac{1}{2} + \frac{4}{\pi^2}\cos\omega t$

2. Näherung:

$\frac{1}{2} + \frac{4}{\pi^2}\left(\cos\omega t + \frac{1}{9}\cos 3\omega t\right)$

3. Näherung:

$\frac{1}{2} + \frac{4}{\pi^2}\left(\cos\omega t + \frac{1}{9}\cos 3\omega t + \frac{1}{25}\cos 5\omega t\right)$

Abb. 1.5. „Dreieckfunktion" $f(t)$ und sukzessive Näherungen durch eine Fourierreihe mit mehr und mehr Reihengliedern

Wir wollen einen Frequenzplot von dieser Fourierreihe machen. Abbildung 1.6 zeigt das Ergebnis, wie es z.B. ein Spektralanalysator[3] liefert, wenn man als Eingangssignal unsere Dreieckfunktion $f(t)$ eingeben würde.

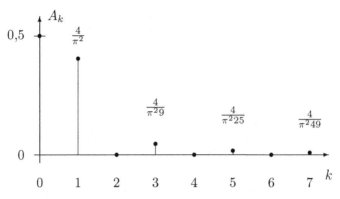

Abb. 1.6. Frequenzplot der Dreieckfunktion

Wir sehen außer dem DC-Peak bei $\omega = 0$ die Grundfrequenz ω und alle ungeraden „Harmonischen" bzw. „Oberwellen". Aus diesem Frequenzplot kann man ungefähr den Fehler abschätzen, den man macht, wenn man Frequenzen – sagen wir oberhalb 7ω – vernachlässigt. Davon wird später noch ausführlich die Rede sein.

Ein Sägezahngenerator würde, da er „bandbreiten-limitiert" ist, beliebig rasche Variationen von $f(t)$ mit der Zeit gar nicht darstellen können, d.h. es genügt eine *endliche* Zahl von Reihengliedern.

1.1.4 Fourierreihe in komplexer Schreibweise

Zu Beginn dieses Kapitels noch eine kleine Warnung: in (1.4) läuft k von 0 an, d.h., wir lassen keine *negativen* Frequenzen in der Fourierreihe zu.

Für die Kosinus-Terme waren negative Frequenzen kein Problem. Das Vorzeichen des Arguments im Kosinus wirkt sich ohnehin nicht aus, und wir könnten z.B. die spektrale Intensität bei der positiven Frequenz $k\omega$ zu gleichen Teilen, d.h. „brüderlich", auf $-k\omega$ und $k\omega$ verteilen, wie in Abb. 1.7 dargestellt.

Da die Frequenz $\omega = 0$ – sonst eine Frequenz so gut wie jede andere Frequenz $\omega \neq 0$ – keinen „Bruder" hat, bleibt sie auch ungeteilt. Bei den Sinus-Termen würde ein Vorzeichenwechsel im Argument auch einen Vorzeichenwechsel beim zugehörigen Reihenterm bewirken. Das „brüderliche" Aufteilen der spektralen Intensität zu gleichen Teilen auf $-\omega_k$ und $+\omega_k$ muß hier also „schwesterlich" erfolgen: die Schwester bei $-\omega_k$ bekommt auch 1/2, aber *minus*!

---

[3] Wird von verschiedenen Firmen – z.B. als Einschub für Oszillographen – für viel Geld angeboten.

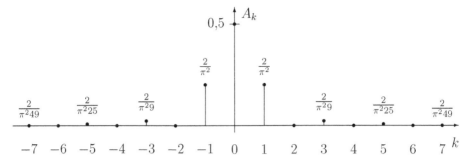

Abb. 1.7. Wie Abb. 1.6, aber mit positiven und negativen Frequenzen

Anstatt (1.4) könnten wir also auch schreiben:

$$f(t) = \sum_{k=-\infty}^{+\infty} (A_k^{'} \cos \omega_k t + B_k^{'} \sin \omega_k t), \qquad (1.19)$$

wobei natürlich gilt: $A_{-k}^{'} = A_k^{'}$, $B_{-k}^{'} = -B_k^{'}$. Die Formeln zur Berechnung der $A_k^{'}$ und $B_k^{'}$ für $k > 0$ sind identisch mit (1.13) und (1.15), aber ohne den Extrafaktor 2! Gleichung (1.14) für A_0 bleibt davon unberührt. Damit wäre eine „Extrawurst" für den DC-Anteil vermieden.

Statt (1.16) hätten wir:

$$A_k^{'} = \frac{(1 - \cos \pi k)}{\pi^2 k^2}, \qquad (1.20)$$

was sogar für $k = 0$ gültig wäre! Um dies zu zeigen, bemühen wir einen „schmutzigen Trick" oder begehen eine „läßliche Sünde": k wird vorübergehend als kontinuierliche Variable interpretiert, die stetig zu 0 gehen kann. Dann verwenden wir für den Ausdruck vom Typ „0 : 0" die l'Hospitalsche Regel, nach der man den Zähler und Nenner separat so lange nach k ableitet, bis sich beim Grenzwert für $k \to 0$ kein Ausdruck vom Typ „0 : 0" mehr ergibt. Wir haben also:

$$\lim_{k \to 0} \frac{1 - \cos \pi k}{\pi^2 k^2} = \lim_{k \to 0} \frac{\pi \sin \pi k}{2\pi^2 k} = \lim_{k \to 0} \frac{\pi^2 \cos \pi k}{2\pi^2} = \frac{1}{2}. \qquad (1.21)$$

Wer nicht sündigen will, sollte sich lieber gleich an den „Mittelwert" $A_0 = 1/2$ halten!

Ratschlag: Es kommt bei so manchem Standard-Fouriertransformationsprogramm vor, daß zwischen A_0 und $A_{k \neq 0}$ ein Faktor 2 falsch ist. Dies dürfte in erster Linie daran liegen, daß man – wie in (1.4) – nur positive Frequenzen für die Basisfunktionen zugelassen hat oder negative und positive. Die Berechnung des Mittelwertes A_0 ist trivial und empfiehlt sich daher immer als erster Test für ein unzureichend dokumentiertes Programm. Da definitionsgemäß $B_0 = 0$ ist, ergibt sich für die B_k keine so einfache Kontrolle.

Wir werden später noch einfache Kontrollen kennenlernen (z.B. Parsevals Theorem).

Jetzt sind wir reif für die Einführung der komplexen Schreibweise. Im folgenden wird stets angenommen, daß $f(t)$ eine reelle Funktion ist. Die Verallgemeinerung für komplexe $f(t)$ ist unproblematisch. Unser wichtigstes Hilfsmittel ist die Eulersche Identität:

$$e^{i\alpha t} = \cos \alpha t + i \sin \alpha t. \tag{1.22}$$

Hier ist i die imaginäre Einheit, deren Quadrat -1 ergibt.

Damit lassen sich die trigonometrischen Funktionen darstellen als:

$$\cos \alpha t = \frac{1}{2}(e^{i\alpha t} + e^{-i\alpha t}),$$

$$\sin \alpha t = \frac{1}{2i}(e^{i\alpha t} - e^{-i\alpha t}). \tag{1.23}$$

Aus (1.4) erhalten wir durch Einsetzen:

$$f(t) = A_0 + \sum_{k=1}^{\infty} \left(\frac{A_k - iB_k}{2} e^{i\omega_k t} + \frac{A_k + iB_k}{2} e^{-i\omega_k t} \right). \tag{1.24}$$

Mit den Abkürzungen:

$$C_0 = A_0,$$
$$C_k = \frac{A_k - iB_k}{2},$$
$$C_{-k} = \frac{A_k + iB_k}{2}, \qquad k = 1,2,3,\dots , \tag{1.25}$$

ergibt sich schließlich:

$$\boxed{f(t) = \sum_{k=-\infty}^{+\infty} C_k e^{i\omega_k t}, \qquad \omega_k = \frac{2\pi k}{T}.} \tag{1.26}$$

Vorsicht: Für $k < 0$ ergeben sich *negative* Frequenzen. (Nach unserem Exkurs von vorhin kein Problem!) Praktischerweise gilt, daß C_k und C_{-k} konjugiert komplex zueinander sind (vgl. „Bruder und Schwester"). Die Berechnung von C_k läßt sich nun ebenso einfach formulieren:

$$\boxed{C_k = \frac{1}{T} \int_{-T/2}^{+T/2} f(t)e^{-i\omega_k t}dt \qquad \text{für } k = 0, \pm 1, \pm 2, \dots .} \tag{1.27}$$

Bitte beachten Sie das Minuszeichen im Exponenten. Es wird uns durch den Rest dieses Buches begleiten. Bitte beachten Sie auch, daß für die C_k der Index k stets von $-\infty$ bis $+\infty$ läuft, während er für die A_k und B_k natürlich nur von 0 bis $+\infty$ läuft.

1.2 Theoreme und Sätze

1.2.1 Linearitätstheorem

Die Entwicklung einer periodischen Funktion in eine Fourierreihe ist eine lineare Operation. Das bedeutet, daß wir aus den beiden Fourier-Paaren:

$$\boxed{\begin{aligned} f(t) &\leftrightarrow \{C_k; \omega_k\} \qquad \text{und} \\ g(t) &\leftrightarrow \{C_k'; \omega_k\} \end{aligned}}$$

folgende Linearkombination bilden können:

$$\boxed{h(t) = af(t) + bg(t) \leftrightarrow \{aC_k + bC_k'; \omega_k\}.} \qquad (1.28)$$

Wir können also die Fourierreihe einer Funktion einfach bestimmen, indem wir sie in einzelne Summanden zerlegen, deren Fourierreihenentwicklung wir schon kennen.

Beispiel 1.4 („Dreieckfunktion", symmetrisch um Nullinie). Das einfachste Beispiel stellt unsere „Dreieckfunktion" aus Bsp. 1.3 dar, aber diesmal um die Nullinie herum symmetrisch (siehe Abb. 1.8): von unserer ursprünglichen

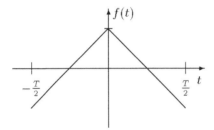

Abb. 1.8. „Dreieckfunktion" mit Mittelwert 0

Funktion muß man lediglich $1/2$ abziehen. Das bedeutet, die Fourierreihe ist unverändert, lediglich der Mittelwert A_0 ist jetzt 0 geworden.

Das Linearitätstheorem erscheint so trivial, daß man es auch für gültig und gegeben annimmt, wenn man den „Pfad der Tugend" längst verlassen hat. Den Pfad der Tugend verlassen bedeutet z.B. so etwas Harmloses wie Quadrieren.

1.2.2 Der 1. Verschiebungssatz (Verschiebung in der Zeitdomäne)

Häufig möchte man wissen, wie sich die Fourierreihenentwicklung ändert, wenn man die Funktion $f(t)$ auf der Zeitachse verschiebt. Dies ist z.B. regelmäßig der Fall, wenn man statt des von uns bisher verwendeten symmetrischen Intervalls von $-T/2$ bis $T/2$ ein anderes, z.B. von 0 bis T, nehmen möchte. Hierfür ist der 1. Verschiebungssatz sehr nützlich:

$$\boxed{\begin{array}{l} f(t) \leftrightarrow \{C_k; \omega_k\}, \\ f(t-a) \leftrightarrow \{C_k e^{-i\omega_k a}; \omega_k\}. \end{array}}$$
(1.29)

Beweis (1. Verschiebungssatz).

$$C_k^{\text{neu}} = \frac{1}{T} \int_{-T/2}^{+T/2} f(t-a) e^{-i\omega_k t}dt = \frac{1}{T} \int_{-T/2-a}^{+T/2-a} f(t') e^{-i\omega_k t'} e^{-i\omega_k a}dt'$$

$$= e^{-i\omega_k a} C_k^{\text{alt}} . \quad \square$$

Wir integrieren über eine volle Periode, deshalb spielt die Verschiebung der Intervallgrenzen um a keine Rolle.

Der Beweis ist trivial, das Resultat der Verschiebung der Zeitachse nicht! Der neue Fourierkoeffizient ergibt sich aus dem alten Koeffizienten C_k durch Multiplikation mit dem Phasenfaktor $e^{-i\omega_k a}$. Da C_k im allgemeinen komplex ist, werden durch die Verschiebung die Real- und Imaginärteile „durchmischt".

Ohne komplexe Schreibweise haben wir:

$$\begin{array}{l} f(t) \leftrightarrow \{A_k; B_k; \omega_k\}, \\ f(t-a) \leftrightarrow \{A_k \cos\omega_k a - B_k \sin\omega_k a; A_k \sin\omega_k a + B_k \cos\omega_k a; \omega_k\}. \end{array}$$
(1.30)

Dazu zwei Beispiele:

Beispiel 1.5 ("Dreieckfunktion", um eine Viertelperiode verschoben). „Dreieckfunktion" (mit Mittelwert $= 0$) (siehe Abb. 1.8):

$$f(t) = \begin{cases} \dfrac{1}{2} + \dfrac{2t}{T} & \text{für } -T/2 \le t \le 0 \\[2mm] \dfrac{1}{2} - \dfrac{2t}{T} & \text{für } 0 < t \le T/2 \end{cases}$$
(1.31)

$$\text{mit } C_k = \begin{cases} \dfrac{1 - \cos\pi k}{\pi^2 k^2} = \dfrac{2}{\pi^2 k^2} & \text{für } k \text{ ungerade} \\[2mm] 0 & \text{für } k \text{ gerade} \end{cases}.$$

Jetzt verschieben wir diese Funktion um $a = T/4$ nach rechts:

$$f_{\text{neu}} = f_{\text{alt}}(t - T/4).$$

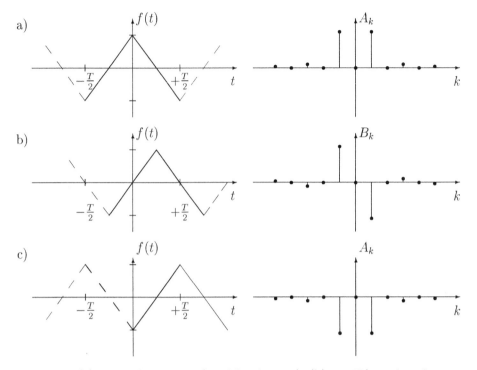

Abb. 1.9. (a) „Dreieckfunktion" (mit Mittelwert 0); (b) um $T/4$ nach rechts verschoben; (c) um $T/2$ nach rechts verschoben

Damit berechnen sich die neuen Koeffizienten zu:

$$C_k^{\text{neu}} = C_k^{\text{alt}} e^{-i\pi k/2} \qquad (k \text{ ungerade})$$

$$= \frac{2}{\pi^2 k^2} \left(\cos \frac{\pi k}{2} - i \sin \frac{\pi k}{2} \right) \quad (k \text{ ungerade}) \qquad (1.32)$$

$$= -\frac{2i}{\pi^2 k^2} (-1)^{\frac{k-1}{2}} \qquad (k \text{ ungerade}).$$

Man überzeugt sich leicht, daß $C_{-k}^{\text{neu}} = -C_k^{\text{neu}}$ gilt.
Anders ausgedrückt: $A_k = 0$.
Mit $iB_k = C_{-k} - C_k$ ergibt sich schließlich:

$$B_k^{\text{neu}} = \frac{4}{\pi^2 k^2} (-1)^{\frac{k+1}{2}} \qquad k \text{ ungerade}.$$

Durch diese Verschiebung erhalten wir eine ungerade Funktion (siehe Abb. 1.9b).

Beispiel 1.6 ("Dreieckfunktion", um halbe Periode verschoben). Nun verschieben wir dieselbe Funktion um $a = T/2$ nach rechts:

$$f_{\text{neu}} = f_{\text{alt}}(t - T/2).$$

Dann ergeben sich die neuen Koeffizienten zu:

$$C_k^{\text{neu}} = C_k^{\text{alt}} \mathrm{e}^{-\mathrm{i}\pi k} \qquad (k \text{ ungerade})$$

$$= \frac{2}{\pi^2 k^2} (\cos \pi k - \mathrm{i} \sin \pi k) \quad (k \text{ ungerade})$$

$$= -\frac{2}{\pi^2 k^2} \qquad (k \text{ ungerade})$$

(1.33)

$$(C_0 = 0 \qquad \text{bleibt}).$$

Wir haben also nur das Vorzeichen gewechselt. Das ist richtig, denn jetzt steht die Funktion auf dem Kopf (siehe Abb. 1.9c).

Warnung: Bei einer Verschiebung um $a = T/4$ bekommen wir alternierende Vorzeichen für die Koeffizienten (Abb. 1.9b). Die Reihe der Fourierkoeffizienten, die in Abb. 1.9a schön monoton mit k abnehmen, macht nach der Verschiebung der Funktion um $a = T/4$ aufgrund des alternierenden Vorzeichens einen „zerpflügten" Eindruck.

1.2.3 Der 2. Verschiebungssatz (Verschiebung in der Frequenzdomäne)

Im 1. Verschiebungssatz haben wir gesehen, daß eine Verschiebung in der Zeitdomäne zu einer Multiplikation mit einem Phasenfaktor in der Frequenzdomäne führt. Die Umkehrung dieser Aussage führt zum 2. Verschiebungssatz:

$$\boxed{\begin{array}{c} f(t) \leftrightarrow \{C_k; \omega_k\}, \\ f(t)\mathrm{e}^{\mathrm{i}\frac{2\pi a t}{T}} \leftrightarrow \{C_{k-a}; \omega_k\}. \end{array}}$$

(1.34)

Anders ausgedrückt: eine Multiplikation der Funktion $f(t)$ mit dem Phasenfaktor $\mathrm{e}^{\mathrm{i}2\pi a t/T}$ führt dazu, daß zu der Frequenz ω_k nunmehr anstelle des alten Koeffizienten C_k der „verschobene" Koeffizient C_{k-a} gehört. Ein Vergleich von (1.34) mit (1.29) zeigt den dualen Charakter der beiden Verschiebungssätze. Wenn a eine ganze Zahl ist, so ergibt sich keinerlei Problem, einfach den um a verschobenen Koeffizienten zu nehmen. Was aber, wenn a keine ganze Zahl ist?

Amüsanterweise passiert nichts Schlimmes. So einfach Verschieben geht nicht mehr, aber es hindert uns niemand, in den Ausdruck für das alte C_k

überall dort, wo k vorkommt, jetzt $(k - a)$ einzusetzen. (Wem es hilft, der möge wieder eine läßliche Sünde begehen und k vorübergehend als kontinuierliche Variable auffassen.) Für nicht ganzes a haben wir dann natürlich die C_k nicht wirklich „verschoben", sondern neu berechnet mit „verschobenem" k.

Vorsicht: Hat man in den Ausdrücken für die C_k eine k-Abhängigkeit vereinfacht, z.B.:

$$1 - \cos \pi k = \begin{cases} 0 \text{ für } k \text{ gerade} \\ 2 \text{ für } k \text{ ungerade} \end{cases}$$

(wie in (1.16)), so tut man sich schwer, das „verschwundene" k durch $(k - a)$ zu ersetzen. In diesem Fall hilft nur eines: zurück zu den Ausdrücken mit *allen* k-Abhängigkeiten *ohne* Vereinfachung.

Bevor wir zu Beispielen kommen, sollen noch zwei andere Schreibweisen für den 2. Verschiebungssatz angegeben werden:

$$f(t) \leftrightarrow \{A_k; B_k; \omega_k\},$$
$$f(t)e^{\frac{2\pi i a t}{T}} \leftrightarrow \left\{ \begin{array}{l} \frac{1}{2}[A_{k+a} + A_{k-a} + \mathrm{i}(B_{k+a} - B_{k-a})]; \\ \frac{1}{2}[B_{k+a} + B_{k-a} + \mathrm{i}(A_{k-a} - A_{k+a})]; \omega_k \end{array} \right\}. \tag{1.35}$$

Vorsicht: Dies gilt für $k \neq 0$.

Aus dem alten A_0 wird $A_a/2 + \mathrm{i}B_a/2$!

Dies läßt sich leicht nachprüfen, indem man (1.25) nach A_k und B_k auflöst und in (1.34) einsetzt:

$$A_k = C_k + C_{-k},$$
$$-\mathrm{i}B_k = C_k - C_{-k}, \qquad k = 1,2,3,\dots, \tag{1.36}$$

$$A_k^{\text{neu}} = C_k^{\text{neu}} + C_{-k}^{\text{neu}} = \frac{A_{k-a} - \mathrm{i}B_{k-a}}{2} + \frac{A_{k+a} + \mathrm{i}B_{k+a}}{2},$$

$$-\mathrm{i}B_k^{\text{neu}} = C_k^{\text{neu}} - C_{-k}^{\text{neu}} = \frac{A_{k-a} - \mathrm{i}B_{k-a}}{2} - \frac{A_{k+a} + \mathrm{i}B_{k+a}}{2},$$

woraus (1.35) folgt. Die „Extrawurst" für A_0 erhält man aus:

$$A_0^{\text{neu}} = C_0^{\text{neu}} = \frac{A_{-a} - \mathrm{i}B_{-a}}{2} = \frac{A_{+a} + \mathrm{i}B_{+a}}{2}.$$

Für negative a verwenden wir den ersten Ausdruck, ansonsten den zweiten. Warum haben wir bei den C_k den Index k durch $(k - a)$ ersetzt und bei den C_{-k} durch $(k + a)$? Die Verschiebung muß spiegelbildlich zum Ursprung erfolgen! Wenn die C_k nach rechts verschoben werden, dann werden die C_{-k} nach links verschoben und umgekehrt.

Wir können in (1.35) den Real- und Imaginärteil separat betrachten und erhalten:

$$f(t) \cos \frac{2\pi at}{T} \leftrightarrow \left\{ \frac{A_{k+a} + A_{k-a}}{2}; \frac{B_{k+a} + B_{k-a}}{2}; \omega_k \right\}, \qquad (1.37)$$

aus dem alten A_0 wird $A_a/2$ und ferner:

$$f(t) \sin \frac{2\pi at}{T} \leftrightarrow \left\{ \frac{B_{k+a} - B_{k-a}}{2}; \frac{A_{k-a} - A_{k+a}}{2}; \omega_k \right\},$$

aus dem alten A_0 wird $B_a/2$.

Beispiel 1.7 („Konstante").

$$f(t) = 1 \quad \text{für } -T/2 \leq t \leq +T/2 .$$

$A_k = \delta_{k,0}$ (Kronecker-Symbol, siehe Abschn. 4.1.2) oder $A_0 = 1$, alle anderen A_k, B_k verschwinden. Wir wissen natürlich längst, daß $f(t)$ eine Kosinus-Welle mit der Frequenz $\omega = 0$ darstellt und demnach nur den Koeffizienten für $\omega = 0$ benötigt.

Jetzt wollen wir die Funktion $f(t)$ mit $\cos(2\pi t/T)$ multiplizieren, d.h., es ist $a = 1$. Aus (1.37) ergibt sich:

$$A_k^{\text{neu}} = \delta_{k-1,0}, \text{ d.h. } A_1 = 1 \text{ (alle anderen sind 0)},$$

$$\text{oder } C_1 = 1/2, \qquad C_{-1} = 1/2.$$

Wir haben also den Koeffizienten um $a = 1$ verschoben (nach rechts und nach links und brüderlich geteilt).

Dieses Beispiel zeigt, daß die Frequenz $\omega = 0$ so gut wie jede andere Frequenz ist. Spaß beiseite! Wenn Sie z.B. die Fourierreihenentwicklung einer Funktion $f(t)$ und damit die Lösung für Integrale der Form:

$$\int_{-T/2}^{+T/2} f(t) e^{-i\omega_k t} dt$$

kennen, dann haben Sie mit Hilfe des 2. Verschiebungssatzes bereits alle Integrale für $f(t)$, multipliziert mit $\sin(2\pi at/T)$ oder mit $\cos(2\pi at/T)$, gelöst. Das ist natürlich kein Wunder, da Sie ja nur den Phasenfaktor $e^{i2\pi at/T}$ mit dem Phasenfaktor $e^{-i\omega_k t}$ zusammengefaßt haben!

Beispiel 1.8 („Dreieckfunktion" multipliziert mit Kosinus).

$$f(t) = \begin{cases} 1 + \dfrac{2t}{T} & \text{für } -T/2 \leq t \leq 0 \\[2mm] 1 - \dfrac{2t}{T} & \text{für } 0 \leq t \leq T/2 \end{cases}$$

wollen wir mit $\cos(\pi t/T)$ multiplizieren, d.h., wir verschieben die Koeffizienten C_k um $a = 1/2$ (siehe Abb. 1.10). Die neue Funktion ist immer noch gerade, und wir müssen uns deshalb nur um die A_k kümmern:

$$A_k^{\text{neu}} = \frac{A_{k+a}^{\text{alt}} + A_{k-a}^{\text{alt}}}{2}.$$

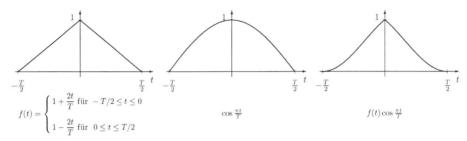

$$f(t) = \begin{cases} 1 + \dfrac{2t}{T} & \text{für } -T/2 \leq t \leq 0 \\[2mm] 1 - \dfrac{2t}{T} & \text{für } 0 \leq t \leq T/2 \end{cases}$$

$$\cos \tfrac{\pi t}{T}$$

$$f(t) \cos \tfrac{\pi t}{T}$$

Abb. 1.10. „Dreieckfunktion", $\left(\cos \tfrac{\pi t}{T}\right)$-Funktion, „Dreieckfunktion" mit $\left(\cos \tfrac{\pi t}{T}\right)$-Wichtung *(von links nach rechts)*

Wir benutzen (1.16) für die alten A_k (und nicht die weiter vereinfachte Form (1.17)!):

$$A_k^{\text{alt}} = \frac{2(1 - \cos \pi k)}{\pi^2 k^2}.$$

Damit erhalten wir:

$$\begin{aligned} A_k^{\text{neu}} &= \frac{1}{2} \left[\frac{2(1 - \cos \pi(k + 1/2))}{\pi^2(k + 1/2)^2} + \frac{2(1 - \cos \pi(k - 1/2))}{\pi^2(k - 1/2)^2} \right] \\[3mm] &= \frac{1 - \cos \pi k \cos(\pi/2) + \sin \pi k \sin(\pi/2)}{\pi^2(k + 1/2)^2} \\[3mm] &\quad + \frac{1 - \cos \pi k \cos(\pi/2) - \sin \pi k \sin(\pi/2)}{\pi^2(k - 1/2)^2} \\[3mm] &= \frac{1}{\pi^2(k + 1/2)^2} + \frac{1}{\pi^2(k - 1/2)^2} \end{aligned}$$

(1.38)

$$A_0^{\text{neu}} = \frac{A_{1/2}^{\text{alt}}}{2} = \frac{2(1 - \cos(\pi/2))}{2\pi^2 \left(\frac{1}{2}\right)^2} = \frac{4}{\pi^2}.$$

Die neuen Koeffizienten lauten also:

$$A_0 = \frac{4}{\pi^2},$$

$$A_1 = \frac{1}{\pi^2} \left(\frac{1}{\left(\frac{3}{2}\right)^2} + \frac{1}{\left(\frac{1}{2}\right)^2} \right) = \frac{4}{\pi^2} \left(\frac{1}{9} + \frac{1}{1} \right) = \frac{4}{\pi^2} \frac{10}{9},$$

$$A_2 = \frac{1}{\pi^2} \left(\frac{1}{\left(\frac{5}{2}\right)^2} + \frac{1}{\left(\frac{3}{2}\right)^2} \right) = \frac{4}{\pi^2} \left(\frac{1}{25} + \frac{1}{9} \right) = \frac{4}{\pi^2} \frac{34}{225},$$

$$A_3 = \frac{1}{\pi^2} \left(\frac{1}{\left(\frac{7}{2}\right)^2} + \frac{1}{\left(\frac{5}{2}\right)^2} \right) = \frac{4}{\pi^2} \left(\frac{1}{49} + \frac{1}{25} \right) = \frac{4}{\pi^2} \frac{74}{1225} \quad \text{etc.}$$

(1.39)

Ein Vergleich dieser Koeffizienten mit denen ohne die $\left(\cos \frac{\pi t}{T}\right)$-Wichtung zeigt, was wir angerichtet haben:

	ohne Wichtung	mit $\left(\cos \frac{\pi t}{T}\right)$-Wichtung
A_0	$\frac{1}{2}$	$\frac{4}{\pi^2}$
A_1	$\frac{4}{\pi^2}$	$\frac{4}{\pi^2} \frac{10}{9}$
A_2	0	$\frac{4}{\pi^2} \frac{34}{225}$
A_3	$\frac{4}{\pi^2} \frac{1}{9}$	$\frac{4}{\pi^2} \frac{74}{1225}$

(1.40)

Wir sehen folgendes:

i. Der Mittelwert A_0 ist etwas kleiner geworden, da die auf- und absteigenden Flanken mit dem Kosinus gewichtet wurden, der außer für $t = 0$ kleiner als 1 ist.

ii. Den Koeffizienten A_1 haben wir etwas erhöht, aber alle nachfolgenden ungeraden Koeffizienten etwas verkleinert. Das wird sofort ersichtlich, wenn man:
$$\frac{1}{(2k+1)^2} + \frac{1}{(2k-1)^2} < \frac{1}{k^2} \quad \text{zu} \quad 8k^4 - 10k^2 + 1 > 0$$
umformt. Dies ist nicht gültig für $k = 1$, aber für alle größeren k.

iii. Wir haben uns auch gerade Koeffizienten eingehandelt, die vorher 0 waren.

In der Reihenentwicklung stehen jetzt also doppelt so viele Terme wie vorher, aber sie fallen mit steigendem k schneller ab. Durch die Multiplikation mit $\cos(\pi t/T)$ haben wir den Knick bei $t = 0$ zu einer etwas schärferen „Spitze" verformt. Dies spricht eigentlich für eine schlechtere Konvergenz bzw. langsamer abfallende Koeffizienten. Wir haben aber an den Intervallgrenzen $\pm T/2$ den Knick abgerundet! Dies hilft uns natürlich. Was genau passieren würde, war aber nicht ohne weiteres vorherzusehen.

1.2.4 Skalierungssatz

Manchmal kommt es vor, daß man die Zeitachse skalieren möchte. Dann muß man die Fourierkoeffizienten nicht neu berechnen. So wird aus:

$$\begin{aligned} f(t) &\leftrightarrow \{C_k; \omega_k\}, \\ f(at) &\leftrightarrow \{C_k; a \cdot \omega_k\}. \end{aligned} \tag{1.41}$$

Hier muß a reell sein!

Falls $a > 1$ ist, wird die Zeitskala gestaucht und damit die Frequenzskala gestreckt. Für $a < 1$ gilt die Umkehrung. Der Beweis für (1.41) ist einfach und folgt aus (1.27). Bitte beachten Sie, daß wir hier wegen der Forderung nach Periodizität auch die Intervallgrenzen strecken bzw. stauchen müssen. Ebenso werden die Basisfunktionen gemäß $\omega_k^{\text{neu}} = a \cdot \omega_k^{\text{alt}}$ verändert.

$$C_k^{\text{neu}} = \frac{a}{T} \int\limits_{-T/2a}^{+T/2a} f(at) \mathrm{e}^{-\mathrm{i}\omega_k^{\text{neu}} t} \, \mathrm{d}t = \frac{a}{T} \int\limits_{-T/2}^{+T/2} f(t') \mathrm{e}^{-\mathrm{i}\omega_k^{\text{alt}} t'} \frac{1}{a} \, \mathrm{d}t' = C_k^{\text{alt}}.$$

$$\text{mit } t' = at$$

Hier haben wir stillschweigend $a > 0$ vorausgesetzt. Falls $a < 0$ ist, würden wir nur die Zeitachse umdrehen und damit natürlich auch die Frequenzachse. Für den Spezialfall $a = -1$ gilt:

$$\begin{aligned} f(t) &\leftrightarrow \{C_k; \omega_k\}, \\ f(-t) &\leftrightarrow \{C_k; -\omega_k\}. \end{aligned} \tag{1.42}$$

1.3 Partialsummen, Besselsche Ungleichung, Parsevals Gleichung

In der Praxis muß man unendliche Fourierreihen doch irgendwann einmal abbrechen. Man nimmt also nur eine Partialsumme, sagen wir bis $k_{\text{max}} = N$. Diese N-te Partialsumme lautet dann:

$$S_N = \sum_{k=0}^{N} (A_k \cos \omega_k t + B_k \sin \omega_k t). \tag{1.43}$$

Durch den Abbruch der Reihe machen wir folgenden quadratischen Fehler:

$$\delta_N^2 = \frac{1}{T} \int_T [f(t) - S_N(t)]^2 \mathrm{d}t. \tag{1.44}$$

Das „T" unter dem Integralzeichen bedeutet Integration über eine volle Periode. Diese Definition wird sofort plausibel, wenn man die diskrete Version betrachtet:

$$\delta^2 = \frac{1}{N} \sum_{i=1}^{N} (f_i - s_i)^2.$$

Beachten Sie, daß wir durch die Intervallänge dividieren, um das Aufintegrieren über das Intervall T wieder auszugleichen. Nun wissen wir, daß für die unendliche Reihe die Entwicklung:

$$\lim_{N \to \infty} S_N = \sum_{k=0}^{\infty} (A_k \cos \omega_k t + B_k \sin \omega_k t) \tag{1.45}$$

korrekt ist, wenn die A_k und B_k gerade die Fourierkoeffizienten sind. Muß dies aber auch so sein für die N-te Partialsumme? Könnte der mittlere quadratische Fehler nicht doch kleiner werden, wenn wir statt der Fourierkoeffizienten andere Koeffizienten wählen würden? Dies ist nicht der Fall! Um das zu zeigen, setzen wir nun (1.43) und (1.44) in (1.45) ein, lassen den Grenzwert für $N \to \infty$ weg und erhalten:

$$\delta_N^2 = \frac{1}{T} \left\{ \int_T f^2(t)\mathrm{d}t - 2 \int_T f(t)S_N(t)\mathrm{d}t + \int_T S_N^2(t)\mathrm{d}t \right\}$$

$$= \frac{1}{T} \left\{ \int_T f^2(t)\mathrm{d}t \right.$$

$$- 2 \int_T \sum_{k=0}^{\infty} (A_k \cos \omega_k t + B_k \sin \omega_k t) \sum_{k=0}^{N} (A_k \cos \omega_k t + B_k \sin \omega_k t)\mathrm{d}t$$

$$\left. + \int_T \sum_{k=0}^{N} (A_k \cos \omega_k t + B_k \sin \omega_k t) \sum_{k=0}^{N} (A_k' \cos \omega_k' t + B_k' \sin \omega_k' t)\mathrm{d}t \right\}$$

$$= \frac{1}{T} \left\{ \int_T f^2(t)\mathrm{d}t - 2TA_0^2 - 2\frac{T}{2} \sum_{k=1}^{N} (A_k^2 + B_k^2) + TA_0^2 \right.$$

$$\left. + \frac{T}{2} \sum_{k=1}^{N} (A_k^2 + B_k^2) \right\}$$

$$= \frac{1}{T} \int_T f^2(t)\mathrm{d}t - A_0^2 - \frac{1}{2} \sum_{k=1}^{N} (A_k^2 + B_k^2). \tag{1.46}$$

Hier haben wir die etwas mühsamen Orthogonalitätseigenschaften von (1.10), (1.11) und (1.12) verwendet. Da die A_k^2 und B_k^2 immer positiv sind, wird der mittlere quadratische Fehler mit zunehmendem N *monoton* kleiner.

Beispiel 1.9 (Approximation der „Dreieckfunktion"). Die „Dreieckfunktion":

$$f(t) = \begin{cases} 1 + \dfrac{2t}{T} & \text{für } -T/2 \le t \le 0 \\[2ex] 1 - \dfrac{2t}{T} & \text{für } 0 \le t \le T/2 \end{cases} \tag{1.47}$$

hat das mittlere quadratische „Signal":

$$\frac{1}{T} \int\limits_{-T/2}^{+T/2} f^2(t)\mathrm{d}t = \frac{2}{T} \int\limits_{0}^{+T/2} f^2(t)\mathrm{d}t = \frac{2}{T} \int\limits_{0}^{+T/2} \left(1 - 2\frac{t}{T}\right)^2 \mathrm{d}t = \frac{1}{3}. \tag{1.48}$$

Die gröbste, d.h. 0-te Näherung ist:

$$S_0 = 1/2, \text{ d.h.}$$
$$\delta_0^2 = 1/3 - 1/4 = 1/12 = 0{,}0833\dots .$$

Die nächste Näherung ergibt:

$$S_1 = 1/2 + \tfrac{4}{\pi^2}\cos\omega t, \text{ d.h.}$$
$$\delta_1^2 = 1/3 - 1/4 - 1/2\left(\tfrac{4}{\pi^2}\right)^2 = 0{,}0012\dots .$$

Für δ_3^2 erhalten wir $0{,}0001915\dots$, die Annäherung der Partialsumme an das „Dreieck" wird also sehr schnell besser und besser.

Da δ_N^2 immer positiv ist, erhalten wir aus (1.46) schließlich die Besselsche Ungleichung:

$$\boxed{\frac{1}{T} \int\limits_{T} f^2(t)\mathrm{d}t \ge A_0^2 + \frac{1}{2} \sum_{k=1}^{N} (A_k^2 + B_k^2).} \tag{1.49}$$

Für den Grenzfall $N \to \infty$ ergibt sich Parsevals Gleichung:

$$\boxed{\frac{1}{T} \int\limits_{T} f^2(t)\mathrm{d}t = A_0^2 + \frac{1}{2} \sum_{k=1}^{\infty} (A_k^2 + B_k^2).} \tag{1.50}$$

Parsevals Gleichung läßt sich so deuten: $1/T \int f^2(t)\mathrm{d}t$ ist das mittlere quadratische „Signal" in der Zeitdomäne oder – umgangssprachlich – der „Informationsgehalt". Durch die Fourierreihenentwicklung geht dieser Informationsgehalt nicht verloren: er steckt in den quadrierten Fourierkoeffizienten.

Die Faustregel lautet also:

> „Der Informationsgehalt bleibt erhalten.“
> oder
> „In diesem Haus geht nichts verloren.“

Hier drängt sich eine Analogie zur Energiedichte des elektromagnetischen Feldes auf: $w = \frac{1}{2}(\boldsymbol{E}^2 + \boldsymbol{B}^2)$ mit $\epsilon_0 = \mu_0 = 1$, wie oft in der theoretischen Physik üblich. Der Vergleich hinkt allerdings etwas, da $\boldsymbol{E}$ und $\boldsymbol{B}$ nichts mit geraden und ungeraden Anteilen zu tun haben.

Parsevals Gleichung ist sehr nützlich: man kann damit bequem unendliche Reihen aufsummieren. Ich denke, Sie wollten immer schon mal wissen, wie man zu Formeln wie z.B.:

$$\sum_{\substack{k=1 \\ \text{ungerade}}}^{\infty} \frac{1}{k^4} = \frac{\pi^4}{96} \tag{1.51}$$

kommt. Dahinter versteckt sich unsere „Dreieckfunktion“ (1.47)! Einsetzen von (1.48) und (1.17) in (1.50) ergibt:

$$\frac{1}{3} = \frac{1}{4} + \frac{1}{2} \sum_{\substack{k=1 \\ \text{ungerade}}}^{\infty} \left(\frac{4}{\pi^2 k^2}\right)^2 \quad \text{oder} \quad \sum_{\substack{k=1 \\ \text{ungerade}}}^{\infty} \frac{1}{k^4} = \frac{2}{12}\frac{\pi^4}{16} = \frac{\pi^4}{96}. \tag{1.52}$$

1.4 Gibbssches Phänomen

Bislang hatten wir als Beispiele für $f(t)$ nur glatte Funktionen oder – wie die schon viel benutzte „Dreieckfunktion“ – Funktionen mit „einem Knick“, d.h. mit einer Unstetigkeit in der 1. Ableitung. Dieser scharfe Knick hat dafür gesorgt, daß wir im Prinzip unendlich viele Reihenglieder für die Fourierentwicklung brauchen. Was passiert eigentlich, wenn wir eine Stufe, eine Unstetigkeit in der Funktion selbst haben? Das Problem mit den unendlich vielen Reihengliedern wird dadurch sicher nicht entschärft. Kann man so eine Stufe wieder durch die N-te Partialsumme approximieren und geht der mittlere quadratische Fehler für $N \to \infty$ nach 0? Die Antwort ist ein klares **„Jein“**. Ja, weil es doch funktioniert, und nein, weil sich an den Stufen das Gibbssche Phänomen einstellt, ein Über- bzw. Unterschwinger, der nicht verschwindet für $N \to \infty$.

Um das zu verstehen, müssen wir etwas weiter ausholen.

1.4.1 Der Dirichletsche Integralkern

Als Dirichletscher Integralkern wird der folgende Ausdruck bezeichnet:

$$
\boxed{
\begin{aligned}
D_N(x) &= \frac{\sin\left(N + \frac{1}{2}\right)x}{2\sin\frac{x}{2}} \\
&= \tfrac{1}{2} + \cos x + \cos 2x + \ldots + \cos Nx.
\end{aligned}
}
\tag{1.53}
$$

Das zweite Gleichheitszeichen läßt sich wie folgt beweisen:

$$
\begin{aligned}
\left(2\sin\tfrac{x}{2}\right)D_N(x) &= 2\sin\tfrac{x}{2} \times \left(\tfrac{1}{2} + \cos x + \cos 2x + \ldots + \cos Nx\right) \\
&= \sin\tfrac{x}{2} + 2\cos x \sin\tfrac{x}{2} + 2\cos 2x \sin\tfrac{x}{2} + \ldots \\
&\quad + 2\cos Nx \sin\tfrac{x}{2} \\
&= \sin\left(N + \tfrac{1}{2}\right)x.
\end{aligned}
\tag{1.54}
$$

Hierbei haben wir die Identität:

$$
\begin{aligned}
2\sin\alpha\cos\beta &= \sin(\alpha + \beta) + \sin(\alpha - \beta) \\
\text{mit } \alpha &= x/2 \text{ und } \beta = nx, \qquad n = 1, 2, \ldots, N
\end{aligned}
$$

verwendet. Durch Einsetzen sieht man, daß sich alle Terme paarweise wegheben außer dem vorletzten.

In Abb. 1.11 sind ein paar Beispiele für $D_N(x)$ dargestellt. Beachten Sie, daß $D_N(x)$ periodisch in 2π ist. Dies sieht man sofort aus der Kosinus-Darstellung. Bei $x = 0$ haben wir $D_N(0) = N + 1/2$, zwischen 0 und 2π oszilliert $D_N(x)$ um 0 herum.

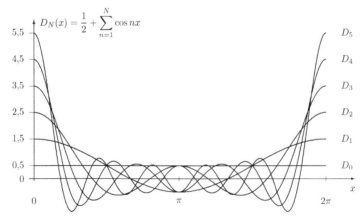

Abb. 1.11. $D_N(x) = 1/2 + \cos x + \cos 2x + \ldots + \cos Nx$

Im Grenzfall $N \to \infty$ mittelt sich alles zu 0, außer bei $x = 0$ (modulo 2π), dort wächst $D_N(x)$ über alle Maßen. Wir haben hier eine Darstellung der δ-Funktion (siehe Kap. 2) gefunden! Ich bitte um Vergebung für gleich zwei läßliche Sünden: erstens, die δ-Funktion ist eine Distribution (und keine Funktion!), und zweitens, $\lim_{N\to\infty} D_N(x)$ ist ein ganzer „Rechen" von δ-Funktionen im Abstand von 2π.

1.4.2 Integraldarstellung der Partialsummen

Wir benötigen eine Darstellung, mit der wir uns behutsam von links und von rechts an die Unstetigkeit herantasten. Dazu setzen wir die Definitionsgleichungen für die Fourierkoeffizienten, (1.13)–(1.15), in (1.43) ein:

$$S_N(t) = \frac{1}{T} \int\limits_{-T/2}^{+T/2} f(x)\mathrm{d}x \qquad \left\{ \begin{array}{l} (k=0)\text{-Term aus der} \\ \text{Summe herausgenommen} \end{array} \right.$$

$$+ \sum_{k=1}^{N} \frac{2}{T} \int\limits_{-T/2}^{+T/2} \left(f(x) \cos\frac{2\pi kx}{T} \cos\frac{2\pi kt}{T} + f(x)\sin\frac{2\pi kx}{T} \sin\frac{2\pi kt}{T} \right) \mathrm{d}x$$

$$= \frac{2}{T} \int\limits_{-T/2}^{+T/2} f(x) \left(\frac{1}{2} + \sum_{k=1}^{N} \cos\frac{2\pi k(x-t)}{T} \right) \mathrm{d}x$$

$$= \frac{2}{T} \int\limits_{-T/2}^{+T/2} f(x) D_N \left(\tfrac{2\pi(x-t)}{T} \right) \mathrm{d}x. \tag{1.55}$$

Mit der Abkürzung $x - t = u$ erhalten wir:

$$S_N(t) = \frac{2}{T} \int\limits_{-T/2-t}^{+T/2-t} f(u+t) D_N \left(\tfrac{2\pi u}{T} \right) \mathrm{d}u. \tag{1.56}$$

Da sowohl f als auch D_N periodisch mit der Periode T sind, dürfen wir die Integrationsgrenzen ruhig um t verschieben, ohne das Integral zu ändern. Jetzt spalten wir das Integrationsintervall von $-T/2$ bis $+T/2$ auf:

$$S_N(t) = \frac{2}{T} \left\{ \int\limits_{-T/2}^{0} f(u+t) D_N \left(\tfrac{2\pi u}{T} \right) \mathrm{d}u + \int\limits_{0}^{+T/2} f(u+t) D_N \left(\tfrac{2\pi u}{T} \right) \mathrm{d}u \right\} \tag{1.57}$$

$$= \frac{2}{T} \int\limits_{0}^{+T/2} [f(t-u) + f(t+u)] D_N \left(\tfrac{2\pi u}{T} \right) \mathrm{d}u.$$

Hier haben wir ausgenutzt, daß D_N eine gerade Funktion ist (Summe über Kosinus-Terme!).

Das Riemannsche Lokalisierungstheorem – das wir hier nicht streng beweisen wollen, das sich aber mittels Gleichung (1.57) sofort verstehen läßt – besagt, daß das Konvergenzverhalten von $S_N(t)$ für $N \to \infty$ nur von der unmittelbaren Nachbarschaft der Funktion um t herum abhängt:

$$\lim_{N \to \infty} S_N(t) = S(t) = \frac{f(t^+) + f(t^-)}{2}. \tag{1.58}$$

Hier bedeutet t^+ und t^- das Annähern an t von oben bzw. von unten. Im Gegensatz zu einer stetigen Funktion mit einer Nichtdifferenzierbarkeit („Knick"), bei der gilt $\lim_{N \to \infty} S_N(t) = f(t)$, besagt (1.58), daß bei einer Unstetigkeit („Sprung") bei t die Partialsumme zu einem Wert konvergiert, der auf „halbem Weg" liegt.

Das klingt nicht unvernünftig.

1.4.3 Gibbsscher Überschwinger

Jetzt sehen wir uns die Einheitsstufe (siehe Abb. 1.12) genauer an:

$$f(t) = \begin{cases} -\dfrac{1}{2} \text{ für } -T/2 \leq t < 0 \\[2mm] +\dfrac{1}{2} \text{ für } 0 \leq t < T/2 \end{cases} \quad \text{mit periodischer Fortsetzung.} \tag{1.59}$$

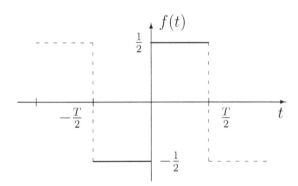

Abb. 1.12. Einheitsstufe

Wir interessieren uns im Augenblick nur für $t > 0$, und zwar für $t \leq T/4$. Der Integrand in (1.57) vor dem Dirichletschen Integralkern lautet:

$$f(t-u) + f(t+u) = \begin{cases} 1 \text{ für } 0 \leq u < t \\ 0 \text{ für } t \leq u < T/2 - t \\ -1 \text{ für } T/2 - t \leq u < T/2 \end{cases} \quad . \tag{1.60}$$

Einsetzen in Gleichung (1.57) ergibt:

$$
\begin{aligned}
S_N(t) &= \frac{2}{T}\left\{\int_0^t D_N(\tfrac{2\pi u}{T})\mathrm{d}u - \int_{T/2-t}^{T/2} D_N(\tfrac{2\pi u}{T})\mathrm{d}u\right\} \\
&= \frac{1}{\pi}\left\{\int_0^{2\pi t/T} D_N(x)\mathrm{d}x - \int_{-2\pi t/T}^0 D_N(x+\pi)\mathrm{d}x\right\} \\
&\quad (\text{mit } x = \tfrac{2\pi u}{T}) \qquad (\text{mit } x = \tfrac{2\pi u}{T} - \pi).
\end{aligned}
\tag{1.61}
$$

Jetzt setzen wir die Darstellung des Dirichletschen Kerns als Summe von Kosinus-Termen ein und integrieren:

$$
\begin{aligned}
S_N(t) &= \frac{1}{\pi}\left\{\frac{\pi t}{T} + \frac{\sin\frac{2\pi t}{T}}{1} + \frac{\sin 2\frac{2\pi t}{T}}{2} + \ldots + \frac{\sin N\frac{2\pi t}{T}}{N}\right. \\
&\quad \left. - \left(\frac{\pi t}{T} - \frac{\sin\frac{2\pi t}{T}}{1} + \frac{\sin 2\frac{2\pi t}{T}}{2} - \ldots + (-1)^N\frac{\sin N\frac{2\pi t}{T}}{N}\right)\right\} \\
&= \frac{2}{\pi}\sum_{\substack{k=1\\ \text{ungerade}}}^{N} \frac{1}{k}\sin\frac{2\pi k t}{T}.
\end{aligned}
\tag{1.62}
$$

Diese Funktion ist die Partialsummendarstellung der Einheitsstufe. In Abb. 1.13 sind ein paar Näherungen dargestellt.

In Abb. 1.14 ist die 49. Partialsumme dargestellt. Man sieht, daß die Einheitsstufe zwar schon ziemlich gut approximiert wird, in der Nähe der

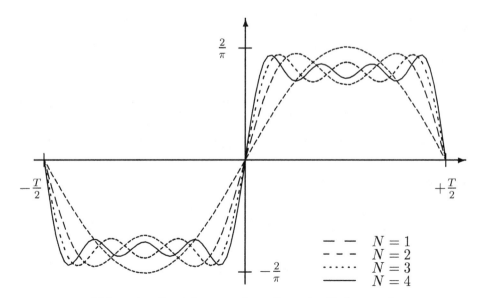

Abb. 1.13. Partialsummendarstellung der Einheitsstufe

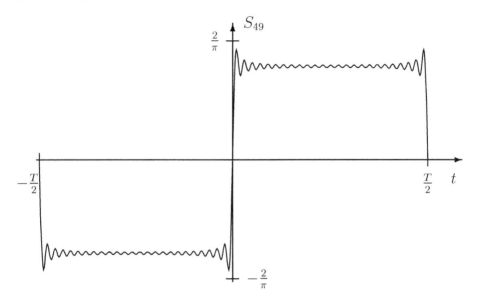

Abb. 1.14. Partialsummendarstellung der Einheitsstufe für $N = 49$

Stufe gibt es aber Über- und Unterschwinger. In der Elektrotechnik kennt man dieses Phänomen bei Filtern, die sehr steile Flanken haben: das Signal „klingelt" (englisch: „ringing"). Nun könnte man glauben, daß die Amplitude dieser Über- und Unterschwinger kleiner und kleiner wird, wenn man nur N groß genug macht. Diese Hoffnung trügt! Ein Vergleich zwischen Abb. 1.13 und Abb. 1.14 hätte schon skeptisch machen müssen. Wir wollen uns das noch genauer ansehen, und zwar für folgende Näherung: N soll sehr groß sein und t (bzw. x in (1.61)) sehr klein, d.h. nahe bei 0.

Dann können wir in dem Zähler des Dirichletschen Kerns $1/2$ gegen N vernachlässigen und im Nenner statt $\sin(x/2)$ einfach $x/2$ schreiben:

$$D_N(x) \to \frac{\sin Nx}{x}. \qquad (1.63)$$

Damit geht für große N und in der Nähe von $t = 0$ die Partialsumme über in:

$$S_N(t) \to \frac{1}{\pi} \int\limits_0^{2\pi Nt/T} \frac{\sin z}{z} \mathrm{d}z \qquad (1.64)$$

$$\text{mit } z = Nx.$$

Dies ist der Integralsinus. Die Extrema finden wir bei $\mathrm{d}S_N(t)/\mathrm{d}t \stackrel{!}{=} 0$. Ableiten nach der oberen Integralgrenze liefert:

$$\frac{1}{\pi} \frac{2\pi N}{T} \frac{\sin z}{z} \stackrel{!}{=} 0 \qquad (1.65)$$

oder $z = l\pi$ mit $l = 1, 2, 3, \ldots$. Das 1. Extremum bei $t_1 = T/(2N)$ ist ein Maximum, das 2. Extremum bei $t_2 = T/N$ ist ein Minimum (wie man sich leicht überzeugen kann). Die Extrema rücken also für $N \to \infty$ immer näher aneinander. Wie groß ist $S_N(t_1)$? Einsetzen in (1.64) gibt die Größe des „Überschwingers" (englisch: „overshoot"):

$$S_N(t_1) \to \frac{1}{\pi} \int\limits_0^\pi \frac{\sin z}{z} \mathrm{d}z = \frac{1}{2} + 0{,}0895. \tag{1.66}$$

Ebenso erhalten wir die Größe der „Unterschwingers" (englisch: „under-shoot"):

$$S_N(t_2) \to \frac{1}{\pi} \int\limits_0^{2\pi} \frac{\sin z}{z} \mathrm{d}z = \frac{1}{2} - 0{,}048. \tag{1.67}$$

Ihnen ist sicher aufgefallen, daß in der Näherung N groß und t klein die Höhe des Über- und Unterschwingers gar nicht mehr von N abhängt. Es nützt also nichts, N noch so groß zu machen, die Über- und Unterschwinger werden sich bei den Werten $+0{,}0895$ und $-0{,}048$ einpendeln und dort bleiben. Man könnte noch zeigen, daß die Extrema monoton abnehmen bis zu $t = T/4$; danach nehmen sie spiegelbildlich wieder zu (vgl. Abb. 1.14). Wie steht es nun mit unserem mittleren quadratischen Fehler $N \to \infty$? Die Antwort ist einfach: der mittlere quadratische Fehler geht gegen 0 für $N \to \infty$, obwohl die Über- und Unterschwinger bleiben. Der Trick dabei: da die Extrema immer näher zusammenrücken, geht die Fläche, die die Über- bzw. Unterschwinger mit der Funktion $f(t) = 1/2$ $(t > 0)$ einschließt, trotzdem gegen 0. Die Integration liefert nur Flächen vom Maß 0. (Ich bin sicher, daß diese Formulierung mindestens eine läßliche Sünde ist.) Die Moral von der Geschichte: ein Knick in der Funktion (Nichtdifferenzierbarkeit) beschert eine unendliche Fourierreihe, eine Stufe (Unstetigkeit) darüber hinaus noch Gibbssches „Ringing". Das heißt, vermeiden Sie Stufen, wo immer es geht!

Spielwiese

1.1. Rasend schnell
Eine Radiostation sendet auf 100 MHz. Wie groß ist die Kreisfrequenz ω und die Periode T für eine komplette Oszillation? Wie weit wandert ein elektromagnetischer Puls (oder ein Lichtpuls!) in dieser Zeit? Benützen Sie die Vakuumlichtgeschwindigkeit von $c \approx 3 \times 10^8$ m/s.

1.2. Total seltsam
Gegeben ist die Funktion $f(t) = \cos(\pi t/2)$ für $0 < t \leq 1$ mit periodischer Fortsetzung. Zeichnen Sie diese Funktion. Ist diese Funktion gerade, ungerade oder gemischt? Falls gemischt, zerlegen Sie sie in geraden und ungeraden Anteil und zeichnen Sie sie.

1.3. Absolut wahr

Berechnen Sie die komplexen Fourierkoeffizienten C_k für $f(t) = \sin \pi t$ für $0 \leq t \leq 1$ mit periodischer Fortsetzung. Zeichnen Sie $f(t)$ mit periodischer Fortsetzung. Schreiben Sie die ersten vier Terme der Reihenentwicklung hin.

1.4. Ziemlich komplex

Berechnen Sie die komplexen Fourierkoeffizienten C_k für die Funktion $f(t) = 2 \sin(3\pi t/2) \cos(\pi t/2)$ für $0 \leq t \leq 1$ mit periodischer Fortsetzung. Zeichnen Sie $f(t)$.

1.5. Schieberei

Verschieben Sie die Funktion $f(t) = 2 \sin(3\pi t/2) \cos(\pi t/2) = \sin \pi t + \sin 2\pi t$ für $0 \leq t \leq 1$ mit periodischer Fortsetzung um $a = -1/2$ nach links und berechnen Sie die komplexen Fourierkoeffizienten C_k. Zeichnen Sie die verschobene Funktion $f(t)$ und ihre Zerlegung in den ersten und zweiten Anteil und diskutieren Sie das Ergebnis.

1.6. Kubisch

Berechnen Sie die komplexen Fourierkoeffizienten C_k für $f(t) = \cos^3 2\pi t$ für $0 \leq t \leq 1$ mit periodischer Fortsetzung. Zeichnen Sie diese Funktion. Benützen Sie jetzt (1.5) und den 2. Verschiebungssatz um Ihr Resultat zu überprüfen.

1.7. Griff nach Unendlichkeit

Leiten Sie das Resultat für die unendliche Reihe $\sum_{k=1}^{\infty} 1/k^4$ mit Hilfe von Parsevals Theorem her. *Hinweis*: Anstelle der „Dreieckfunktion" versuchen Sie es mit einer Parabel!

1.8. Glatt

Gegeben ist die Funktion $f(t) = [1 - (2t)^2]^2$ für $-1/2 \leq t \leq 1/2$ mit periodischer Fortsetzung. Verwenden Sie (1.63) und argumentieren Sie, wie die Fourierkoeffizienten C_k von k abhängen müssen. Überprüfen Sie das Resultat, indem Sie die C_k direkt berechnen.

2 Kontinuierliche Fouriertransformation

Abbildung einer *beliebigen* Funktion $f(t)$ auf die Fourier-transformierte Funktion $F(\omega)$

2.1 Kontinuierliche Fouriertransformation

Vorbemerkung: Im Gegensatz zu Kap. 1 machen wir hier keine Einschränkung auf periodische $f(t)$. Das Integrationsintervall ist die gesamte reelle Achse $(-\infty, +\infty)$.

Wir betrachten dazu den Grenzübergang von der Reihenentwicklung zur Integraldarstellung:

$$\text{Reihe:} \qquad C_k = \frac{1}{T} \int\limits_{-T/2}^{+T/2} f(t)\mathrm{e}^{-2\pi\mathrm{i}kt/T}\mathrm{d}t. \qquad (2.1)$$

$$\text{Jetzt:} \qquad T \to \infty \qquad \omega_k = \frac{2\pi k}{T} \quad \to \quad \omega,$$
$$\qquad\qquad\qquad\qquad \text{diskret} \qquad\qquad \text{kontinuierlich}$$

$$\lim_{T\to\infty}(TC_k) = \int\limits_{-\infty}^{+\infty} f(t)\mathrm{e}^{-\mathrm{i}\omega t}\mathrm{d}t. \qquad (2.2)$$

Bevor wir zur Definition der Fouriertransformation kommen, müssen wir noch ein paar Hausaufgaben erledigen.

2.1.1 Gerade und ungerade Funktionen

Eine Funktion heißt gerade, wenn

$$\boxed{f(-t) = f(t).} \qquad (2.3)$$

Eine Funktion heißt ungerade, wenn

$$\boxed{f(-t) = -f(t).} \qquad (2.4)$$

Jede allgemeine Funktion läßt sich in einen geraden und einen ungeraden Anteil zerlegen. Dies hatten wir zu Beginn von Kap. 1 schon kennengelernt, und es gilt natürlich unabhängig davon, ob die Funktion $f(t)$ periodisch ist oder nicht.

2.1.2 Die δ-Funktion

Die δ-Funktion ist eine Distribution[1] und keine Funktion. Trotzdem wird sie aber immer δ-Funktion genannt. Sie ist überall 0, nur nicht dort, wo ihr Argument 0 ist. Dort geht sie nach ∞. Wem dies zu steil oder zu spitz ist, der möge mit einer anderen Definition vorlieb nehmen:

$$\delta(t) = \lim_{a \to \infty} f_a(t)$$

(2.5)

$$\text{mit } f_a(t) = \begin{cases} a \text{ für } -\dfrac{1}{2a} \leq t \leq \dfrac{1}{2a} \\ 0 \text{ sonst} \end{cases}.$$

Wir haben also einen Impuls für die Dauer von $-1/2a \leq t \leq 1/2a$ mit der Höhe a und lassen die Impulsbreite immer schmaler werden unter Beibehaltung der Fläche (auf 1 normiert), d.h., die Höhe wächst bei kleiner werdender Breite. Daher nennt man die δ-Funktion oft auch Impulsstoß. Wir hatten am Ende des vorigen Kapitels schon eine Darstellung der δ-Funktion kennengelernt: den Dirichletschen Kern für $N \to \infty$. Beschränken wir uns auf das Grundintervall $-\pi \leq t \leq +\pi$, so haben wir:

$$\int_{-\pi}^{+\pi} D_N(x)\mathrm{d}x = \pi, \text{ unabhängig von } N,$$

(2.6)

und somit ist

$$\frac{1}{\pi} \lim_{N \to \infty} \int_{-\pi}^{+\pi} f(t)D_N(t)\mathrm{d}t = f(0).$$

(2.7)

Ebenso „pickt" sich die δ-Funktion bei einer Integration (Über die δ-Funktion muß immer integriert werden!) den Integranden an derjenigen Stelle heraus, wo sein Argument 0 ist:

$$\int_{-\infty}^{+\infty} f(t)\delta(t)\mathrm{d}t = f(0).$$

(2.8)

---

[1] Verallgemeinerte Funktion. Die Theorie der Distributionen bildet eine wichtige Grundlage der modernen Analysis und ist nur durch Zusatzliteratur zu verstehen. Eine tieferführende Behandlung der Theorie ist für die vorliegenden Anwendungen jedoch nicht notwendig.

Eine andere Darstellung der δ-Funktion, die wir häufig benutzen werden, ist:

$$\delta(\omega) = \frac{1}{2\pi} \int\limits_{-\infty}^{+\infty} e^{i\omega t} dt. \tag{2.9}$$

Die Puristen mögen den Integranden mit einem Dämpfungsfaktor, z.B. $e^{-\alpha|t|}$, multiplizieren und dann den Grenzwert für $\alpha \to 0$ einführen. Das ändert nichts an der Tatsache, daß sich für alle Frequenzen $\omega \neq 0$ alles „wegoszilliert" bzw. wegmittelt (Läßliche Sünde: wir denken mal nur in ganzen Perioden!), während für $\omega = 0$ über den Integrand 1 von $-\infty$ bis $+\infty$ integriert wird, d.h. ∞ herauskommen muß.

2.1.3 Hin- und Rücktransformation

Wir definieren also:

Definition 2.1 (Hintransformation).

$$F(\omega) = \int\limits_{-\infty}^{+\infty} f(t)e^{-i\omega t} dt. \tag{2.10}$$

Definition 2.2 (Rücktransformation).

$$f(t) = \frac{1}{2\pi} \int\limits_{-\infty}^{+\infty} F(\omega)e^{+i\omega t} d\omega. \tag{2.11}$$

Vorsicht:

i. Bei der Hintransformation steht ein Minuszeichen im Exponenten (vgl. (1.27)), bei der Rücktransformation das Pluszeichen.

ii. Bei der Rücktransformation steht $1/2\pi$ vor dem Integral, im Gegensatz zur Hintransformation.

Diese Asymmetrie der Formeln hat manche Wissenschaftler dazu verleitet, andere Definitionen einzuführen, beispielsweise einen Faktor $1/\sqrt{(2\pi)}$ sowohl vor die Hin- als auch vor die Rücktransformation zu schreiben. Dies ist nicht gut, da die Definition des Mittelwertes $F(0) = \int_{-\infty}^{+\infty} f(t)dt$ davon in Mitleidenschaft gezogen werden würde. Korrekt, aber nicht weit verbreitet ist die Nomenklatur von Weaver:

$$\text{Hintransformation:} \quad F(\nu) = \int\limits_{-\infty}^{+\infty} f(t)e^{-2\pi i \nu t} dt,$$

$$\text{Rücktransformation:} \quad f(t) = \int\limits_{-\infty}^{+\infty} F(\nu)e^{2\pi i \nu t} d\nu.$$

Weaver verwendet also nicht die Kreisfrequenz ω, sondern die Frequenz ν. Damit sind die Formeln tatsächlich symmetrisiert worden, allerdings handelt man sich viele Faktoren 2π im Exponenten ein. Wir werden bei der Definition (2.10) und (2.11) bleiben.

Es soll nun gezeigt werden, daß die Rücktransformation wieder zur Ausgangsfunktion führt. Für die Hintransformation werden wir häufig $\text{FT}(f(t))$ und für die Rücktransformation $\text{FT}^{-1}(F(\omega))$ schreiben. Wir starten von der Rücktransformation und setzten ein:

$$f(t) = \frac{1}{2\pi} \int\limits_{-\infty}^{+\infty} F(\omega)e^{i\omega t}d\omega = \frac{1}{2\pi} \int\limits_{-\infty}^{+\infty} d\omega \int\limits_{-\infty}^{+\infty} f(t')e^{-i\omega t'}e^{i\omega t}dt'$$

$$= \frac{1}{2\pi} \int\limits_{-\infty}^{+\infty} f(t')dt' \int\limits_{-\infty}^{+\infty} e^{i\omega(t-t')}d\omega$$

$$\text{Integration vertauschen} \tag{2.12}$$

$$= \int\limits_{-\infty}^{+\infty} f(t')\delta(t-t')dt' = f(t) . \qquad \text{q.e.d.}^2$$

Hier haben wir (2.8) und (2.9) verwendet. Für $f(t) = 1$ bekommen wir:

$$\text{FT}(\delta(t)) = 1. \tag{2.13}$$

Der Impulsstoß benötigt also alle Frequenzen mit Einheitsamplitude zu seiner Fourierdarstellung („weißes Spektrum"). Umgekehrt gilt:

$$\text{FT}(1) = 2\pi\delta(\omega). \tag{2.14}$$

Die Konstante 1 läßt sich mit einer einzigen Spektralkomponente darstellen, nämlich mit $\omega = 0$. Andere kommen nicht vor. Da wir von $-\infty$ bis $+\infty$ integriert haben, kommt bei $\omega = 0$ natürlich auch unendliche Intensität heraus. Wir sehen den dualen Charakter der Hin- und Rücktransformation: eine sehr langsam variierende Funktion $f(t)$ wird sehr hohe spektrale Dichte bei ganz kleinen Frequenzen haben; die spektrale Dichte wird schnell und steil zu 0 abfallen. Umgekehrt wird eine schnell variierende Funktion $f(t)$ spektrale Dichte über einen sehr weiten Frequenzbereich haben: Abb. 2.1 veranschaulicht dies nochmals.

---

^{2} Lateinisch: „quod erat demonstrandum", „was zu beweisen war".

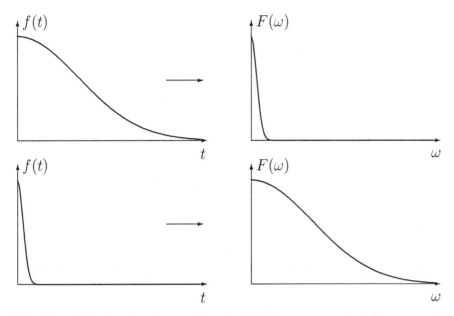

Abb. 2.1. Oben: eine langsam variierende Funktion hat nur niederfrequente spektrale Komponenten; unten: eine schnell abfallende Funktion hat spektrale Komponenten über einen weiten Frequenzbereich

Wir wollen im folgenden ein paar Beispiele diskutieren.

Beispiel 2.1 („Rechteck, gerade").

$$f(t) = \begin{cases} 1 \text{ für } -T/2 \le t \le T/2 \\ 0 \text{ sonst} \end{cases}.$$

$$F(\omega) = 2 \int\limits_0^{T/2} \cos \omega t \, dt = T \frac{\sin(\omega T/2)}{\omega T/2}.$$

(2.15)

Der Imaginärteil ist 0, da $f(t)$ gerade ist. Die Fouriertransformierte einer „Rechteckfunktion" ist also vom Typ $\frac{\sin x}{x}$. Manche Autoren benutzen dafür den Ausdruck $\mathrm{sinc}(x)$. Was das „c" bedeutet, habe ich durch den Hinweis eines aufmerksamen Lesers inzwischen gelernt: Es bedeutet „sinus cardinalis". Das „c" ist aber schon bei der Definition der komplementären Error-Funktion $\mathrm{erfc}(x) = 1 - \mathrm{erf}(x)$ „verbraucht" worden. Daher bleiben wir lieber bei $\frac{\sin x}{x}$. Diese Funktionen $f(t)$ und $F(\omega)$ sind in Abb. 2.2 dargestellt. Sie werden uns noch viel beschäftigen.

Der aufmerksame Leser wittert sofort: würde man das Intervall immer kleiner machen und dafür $f(t)$ nicht auf 1 festhalten, sondern im gleichen Maße wachsen lassen, wie T schrumpft („flächentreu"[3]), dann ergäbe sich im

[3] D.h., die Fläche unter der Kurve bleibt erhalten.

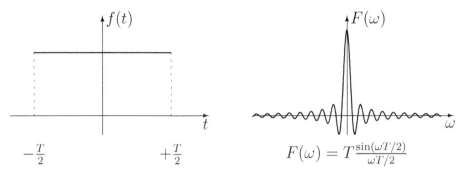

$$F(\omega) = T\frac{\sin(\omega T/2)}{\omega T/2}$$

Abb. 2.2. „Rechteckfunktion" und Fouriertransformation vom Typ $\frac{\sin x}{x}$

$\lim_{T \to \infty}$ eine neue Darstellung der δ-Funktion. Wieder ist es so, daß die Über- und Unterschwinger zwar näher aufeinanderrücken, wenn T kleiner wird, aber ihre Amplitude nimmt nicht ab. Die Form $\frac{\sin x}{x}$ bleibt immer gleich. Nachdem wir uns bereits mit dem Gibbsschen Phänomen bei Stufen vertraut gemacht haben, wundert das natürlich nicht mehr. Im Gegensatz zu der Diskussion in Abschn. 1.4.3 haben wir keine periodische Fortsetzung von $f(t)$ über das Integrationsintervall heraus, es gibt also zwei Stufen (eine hinauf, eine herab). Daß $f(t)$ im Mittel nicht 0 ist, ist hier irrelevant. Wichtig ist, daß wir für:

$$\omega \to 0 \qquad \sin(\omega T/2)/(\omega T/2) \to 1$$

haben (l'Hospitalsche Regel verwenden oder $\sin x \approx x$ für kleine x verwenden).

Jetzt berechnen wir die Fouriertransformierte einiger wichtiger Funktionen. Beginnen wir mit der Gauß-Funktion.

Beispiel 2.2 (Normierte Gauß-Funktion). Der Vorfaktor ist so gewählt, daß die Fläche unter der Funktion 1 ergibt.

$$f(t) = \frac{1}{\sigma\sqrt{2\pi}}e^{-\frac{1}{2}\frac{t^2}{\sigma^2}}.$$

$$F(\omega) = \frac{1}{\sigma\sqrt{2\pi}}\int\limits_{-\infty}^{+\infty} e^{-\frac{1}{2}\frac{t^2}{\sigma^2}}e^{-i\omega t}dt \qquad (2.16)$$

$$= \frac{2}{\sigma\sqrt{2\pi}}\int\limits_{0}^{+\infty} e^{-\frac{1}{2}\frac{t^2}{\sigma^2}}\cos\omega t\, dt$$

$$= e^{-\frac{1}{2}\sigma^2\omega^2}.$$

Wieder ist der Imaginärteil 0, da $f(t)$ gerade ist. Die Fouriertransformierte einer Gauß-Funktion ist also wieder eine Gauß-Funktion. Bitte beachten Sie, daß die Fouriertransformierte nicht auf Fläche 1 normiert ist. Die Schreibweise mit 1/2 im Exponenten ist praktisch (könnte auch in σ absorbiert werden), da in dieser Notation gilt:

$$\sigma = \sqrt{2\ln 2} \times \text{HWHM (halbe Halbwertsbreite} = \text{HWHM)}$$
$$\text{(englisch: half width at half maximum)} \qquad (2.17)$$
$$= 1{,}177 \times \text{HWHM.}$$

Bei $f(t)$ erscheint σ im Nenner des Exponenten, bei $F(\omega)$ im Zähler: je schlanker $f(t)$, desto breiter $F(\omega)$ und umgekehrt (siehe Abb. 2.3).

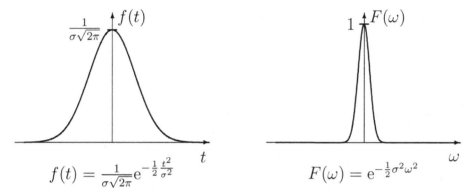

$$f(t) = \frac{1}{\sigma\sqrt{2\pi}}e^{-\frac{1}{2}\frac{t^2}{\sigma^2}} \qquad\qquad F(\omega) = e^{-\frac{1}{2}\sigma^2\omega^2}$$

Abb. 2.3. Gauß-Funktion und Fouriertransformierte (= ebenfalls Gauß-Funktion)

Beispiel 2.3 (Beidseitige Exponentialfunktion).

$$f(t) = e^{-|t|/\tau}.$$
$$(2.18)$$

$$F(\omega) = \int\limits_{-\infty}^{+\infty} e^{-|t|/\tau}e^{-i\omega t}dt = 2\int\limits_{0}^{+\infty} e^{-t/\tau}\cos\omega t\, dt = \frac{2\tau}{1+\omega^2\tau^2}.$$

Da $f(t)$ gerade ist, ist der Imaginärteil 0. Die Fouriertransformierte der Exponentialfunktion ist eine Lorentz-Funktion (siehe Abb. 2.4).

Beispiel 2.4 (Einseitige Exponentialfunktion).

$$f(t) = \begin{cases} e^{-\lambda t} & \text{für } t \geq 0 \\ 0 & \text{sonst} \end{cases}. \qquad (2.19)$$

$$F(\omega) = \int\limits_{0}^{\infty} e^{-\lambda t}e^{-i\omega t}dt = \left.\frac{e^{-(\lambda+i\omega)t}}{-(\lambda+i\omega)}\right|_{0}^{+\infty} \qquad (2.20)$$

$$= \frac{1}{\lambda+i\omega} = \frac{\lambda}{\lambda^2+\omega^2} + \frac{-i\omega}{\lambda^2+\omega^2}. \qquad (2.21)$$

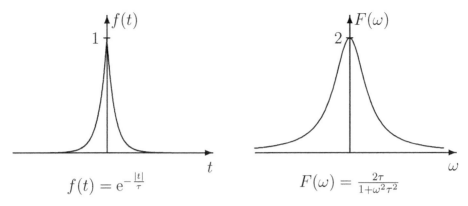

$$f(t) = e^{-\frac{|t|}{\tau}} \qquad\qquad F(\omega) = \frac{2\tau}{1+\omega^2\tau^2}$$

Abb. 2.4. Beidseitige Exponentialfunktion und Fouriertransformierte (=Lorentz-Funktion)

(*Pardon*: Eigentlich hätten wir bei der Integration in der komplexen Ebene den Residuensatz[4] verwenden müssen und nicht so nonchalant herumintegrieren dürfen. Das Ergebnis stimmt trotzdem.)

$F(\omega)$ ist komplex, da $f(t)$ weder gerade noch ungerade ist. Wir können nun den Real- und Imaginärteil getrennt darstellen (siehe Abb. 2.7). Der Realteil hat die schon vertraute Lorentz-Form, der Imaginärteil hat eine Dispersionsform. Häufig wird aber auch die sogenannte Polardarstellung verwendet, die im nächsten Abschnitt behandelt wird.

Hierzu zwei Beispiele aus der Physik: der gedämpfte Wellenzug, mit dem man die Emission eines Teilchens (z.B. Photons, γ-Quants) aus einem angeregten Kernzustand mit Lebensdauer τ beschreibt (d.h., der angeregte Zustand entvölkert sich gemäß $e^{-t/\tau}$), führt zu einer lorentzförmigen Emissionslinie; exponentielle Relaxationsprozesse führen zu lorentzförmigen Spektrallinien, z.B. bei kernmagnetischer Resonanz.

2.1.4 Polardarstellung der Fouriertransformierten

Jede komplexe Zahl $z = a + ib$ läßt sich in der komplexen Ebene durch den Betrag und die Phase φ darstellen (siehe Abb. 2.5):

$$z = a + ib = \sqrt{a^2 + b^2}\ e^{i\varphi} \quad \text{mit} \ \tan\varphi = b/a.$$

So können wir auch die Fouriertransformierte der einseitigen Exponentialfunktion darstellen wie in Abb. 2.6.

Alternativ zur Polardarstellung kann man auch den Real- und Imaginärteil getrennt darstellen (siehe Abb. 2.7).

---

[4] Der Residuensatz ist Bestandteil der Funktionentheorie.

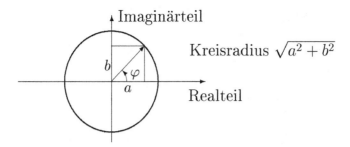

Abb. 2.5. Polardarstellung der komplexen Zahl $z = a + \mathrm{i}b$

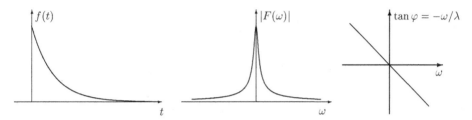

Abb. 2.6. Einseitige Exponentialfunktion, Betrag der Fouriertransformierten und Phase (Imaginärteil/Realteil)

Bitte beachten Sie, daß $|F(\omega)|$ keine Lorentz-Funktion ist! Will man diese Eigenschaft „retten", so sollte man lieber das Quadrat des Betrages darstellen: $|F(\omega)|^2 = 1/(\lambda^2 + \omega^2)$ ist wieder eine Lorentz-Funktion. Diese Darstellung wird oft auch Neudeutsch „Power-Darstellung" genannt: $|F(\omega)|^2 = (\text{Realteil})^2 + (\text{Imaginärteil})^2$. Die Phase hat bei dem Maximum von $|F(\omega)|$, d.h. in „Resonanz", einen Nulldurchgang.

Warnung: Die Darstellung des Betrages wie auch des Betragsquadrates macht die *Linearität* der Fouriertransformation zunichte!

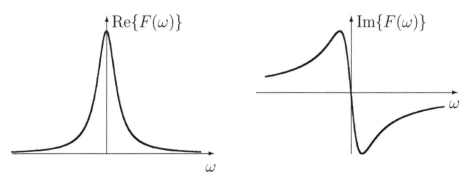

Abb. 2.7. Realteil, Imaginärteil der Fouriertransformierten der einseitigen Exponentialfunktion

Zum Schluß wollen wir noch die Rücktransformation ausprobieren und sehen, wie wir wieder zu der einseitigen Exponentialfunktion zurückfinden (die Fouriertransformierte sah gar nicht so „einseitig" aus!):

$$f(t) = \frac{1}{2\pi} \int\limits_{-\infty}^{+\infty} \frac{\lambda - i\omega}{\lambda^2 + \omega^2} e^{i\omega t} d\omega$$

$$= \frac{1}{2\pi} \left\{ 2\lambda \int\limits_{0}^{+\infty} \frac{\cos \omega t}{\lambda^2 + \omega^2} d\omega + 2 \int\limits_{0}^{+\infty} \frac{\omega \sin \omega t}{\lambda^2 + \omega^2} d\omega \right\}$$

$$= \frac{1}{\pi} \left\{ \frac{\pi}{2} e^{-|\lambda t|} \pm \frac{\pi}{2} e^{-|\lambda t|} \right\}, \text{ wobei } \begin{matrix} \text{„+" für } t \geq 0 \\ \text{„-" für } t < 0 \end{matrix} \text{ gilt}$$

$$= \begin{cases} e^{-\lambda t} \text{ für } t \geq 0 \\ 0 \quad \text{ für sonst} \end{cases}.$$

(2.22)

2.2 Theoreme und Sätze

2.2.1 Linearitätstheorem

Der Vollständigkeit halber nochmals:

$$\boxed{\begin{matrix} f(t) \leftrightarrow F(\omega), \\ g(t) \leftrightarrow G(\omega), \\ a \cdot f(t) + b \cdot g(t) \leftrightarrow a \cdot F(\omega) + b \cdot G(\omega). \end{matrix}}$$

(2.23)

2.2.2 Der 1. Verschiebungssatz

Wir wissen bereits: eine Verschiebung in der Zeitdomäne bedeutet Modulation in der Frequenzdomäne:

$$\boxed{\begin{matrix} f(t) \leftrightarrow F(\omega), \\ f(t - a) \leftrightarrow F(\omega) e^{-i\omega a}. \end{matrix}}$$

(2.24)

Der Beweis ist trivial.

Beispiel 2.5 („Rechteckfunktion").

$$f(t) = \begin{cases} 1 \text{ für } -T/2 \leq t \leq T/2 \\ 0 \text{ sonst} \end{cases}.$$

(2.25)

$$F(\omega) = T \frac{\sin(\omega T/2)}{\omega T/2}.$$

Jetzt verschieben wir das Rechteck $f(t)$ um $a = T/2 \to g(t)$ und erhalten damit (siehe Abb. 2.8):

$$G(\omega) = T\frac{\sin(\omega T/2)}{\omega T/2}\mathrm{e}^{-\mathrm{i}\omega T/2}$$

$$= T\frac{\sin(\omega T/2)}{\omega T/2}(\cos(\omega T/2) - \mathrm{i}\sin(\omega T/2)).$$

(2.26)

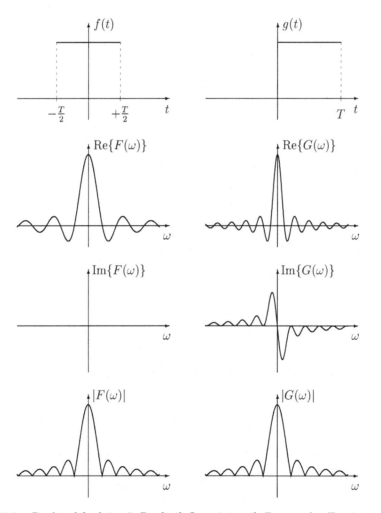

Abb. 2.8. „Rechteckfunktion", Realteil, Imaginärteil, Betrag der Fouriertransformierten (*links von oben nach unten*); dasselbe für die um $T/2$ nach rechts verschobene „Rechteckfunktion" (*rechts von oben nach unten*)

Der Realteil wird also moduliert mit $\cos(\omega T/2)$. Der Imaginärteil, der vorher 0 war, ist jetzt von 0 verschieden und „ergänzt" den Realteil gerade so, daß $|F(\omega)|$ unverändert bleibt. Gleichung (2.24) beinhaltet ja „nur" einen Phasenfaktor $e^{-i\omega a}$, der bei der Betragsbildung irrelevant ist. Solange Sie sich nur das „Power"-Spektrum ansehen, können Sie die Funktion $f(t)$ auf der Zeitachse verschieben, wie Sie wollen: Sie merken nichts davon. In der Phase der Polardarstellung finden Sie die Verschiebung allerdings wieder:

$$\tan\varphi = \frac{\text{Imaginärteil}}{\text{Realteil}} = -\frac{\sin(\omega T/2)}{\cos(\omega T/2)} = -\tan(\omega T/2) \tag{2.27}$$

oder $\varphi = -\omega T/2$.

Lassen Sie sich nicht dadurch stören, daß die Phase φ über $\pm\pi/2$ hinausläuft.

2.2.3 Der 2. Verschiebungssatz

Wir wissen schon: eine Modulation in der Zeitdomäne bewirkt eine Verschiebung in der Frequenzdomäne:

$$\boxed{\begin{aligned} f(t) &\leftrightarrow F(\omega), \\ f(t)e^{-i\omega_0 t} &\leftrightarrow F(\omega + \omega_0). \end{aligned}} \tag{2.28}$$

Wer lieber reelle Modulationen hat, der kann auch schreiben:

$$\text{FT}(f(t)\cos\omega_0 t) = \frac{F(\omega + \omega_0) + F(\omega - \omega_0)}{2},$$

$$\text{FT}(f(t)\sin\omega_0 t) = i\frac{F(\omega + \omega_0) - F(\omega - \omega_0)}{2}. \tag{2.29}$$

Dies folgt sofort aus der Eulerschen Identität (1.22).

Beispiel 2.6 („Rechteckfunktion").

$$f(t) = \begin{cases} 1 \text{ für } -T/2 \leq t \leq +T/2 \\ 0 \text{ sonst} \end{cases}.$$

$$F(\omega) = T\frac{\sin(\omega T/2)}{\omega T/2} \qquad (\text{siehe } (2.15))$$

und

$$g(t) = \cos\omega_0 t. \tag{2.30}$$

Mit $h(t) = f(t) \cdot g(t)$ und dem 2. Verschiebungssatz erhalten wir:

$$H(\omega) = \frac{T}{2} \left\{ \frac{\sin[(\omega + \omega_0)T/2]}{(\omega + \omega_0)T/2} + \frac{\sin[(\omega - \omega_0)T/2]}{(\omega - \omega_0)T/2} \right\}. \tag{2.31}$$

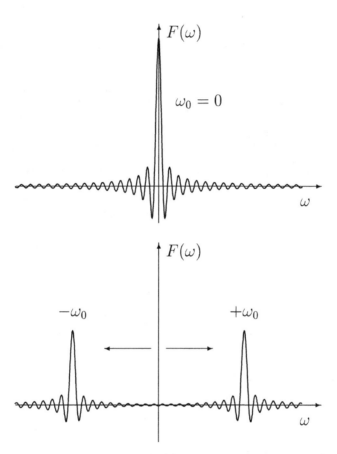

Abb. 2.9. Fouriertransformierte von $g(t) = \cos \omega t$ im Intervall $-T/2 \le t \le T/2$

Das bedeutet: die Fouriertransformierte der Funktion $\cos \omega_0 t$ innerhalb des Intervalls $-T/2 \le t \le T/2$ (und außerhalb gleich 0) besteht aus zwei Frequenzpeaks, je einem bei $\omega = -\omega_0$ und $\omega = +\omega_0$. Die Amplitude wird natürlich gerecht („brüderlich") aufgeteilt. Hätten wir $\omega_0 = 0$, dann gäbe es wieder den zentralen Peak $\omega = 0$; mit einem Hochfahren von ω_0 spaltet dieser Peak in zwei Peaks auf, die nach links und nach rechts wandern (siehe Abb. 2.9).

Wer keine negativen Frequenzen schätzt, kann die negative Halbebene umklappen und hat dann nur *einen* Peak bei $\omega = \omega_0$ mit der doppelten (d.h. ursprünglichen) Intensität.

Vorsicht: Bei kleinen Frequenzen ω_0 „riechen" sich die Ausläufer der Funktion $\frac{\sin x}{x}$ doch recht merklich, d.h., sie interferieren miteinander. Daran ändert auch das Umklappen der negativen Halbebene nichts. Abbildung 2.10 veranschaulicht das Problem.

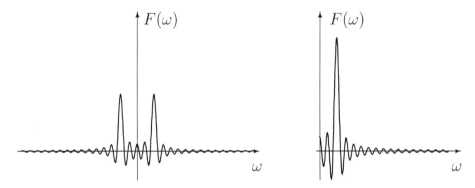

Abb. 2.10. Überlagerung der $\left(\frac{\sin x}{x}\right)$-Ausläufer bei kleinen Frequenzen für negative und positive (*links*) und nur positive Frequenzen (*rechts*)

2.2.4 Skalierungssatz

Im Gegensatz zu (1.41) lautet der Skalierungssatz für die kontinuierliche Fouriertransformation folgendermaßen:

$$
\begin{aligned}
f(t) &\leftrightarrow F(\omega), \\
f(at) &\leftrightarrow \frac{1}{|a|} F\left(\frac{\omega}{a}\right).
\end{aligned}
\tag{2.32}
$$

Beweis (Skalierung). Analog zu (1.41) mit dem Unterschied, daß man hier die Intervallgrenzen $\pm\infty$ weder strecken noch stauchen kann und die Basisfunktionen unverändert bleiben:

$$
\begin{aligned}
F(\omega)^{\text{neu}} &= \frac{1}{T} \int_{-\infty}^{+\infty} f(at) e^{-i\omega t} \, dt \\
&= \frac{1}{T} \int_{-\infty}^{+\infty} f(t') e^{-i\omega t'/a} \frac{1}{a} dt' \qquad \text{mit } t' = at \\
&= \frac{1}{|a|} F\left(\frac{\omega}{a}\right)^{\text{alt}}. \quad \square
\end{aligned}
$$

Wir haben hier stillschweigend $a > 0$ vorausgesetzt. Falls $a < 0$ bekämen wir ein Minuszeichen von dem Vorfaktor; wir müßten aber auch die Integrationsgrenzen vertauschen, so daß sich insgesamt ein Faktor $\frac{1}{|a|}$ ergibt. Das bedeutet: eine Streckung (Stauchung) der Zeitachse bewirkt eine Stauchung (Streckung) der Frequenzachse (siehe Abb. 2.1). Für den speziellen Wert $a = -1$ haben wir:

$$f(t) \rightarrow F(\omega),$$
$$f(-t) \rightarrow F(-\omega). \tag{2.33}$$

Also bewirkt eine Umkehrung der Zeitachse („in die Vergangenheit schauen") eine Umkehrung der Frequenzachse. Dieses tiefe Geheimnis bleibt all denjenigen verborgen, die nur in positiven Frequenzen denken können.

Dem aufmerksamen Leser wird nicht entgangen sein, daß es im Gegensatz zu (1.41) einen Vorfaktor $\frac{1}{|a|}$ gibt, der daher rührt, daß die Intervallgrenzen unverändert bleiben. Sollte die Funktion $f(t)$ bereits Terme der Form $\cos\omega_0 t$ bzw. $\sin\omega_0 t$ enthalten, so werden in der Fouriertransformierten die neuen Linienpositionen bei $\omega_0^{\text{neu}} = a \cdot \omega_0^{\text{alt}}$ liegen. Die Linienbreiten verändern sich gemäß $F(\omega)^{\text{neu}} = \frac{1}{|a|}F\left(\frac{\omega}{a}\right)^{\text{alt}}$.

2.3 Faltung, Kreuzkorrelation, Autokorrelation, Parsevals Theorem

2.3.1 Faltung

Unter einer Faltung der Funktion $f(t)$ mit einer anderen Funktion $g(t)$ versteht man:

Definition 2.3 (Faltung).

$$f(t) \otimes g(t) \equiv \int\limits_{-\infty}^{+\infty} f(\xi)g(t - \xi)\mathrm{d}\xi. \tag{2.34}$$

Beachten Sie das Minuszeichen im Argument von $g(t)$. Die Faltung ist kommutativ, distributiv und assoziativ. Dies bedeutet:

$$\text{kommutativ}: \qquad f(t) \otimes g(t) = g(t) \otimes f(t).$$

Beweis (Faltung, kommutativ). Substitution der Integrationsvariable:

$$f(t) \otimes g(t) = \int\limits_{-\infty}^{+\infty} f(\xi)g(t - \xi)\mathrm{d}\xi = \int\limits_{-\infty}^{+\infty} g(\xi')f(t - \xi')\mathrm{d}\xi'$$

$$\text{mit } \xi' = t - \xi. \quad \square$$

$$\text{Distributiv}: \qquad f(t) \otimes (g(t) + h(t)) = f(t) \otimes g(t) + f(t) \otimes h(t)$$

(Beweis: *Lineare Operation!*).

Assoziativ : $f(t) \otimes (g(t) \otimes h(t)) = (f(t) \otimes g(t)) \otimes h(t)$

(die Reihenfolge der Faltung spielt keine Rolle; Beweis: Doppelintegral mit Vertauschung der Integrationsreihenfolge).

Beispiel 2.7 (Faltung einer „Rechteckfunktion" mit einer anderen „Rechteckfunktion"). Wir wollen die „Rechteckfunktion" $f(t)$ mit einer anderen „Rechteckfunktion" $g(t)$ falten:

$$f(t) = \begin{cases} 1 \text{ für } -T/2 \le t \le T/2 \\ 0 \text{ sonst} \end{cases},$$

$$g(t) = \begin{cases} 1 \text{ für } 0 \le t \le T \\ 0 \text{ sonst} \end{cases}.$$

$$h(t) = f(t) \otimes g(t). \tag{2.35}$$

Laut Definition (2.34) müssen wir $g(t)$ spiegeln (Minuszeichen vor ξ). Dann verschieben wir $g(t)$ und berechnen den Überlapp (siehe Abb. 2.11).

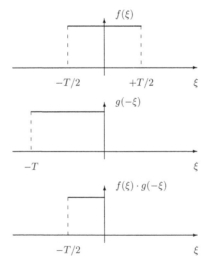

Abb. 2.11. „Rechteckfunktion" $f(\xi)$, gespiegelte „Rechteckfunktion" $g(-\xi)$, Überlapp (*von oben nach unten*). Die Fläche des Überlapps ergibt das Faltungsintegral

Wir bekommen also erstmals Überlapp für $t = -T/2$ und das letzte Mal Überlapp für $t = +3T/2$ (siehe Abb. 2.12).

An den Grenzen $t = -T/2$ und $t = +3T/2$ starten bzw. enden wir mit Überlapp 0, den maximalen Überlapp haben wir bei $t = +T/2$: dort liegen die beiden Rechtecke genau übereinander (oder untereinander?). Das Integral gibt dann genau T, dazwischen wächst/fällt das Integral linear (siehe Abb. 2.13).

Dabei ist folgendes zu beachten: das Intervall, in dem $f(t) \otimes g(t)$ von 0 verschieden ist, ist jetzt doppelt so groß: $2T$! Hätten wir $g(t)$ gleich symmetrisch um 0 herum definiert (das wollte ich nicht, damit man das Spiegeln

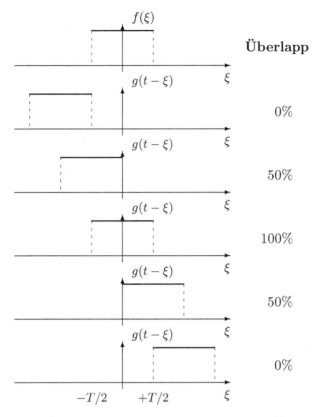

Abb. 2.12. Zur Darstellung der Faltung zwischen $f(t)$ und $g(t)$ mit $t = -T/2,\ 0,\ +T/2,\ +T,\ +3T/2$ *(von oben nach unten)*

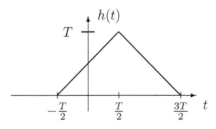

Abb. 2.13. Faltung $h(t) = f(t) \otimes g(t)$

nicht vergißt!), dann wäre auch $f(t) \otimes g(t)$ symmetrisch um 0 herum. Dann hätten wir $f(t)$ mit sich selbst gefaltet.

Nun ein etwas nützlicheres Beispiel: nehmen wir einen Impuls, der wie eine einseitige Exponentialfunktion aussieht:

$$f(t) = \begin{cases} \mathrm{e}^{-t/\tau} & \text{für } t \geq 0 \\ 0 & \text{sonst} \end{cases} . \tag{2.36}$$

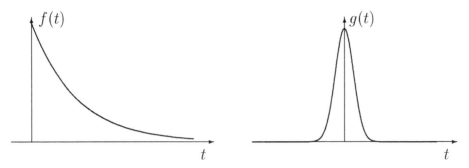

Abb. 2.14. Zur Faltung einer einseitigen Exponentialfunktion mit einer Gauß-Funktion

Jedes Gerät, das Impulse als Funktion der Zeit darstellen kann, hat eine endliche Anstiegs-/Abfallzeit, die wir der Einfachheit halber als gaußförmig annehmen (Abb. 2.14):

$$g(t) = \frac{1}{\sigma\sqrt{2\pi}} e^{-\frac{1}{2}\frac{t^2}{\sigma^2}}. \tag{2.37}$$

So würde unser Gerät, z.B. ein Oszillograph, eine δ-Funktion darstellen, schärfer geht es nicht. Die Funktion $g(t)$ ist also die apparative Auflösungsfunktion, mit der wir *alle* Signale falten müssen, die wir darstellen wollen. Wir brauchen also:

$$S(t) = f(t) \otimes g(t), \tag{2.38}$$

wobei $S(t)$ das experimentelle, „verschmierte" Signal ist. Klarerweise wird der Anstieg bei $t = 0$ nicht genau so steil sein, und die Spitze der Exponentialfunktion wird „weggebügelt". Wir müssen uns das genauer ansehen:

$$S(t) = \frac{1}{\sigma\sqrt{2\pi}} \int\limits_0^{+\infty} e^{-\frac{\xi}{\tau}} e^{-\frac{1}{2}\frac{(t-\xi)^2}{\sigma^2}} \, d\xi$$

$$= \frac{1}{\sigma\sqrt{2\pi}} e^{-\frac{1}{2}\frac{t^2}{\sigma^2}} \int\limits_0^{+\infty} \exp\underbrace{\left[-\frac{\xi}{\tau} + \frac{t\xi}{\sigma^2} - \frac{1}{2}\xi^2/\sigma^2\right]}_{\text{quadratisch ergänzen}} \, d\xi$$

$$= \frac{1}{\sigma\sqrt{2\pi}} e^{-\frac{1}{2}\frac{t^2}{\sigma^2}} e^{\frac{t^2}{2\sigma^2}} e^{-\frac{t}{\tau}} e^{\frac{\sigma^2}{2\tau^2}} \int\limits_0^{+\infty} e^{-\frac{1}{2\sigma^2}\left(\xi-\left(t-\frac{\sigma^2}{\tau}\right)\right)^2} \, d\xi \tag{2.39}$$

$$= \frac{1}{\sigma\sqrt{2\pi}} e^{-\frac{t}{\tau}} e^{+\frac{\sigma^2}{2\tau^2}} \int\limits_{-(t-\sigma^2/\tau)}^{+\infty} e^{-\frac{1}{2\sigma^2}\xi'^2} \, d\xi' \quad \text{mit } \xi' = \xi - \left(t - \frac{\sigma^2}{\tau}\right)$$

$$= \frac{1}{2} e^{-\frac{t}{\tau}} e^{+\frac{\sigma^2}{2\tau^2}} \operatorname{erfc}\left(\frac{\sigma}{\sqrt{2}\tau} - \frac{t}{\sigma\sqrt{2}}\right).$$

Hier bedeutet $\text{erfc}(x) = 1 - \text{erf}(x)$ die komplementäre Error-Funktion mit der Definitionsgleichung:

$$\text{erf}(x) = \frac{2}{\sqrt{\pi}} \int\limits_0^x e^{-t^2} \mathrm{d}t. \qquad (2.40)$$

Die Funktionen $\text{erf}(x)$ und $\text{erfc}(x)$ sind in Abb. 2.15 dargestellt.

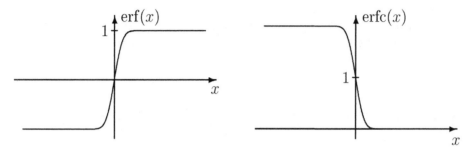

Abb. 2.15. Die Funktionen $\text{erf}(x)$ und $\text{erfc}(x)$

Die Funktion $\text{erfc}(x)$ stellt eine „verschmierte" Stufe dar. Zusammen mit dem Faktor $1/2$ ist die Stufenhöhe gerade 1. Da die Zeit im Argument der $\text{erfc}(x)$ in (2.39) mit einem Minuszeichen vorkommt, ist die Stufe von Abb. 2.15 gespiegelt und auch um $\sigma/\sqrt{2}\tau$ verschoben. Abbildung 2.16 zeigt das Ergebnis der Faltung der Exponentialfunktion mit der Gauß-Funktion. Folgende Eigenschaften fallen sofort auf:

i. Die endliche Zeitauflösung sorgt dafür, daß auch für negative Zeiten ein Signal existiert, während es vor der Faltung noch 0 war.

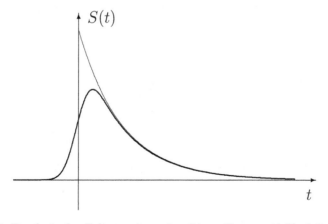

Abb. 2.16. Ergebnis der Faltung einer einseitigen Exponentialfunktion mit einer Gauß-Funktion. Exponentialfunktion ohne Faltung (*dünne Linie*)

ii. Das Maximum liegt nicht mehr bei $t = 0$.

iii. Was man nicht sofort sieht, aber sich schnell klarmachen kann, ist folgendes: der Schwerpunkt der Exponentialfunktion, der bei $t = \tau$ liegt, bleibt bei der Faltung unverschoben. Mit einer *geraden* Funktion kann man ihn auch nicht verschieben! Probieren Sie es aus!

Man kann sich die Form der Kurve in Abb. 2.16 leicht einprägen. Starten Sie von der Exponentialfunktion mit der „90°-Steilwand" und schütten Sie dann „Geröll" nach links und rechts (gleichviel! gerade Funktion!): damit bekommen Sie die Geröllhalde für $t < 0$, tragen den Gipfel ab und sorgen auch für ein Geröllfeld für $t > 0$, das langsam ausklingt. In der Tat, der Einfluß der Stufe wird für größere Zeiten immer mehr an Bedeutung verlieren, d.h.:

$$\frac{1}{2}\text{erfc}\left(\frac{\sigma}{\sqrt{2}\tau} - \frac{t}{\sigma\sqrt{2}}\right) \to 1 \qquad \text{für } t \gg \frac{\sigma^2}{\tau}, \qquad (2.41)$$

und es bleibt nur die unveränderte Exponentialfunktion $e^{-t/\tau}$ übrig, allerdings mit dem konstanten Faktor $e^{+\sigma^2/2\tau^2}$ versehen. Dieser Faktor ist stets > 1, weil immer etwas mehr „Geröll" von oben herab kommt als bergauf geschüttet wird.

Wir beweisen nun den äußerst wichtigen Faltungssatz:

$$\boxed{\begin{array}{c} f(t) \leftrightarrow F(\omega), \\ g(t) \leftrightarrow G(\omega), \\ h(t) = f(t) \otimes g(t) \leftrightarrow H(\omega) = F(\omega) \cdot G(\omega), \end{array}} \qquad (2.42)$$

d.h., aus dem *Faltungsintegral* wird durch Fouriertransformation ein *Produkt* von Fouriertransformierten.

Beweis (Faltungssatz).

$$H(\omega) = \int\int f(\xi)g(t-\xi)\mathrm{d}\xi \times e^{-i\omega t}\mathrm{d}t$$

$$= \int f(\xi)e^{-i\omega\xi}\left[\int g(t-\xi)e^{-i\omega(t-\xi)}\mathrm{d}t\right]\mathrm{d}\xi$$

$$\uparrow \qquad \text{erweitert} \qquad \uparrow \qquad\qquad (2.43)$$

$$= \int f(\xi)e^{-i\omega\xi}\mathrm{d}\xi \times G(\omega)$$

$$= F(\omega) \times G(\omega). \quad \square$$

Im vorletzten Schritt haben wir $t' = t - \xi$ substituiert. Die Integrationsgrenzen $\pm\infty$ werden dadurch nicht verändert, und $G(\omega)$ hängt nicht von ξ ab.

Die Umkehrung des Faltungssatzes lautet:

$$
\begin{aligned}
f(t) &\leftrightarrow F(\omega), \\
g(t) &\leftrightarrow G(\omega), \\
h(t) = f(t) \cdot g(t) &\leftrightarrow H(\omega) = \frac{1}{2\pi} F(\omega) \otimes G(\omega).
\end{aligned}
\tag{2.44}
$$

Beweis (Umkehrung des Faltungssatzes).

$$
\begin{aligned}
H(\omega) &= \int f(t) g(t) \mathrm{e}^{-\mathrm{i}\omega t} \mathrm{d}t \\
&= \int \left(\frac{1}{2\pi} \int F(\omega') \mathrm{e}^{+\mathrm{i}\omega' t} \mathrm{d}\omega' \times \frac{1}{2\pi} \int G(\omega'') \mathrm{e}^{+\mathrm{i}\omega'' t} \mathrm{d}\omega'' \right) \mathrm{e}^{-\mathrm{i}\omega t} \mathrm{d}t \\
&= \frac{1}{(2\pi)^2} \int F(\omega') \int G(\omega'') \underbrace{\int \mathrm{e}^{\mathrm{i}(\omega' + \omega'' - \omega)t} \mathrm{d}t}_{=2\pi\delta(\omega' + \omega'' - \omega)} \mathrm{d}\omega' \mathrm{d}\omega'' \\
&= \frac{1}{2\pi} \int F(\omega') G(\omega - \omega') \mathrm{d}\omega' \\
&= \frac{1}{2\pi} F(\omega) \otimes G(\omega). \quad \square
\end{aligned}
$$

Achtung: Im Gegensatz zum Faltungssatz (2.42) steht in (2.44) ein Faktor $1/2\pi$ vor der Faltung der Fouriertransformierten!

Eine vielfach beliebte Praxis besteht im „Entfalten" von Daten: die instrumentelle Auflösungsfunktion „verschmiert" die schnell variierenden Funktionen, und man möchte – natürlich bei genauer Kenntnis der Auflösungsfunktion – die Daten so rekonstruieren, wie sie bei unendlich guter Auflösungsfunktion aussehen würden. Im Prinzip eine gute Idee – und dank des Faltungssatzes kein Problem: man Fourier-transformiere die Daten, dividiere durch die Fouriertransformierte der Auflösungsfunktion und transformiere wieder zurück. Die praktische Anwendung sieht etwas unerfreulicher aus. Da man in der Praxis ja nicht von $-\infty$ bis $+\infty$ transformieren kann, benötigt man Tiefpaßfilter, um nicht in Oszillationen, die von Abschneidefehlern herrühren, zu „ertrinken". Damit sind die Vorteile des Entfaltens wie gewonnen so zerronnen. Eigentlich ist ja klar: was durch die endliche Auflösung verschmiert wurde, ist nicht mehr eindeutig zu rekonstruieren. Stellen Sie sich vor, ein sehr spitzer Berggipfel wurde in Jahrmillionen durch Erosion abgetragen, und es bleiben ringsherum die Geröllfelder liegen. Versuchen Sie einmal, aus den Trümmern eines solchen Geröllfeldes die ursprüngliche Form der Bergspitze zu rekonstruieren! Das Ergebnis mag künstlerisch wertvoll sein, ein Artefaktum, es hat aber mit der ursprünglichen Realität nicht unbedingt etwas zu tun (bedauerlicherweise ist der Ausdruck Artefakt unter Naturwissenschaftlern so negativ besetzt).

Zwei nützliche Beispiele zum Faltungssatz:

Beispiel 2.8 (Gaußsche Frequenzverteilung). Nehmen wir an, wir haben $f(t) = \cos\omega_0 t$, und die Frequenz ω_0 ist nicht scharf bestimmt, sondern gaußverteilt:

$$P(\omega) = \frac{1}{\sigma\sqrt{2\pi}}\mathrm{e}^{-\frac{1}{2}\frac{\omega^2}{\sigma^2}}.$$

Unser Meßergebnis ist dann:

$$\tilde{f}(t) = \int\limits_{-\infty}^{+\infty} \frac{1}{\sigma\sqrt{2\pi}}\mathrm{e}^{-\frac{1}{2}\frac{\omega^2}{\sigma^2}}\cos(\omega - \omega_0)t\,\mathrm{d}\omega, \tag{2.45}$$

d.h. ein Faltungsintegral in ω_0. Anstatt dieses Integral direkt zu berechnen, machen wir Gebrauch von der Umkehrung des Faltungssatzes (2.44), sparen uns damit Arbeit und gewinnen dabei höhere Einsichten. Aber Vorsicht! Wir müssen behutsam mit den Variablen umgehen. Die Zeit t in (2.45) hat nichts mit der Fouriertransformation, die wir in (2.44) benötigen, zu tun. Ebensowenig trifft dies auf die Integrationsvariable ω zu. Wir verwenden daher für die Variablenpaare in (2.44) lieber t_0 und ω_0. Wir identifizieren:

$$F(\omega_0) = \frac{1}{\sigma\sqrt{2\pi}}\mathrm{e}^{-\frac{1}{2}\frac{\omega_0^2}{\sigma^2}}$$

$$\frac{1}{2\pi}G(\omega_0) = \cos\omega_0 t \qquad \text{oder } G(\omega_0) = 2\pi\cos\omega_0 t.$$

Die Rücktransformation dieser Funktionen mittels (2.11) liefert:

$$f(t_0) = \frac{1}{2\pi}\mathrm{e}^{-\frac{1}{2}\sigma^2 t_0^2}$$

(vgl. (2.16) für das umgekehrte Problem; vergessen Sie den Faktor $1/2\pi$ bei der Rücktransformation nicht!),

$$g(t_0) = 2\pi\left[\frac{\delta(t_0 - t)}{2} + \frac{\delta(t_0 + t)}{2}\right]$$

(vgl. (2.9) für das umgekehrte Problem; benutzen Sie den 1. Verschiebungssatz (2.24); vergessen Sie den Faktor $1/2\pi$ bei der Rücktransformation nicht!).
Zusammen erhält man:

$$h(t_0) = \mathrm{e}^{-\frac{1}{2}\sigma^2 t_0^2}\left[\frac{\delta(t_0 - t)}{2} + \frac{\delta(t_0 + t)}{2}\right].$$

Jetzt müssen wir nur noch $h(t_0)$ Fourier-transformieren. Die Integration über die δ-Funktion macht direkt Spaß:

$$\tilde{f}(t) \equiv H(\omega_0) = \int\limits_{-\infty}^{+\infty} \mathrm{e}^{-\frac{1}{2}\sigma^2 t_0^2} \left[\frac{\delta(t_0 - t)}{2} + \frac{\delta(t_0 + t)}{2} \right] \mathrm{e}^{-\mathrm{i}\omega_0 t_0} \mathrm{d}t_0$$

$$= \mathrm{e}^{-\frac{1}{2}\sigma^2 t^2} \cos \omega_0 t.$$

Nun hat es doch mehr Arbeit gemacht, als gedacht. Aber was für ein Gewinn an Einsicht!

Das bedeutet: die Faltung mit einer Gauß-Verteilung in der Frequenzdomäne bewirkt eine exponentielle „Dämpfung" des Kosinus-Terms, wobei die Dämpfung gerade die Fouriertransformierte der Frequenzverteilungsfunktion ist. Das liegt natürlich daran, daß wir speziell eine Kosinus-Funktion (d.h. Basisfunktion) für $f(t)$ verwendet haben. $P(\omega)$ sorgt dafür, daß die Oszillationen für $\omega \neq \omega_0$ leicht gegeneinander verschoben sind und sich für größere Zeiten mehr und mehr destruktiv überlagern und zu 0 mitteln.

Beispiel 2.9 (Lorentzsche Frequenzverteilung). Jetzt wissen wir natürlich sofort, was eine Faltung mit einer Lorentz-Verteilung

$$P(\omega) = \frac{\sigma}{\pi} \frac{1}{\omega^2 + \sigma^2} \tag{2.46}$$

bewirken würde:

$$\tilde{f}(t) = \int\limits_{-\infty}^{+\infty} \frac{\sigma}{\pi} \frac{1}{\omega^2 + \sigma^2} \cos(\omega - \omega_0) t \mathrm{d}\omega,$$

$$h(t_0) = \mathrm{FT}^{-1}(\tilde{f}(t)) = \mathrm{e}^{-\sigma t_0} \left[\frac{\delta(t_0 - t)}{2} + \frac{\delta(t_0 - at)}{2} \right], \tag{2.47}$$

$$\tilde{f}(t) = \mathrm{e}^{-\sigma t} \cos \omega_0 t.$$

Dies ist ein gedämpfter Wellenzug. So würde man das elektrische Feld einer lorentzförmigen Spektrallinie beschreiben, die von einem „Sender" mit „Lebensdauer" $1/\sigma$ ausgestrahlt wird.

Diese Beispiele sind von grundlegender Bedeutung in der Physik. Wann immer mit ebenen Wellen, d.h. $\mathrm{e}^{\mathrm{i}qx}$, abgefragt wird, erhält man als Antwort die Fouriertransformierte der zugehörigen Verteilungsfunktion des Untersuchungsobjektes. Ein klassisches Beispiel ist die elastische Streuung von Elektronen an Atomkernen. Hier ist der Formfaktor $F(q)$ die Fouriertransformierte der Kernladungsdichteverteilungsfunktion $\rho(x)$. Der Wellenvektor q ist bis auf einen Vorfaktor identisch mit dem Impuls.

Beispiel 2.10 (Gauß-Verteilung gefaltet mit Gauß-Verteilung). Wir falten eine Gauß-Funktion mit σ_1 mit einer zweiten Gauß-Funktion mit σ_2. Da die Fouriertransformierten wieder Gauß-Funktionen sind – diesmal mit σ_1^2 und σ_2^2 im *Zähler* des Exponenten – folgt sofort, daß $\sigma_{\text{gesamt}}^2 = \sigma_1^2 + \sigma_2^2$ gilt. Wir erhalten also wieder eine Gauß-Funktion mit geometrischer Addition der Breiten σ_1 und σ_2.

2.3.2 Kreuzkorrelation

Manchmal möchte man wissen, ob eine gemessene Funktion $f(t)$ irgendetwas gemeinsam hat mit einer anderen gemessenen Funktion $g(t)$. Hierfür ist die Kreuzkorrelation ideal geeignet.

Definition 2.4 (Kreuzkorrelation).

$$h(t) = \int\limits_{-\infty}^{+\infty} f^*(\xi)g(t+\xi)\mathrm{d}\xi \equiv f(t) \star g(t). \tag{2.48}$$

Aufpassen: Hier steht ein Pluszeichen im Argument von g, man spiegelt also $g(t)$ nicht. Für gerade Funktionen $g(t)$ ist dies allerdings irrelevant.

Der Stern * bedeutet konjugiert komplex. Für reelle Funktionen brauchen wir ihn nicht weiter zu beachten. Das Zeichen $\star$ bedeutet Kreuzkorrelation und ist nicht mit $\otimes$ für Faltung zu verwechseln. Die Kreuzkorrelation ist assoziativ und distributiv, aber *nicht* kommutativ. Das liegt nicht nur an dem Konjugiert-Komplex-Zeichen, sondern vor allem an dem Pluszeichen im Argument von $g(t)$. Natürlich wollen wir das Integral in der Kreuzkorrelation durch Fouriertransformation in ein Produkt überführen.

$$\boxed{\begin{aligned} f(t) &\leftrightarrow F(\omega), \\ g(t) &\leftrightarrow G(\omega), \\ h(t) = f(t) \star g(t) &\leftrightarrow H(\omega) = F^*(\omega)G(\omega). \end{aligned}} \tag{2.49}$$

Beweis (Fouriertransformation der Kreuzkorrelation).

$$\begin{aligned} H(\omega) &= \int\int f^*(\xi)g(t+\xi)\mathrm{d}\xi \times \mathrm{e}^{-\mathrm{i}\omega t}\mathrm{d}t \\ &= \int f^*(\xi)\left[\int g(t+\xi)\mathrm{e}^{-\mathrm{i}\omega t}\mathrm{d}t\right]\mathrm{d}\xi \\ &\qquad \text{1. Verschiebungssatz mit } \xi = -a \\ &= \int f^*(\xi)G(\omega)\mathrm{e}^{\mathrm{i}\omega\xi}\mathrm{d}\xi \\ &= F^*(\omega)G(\omega). \quad \square \end{aligned} \tag{2.50}$$

Die Interpretation von (2.49) ist einfach: wenn die spektralen Dichten von $f(t)$ und $g(t)$ gut zueinander passen, d.h. viel gemeinsam haben, so wird $H(\omega)$ im Mittel groß werden und die Kreuzkorrelation $h(t)$ im Mittel ebenfalls groß sein. Anderenfalls würde $F(\omega)$ z.B. klein sein, wo $G^*(\omega)$ groß ist und umgekehrt, so daß für das Produkt $H(\omega)$ nie viel übrig bleibt. Damit wäre auch $h(t)$ klein, d.h., es gibt nicht viele Gemeinsamkeiten zwischen $f(t)$ und $g(t)$.

Ein vielleicht etwas extremes Beispiel ist die Technik der „Lock-in-Verstärkung", mit der man kleinere Signale, die tief im Rauschen vergraben sind, doch noch nachweisen kann. Dazu moduliert man das Meßsignal mit der Anregungsfrequenz, detektiert einen extrem schmalen Spektralbereich – Voraussetzung ist, daß das gewünschte Signal auch Spektralkomponenten in genau diesem Spektralbereich hat – und nützt zusätzlich häufig noch die Phaseninformation aus. Alles, was nicht mit der Arbeitsfrequenz korreliert, wird verworfen, nur die Rauschleistung im Bereich um die Arbeitsfrequenz stört noch.

2.3.3 Autokorrelation

Die Autokorrelationsfunktion ist die Kreuzkorrelation der Funktion $f(t)$ mit sich selbst. Man mag sich fragen, wozu es gut ist, die Gemeinsamkeiten von $f(t)$ mit $f(t)$ abzufragen. Die Autokorrelationsfunktion scheint aber viele Leute magisch anzuziehen. Man hört häufig die Meinung, daß ein stark verrauschtes Signal durch Bildung der Autokorrelationsfunktion erst richtig schön wird, d.h., das Signal-zu-Rausch-Verhältnis wird dabei stark verbessert. Glauben Sie davon kein Wort! Gleich werden Sie sehen warum.

Definition 2.5 (Autokorrelation).

$$h(t) = \int f^*(\xi) f(\xi + t) \mathrm{d}\xi. \tag{2.51}$$

Wir erhalten:

$$\boxed{\begin{aligned} f(t) &\leftrightarrow F(\omega), \\ h(t) = f(t) \star f(t) &\leftrightarrow H(\omega) = F^*(\omega) F(\omega) = |F(\omega)|^2. \end{aligned}} \tag{2.52}$$

Wir können also entweder die Fouriertransformierte $F(\omega)$ von einer verrauschten Funktion $f(t)$ nehmen und uns über das Rauschen in $F(\omega)$ ärgern. Oder wir bilden zuerst die Autokorrelationsfunktion $h(t)$ aus der Funktion $f(t)$ und freuen uns über die Fouriertransformierte $H(\omega)$ der Funktion $h(t)$. In der Regel sieht $H(\omega)$ in der Tat viel weniger verrauscht aus. Statt den Umweg über die Autokorrelationsfunktion zu nehmen, hätten wir aber auch gleich das Betragsquadrat von $F(\omega)$ nehmen können. Jeder weiß, daß eine quadratische Darstellung in der Ordinate immer gut ist für die Optik, wenn man ein verrauschtes Spektrum „aufpäppeln" will. Die großen Spektralkomponenten wachsen beim Quadrieren, die Kleinen werden noch kleiner (vgl. Neues Testament, Matthäus Kap. 13 Vers 12: „Dem, der hat, dem wird gegeben, und dem, der nichts hat, wird auch noch das genommen, was er hat."). Es ist aber doch klar, daß wir mit dem Quadrieren am Signal-zu-Rausch-Verhältnis nichts ändern. Die „bessere Optik" bezahlen wir außerdem mit dem Verlust der Linearität.

Wozu ist die Autokorrelation dann gut? Ein klassisches Beispiel kommt aus der Femtosekundenmeßtechnik. Eine Femtosekunde ist eine billiardstel Sekunde, keine besonders lange Zeit. Man kann heute Laserpulse erzeugen, die so extrem kurz sind. Wie kann man solch kurze Zeiten überhaupt messen? Mit elektronischen Stoppuhren kommt man in den Bereich von 100 Picosekunden, also sind diese „Uhren" 5 Größenordnungen zu langsam. Es geht mit Feinmechanik! Das Licht legt in einer Femtosekunde einen Weg von ca. 300 Nanometer zurück, das ist ca. 1/100 Haardurchmesser. Man kann heute Positioniereinrichtungen mit Nanometer-Genauigkeit kaufen. Der Trick: man teilt den Laserpuls in zwei Pulse auf, läßt die beiden Pulse über Spiegel geringfügig verschiedene Wege laufen, und vereinigt sie danach wieder. Detektiert wird mit einer „optischen Koinzidenz", das ist ein nichtlineares optisches System, das nur anspricht, wenn beide Pulse überlappen. Verändert man nun den Laufwegunterschied (mit der Nanometerschraube!) so „schiebt" man den einen Puls über den anderen, d.h., man macht eine Kreuzkorrelation des Pulses mit sich selbst (für die Puristen: mit seinem genauen Abbild). Das ganze System heißt Autokorrelator.

2.3.4 Parsevals Theorem

Die Autokorrelationsfunktion ist noch zu etwas anderem gut, nämlich zur Herleitung von Parsevals Theorem. Wir starten von (2.51), setzen speziell $t = 0$ ein, und erhalten Parsevals Theorem:

$$h(0) = \int |f(\xi)|^2 \mathrm{d}\xi = \frac{1}{2\pi} \int |F(\omega)|^2 \mathrm{d}\omega. \qquad (2.53)$$

Das zweite Gleichheitszeichen bekommen wir durch die Rücktransformation von $|F(\omega)|^2$, wobei für $t = 0$ $\mathrm{e}^{\mathrm{i}\omega t} = 1$ wird.

Gleichung (2.53) besagt, daß der „Informationsgehalt" der Funktion $f(\xi)$ – definiert als Integral über deren Betragsquadrat – genau so groß ist wie der „Informationsgehalt" ihrer Fouriertransformierten $F(\omega)$ (genauso definiert, aber mit $1/(2\pi)$!). Das wollen wir gleich mal an einem Beispiel nachprüfen, nämlich unserer vielbenützten „Rechteckfunktion"!

Beispiel 2.11 („Rechteckfunktion").

$$f(t) = \begin{cases} 1 \text{ für } -T/2 \le t \le T/2 \\ 0 \text{ sonst} \end{cases}.$$

Wir erhalten:

$$\int\limits_{-\infty}^{+\infty} |f(t)|^2 \mathrm{d}t = \int\limits_{-T/2}^{+T/2} \mathrm{d}t = T$$

und andererseits:

$$F(\omega) = T\frac{\sin(\omega T/2)}{\omega T/2}, \text{ also}$$

$$\frac{1}{2\pi} \int\limits_{-\infty}^{+\infty} |F(\omega)|^2 \mathrm{d}\omega = 2\frac{T^2}{2\pi} \int\limits_{0}^{+\infty} \left[\frac{\sin(\omega T/2)}{\omega T/2}\right]^2 \mathrm{d}\omega \qquad (2.54)$$

$$= 2\frac{T^2}{2\pi}\frac{2}{T} \int\limits_{0}^{+\infty} \left(\frac{\sin x}{x}\right)^2 \mathrm{d}x = T$$

mit $x = \omega T/2$.

Daß bei Parsevals Theorem das Betragsquadrat von $f(t)$ und von $F(\omega)$ vorkommt, ist leicht einsichtig: alles was von 0 verschieden ist, trägt Information, gleichgültig ob negativ oder positiv. Wichtig ist das „Power"-Spektrum, die Phase spielt keine Rolle. Natürlich können wir Parsevals Theorem zur Berechnung von Integralen verwenden. Nehmen wir einfach das letzte Beispiel mit der Integration über $\left(\frac{\sin x}{x}\right)^2$. Hierzu brauchen wir eine Integraltafel, wohingegen die Integration über die 1, also die Bestimmung der Fläche eines Quadrates, elementar ist.

2.4 Fouriertransformation von Ableitungen

Bei der Lösung von Differentialgleichungen kann man sich häufig das Leben leichter machen durch Fouriertransformation. Aus der Ableitung wird einfach ein Produkt:

$$\boxed{\begin{aligned} f(t) &\leftrightarrow F(\omega), \\ f'(t) &\leftrightarrow \mathrm{i}\omega F(\omega). \end{aligned}} \qquad (2.55)$$

Beweis (Fouriertransformation von Ableitungen nach t).

$$\text{FT}(f'(t)) = \int\limits_{-\infty}^{+\infty} f'(t)\mathrm{e}^{-\mathrm{i}\omega t}\mathrm{d}t = f(t)\mathrm{e}^{-\mathrm{i}\omega t}\Big|_{-\infty}^{+\infty} - (-\mathrm{i}\omega)\int\limits_{-\infty}^{+\infty} f(t)\mathrm{e}^{-\mathrm{i}\omega t}\mathrm{d}t$$

partielle Integration

$$= \mathrm{i}\omega F(\omega). \quad \square$$

Der erste Term bei der partiellen Integration fällt weg, da $f(t) \to 0$ geht für $t \to \infty$. Anderenfalls wäre $f(t)$ nicht integrabel[5]. Das Spiel läßt sich fortsetzen:

$$\text{FT}\left(\frac{\mathrm{d}^n f(t)}{\mathrm{d}t^n}\right) = (\mathrm{i}\omega)^n F(\omega). \tag{2.56}$$

Für negative n können wir die Formel auch zum Integrieren verwenden. Wir können auch die Ableitung einer Fouriertransformierten $F(\omega)$ nach der Frequenz ω einfach formulieren:

$$\frac{\mathrm{d}F(\omega)}{\mathrm{d}\omega} = -\mathrm{i}\text{FT}(tf(t)). \tag{2.57}$$

Beweis (Fouriertransformation von Ableitungen nach ω).

$$\frac{\mathrm{d}F(\omega)}{\mathrm{d}\omega} = \int\limits_{-\infty}^{+\infty} f(t)\frac{\mathrm{d}}{\mathrm{d}\omega}\mathrm{e}^{-\mathrm{i}\omega t}\mathrm{d}t = -\mathrm{i}\int\limits_{-\infty}^{+\infty} f(t)t\mathrm{e}^{-\mathrm{i}\omega t}\mathrm{d}t$$

$$= -\mathrm{i}\text{FT}(tf(t)). \quad \square$$

Ein schönes Beispiel für den Einsatz der Fouriertransformation gibt Weaver [2]:

Beispiel 2.12 (Wellengleichung). Die Wellengleichung:

$$\frac{\mathrm{d}^2 u(x,t)}{\mathrm{d}t^2} = c^2\frac{\mathrm{d}^2 u(x,t)}{\mathrm{d}x^2} \tag{2.58}$$

läßt sich durch eine Fouriertransformation in der Ortsvariablen in eine Schwingungsgleichung umwandeln, die viel einfacher zu lösen ist. Wir setzen:

$$U(\xi,t) = \int\limits_{-\infty}^{+\infty} u(x,t)\mathrm{e}^{-\mathrm{i}\xi x}\mathrm{d}x.$$

---

[5] D.h. nicht (Lebesgue-)integrabel.

Daraus erhalten wir:

$$\mathrm{FT}\left(\frac{\mathrm{d}^2 u(x,t)}{\mathrm{d}x^2}\right) = (\mathrm{i}\xi)^2 U(\xi,t),$$

$$\mathrm{FT}\left(\frac{\mathrm{d}^2 u(x,t)}{\mathrm{d}t^2}\right) = \frac{\mathrm{d}^2}{\mathrm{d}t^2} U(\xi,t),$$

(2.59)

zusammen also:

$$\frac{\mathrm{d}^2 U(\xi,t)}{\mathrm{d}t^2} = -c^2 \xi^2 U(\xi,t).$$

Die Lösung dieser Gleichung ist:

$$U(\xi,t) = P(\xi)\cos(c\xi t),$$

wobei $P(\xi)$ die Fouriertransformierte des Anfangsprofils $p(x)$ ist:

$$P(\xi) = \mathrm{FT}(p(x)) = U(\xi,0).$$

Die Rücktransformation liefert zwei nach links bzw. rechts laufende Profile:

$$
\begin{aligned}
u(x,t) &= \frac{1}{2\pi} \int\limits_{-\infty}^{+\infty} P(\xi)\cos(c\xi t)\mathrm{e}^{\mathrm{i}\xi x}\mathrm{d}\xi \\
&= \frac{1}{2\pi}\frac{1}{2} \int\limits_{-\infty}^{+\infty} P(\xi)\left[\mathrm{e}^{\mathrm{i}\xi(x+ct)} + \mathrm{e}^{\mathrm{i}\xi(x-ct)}\right]\mathrm{d}\xi \\
&= \frac{1}{2}p(x+ct) + \frac{1}{2}p(x-ct).
\end{aligned}
$$

(2.60)

Da wir keinen Dispersionsterm in der Wellengleichung hatten, bleiben die Profile erhalten (siehe Abb. 2.17).

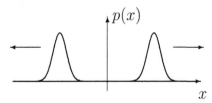

Abb. 2.17. Zwei nach links bzw. rechts laufende Anfangsprofile $p(x)$ als Lösung der Wellengleichung

Dieses Beispiel zeigt, daß man durch die Fouriertransformation aus Differentialgleichungen (und auch Integralgleichungen) algebraische Gleichungen machen kann, die oftmals viel einfacher zu lösen sind. Das erinnert Sie vielleicht an das Logarithmieren, wobei aus Produkten und Quotienten Summen bzw. Differenzen entstehen.

2.5 Fußangeln

2.5.1 „Aus 1 mach 3"

Zur Erheiterung werden wir ein Kunststück vorführen: nehmen wir eine einseitige Exponentialfunktion:

$$f(t) = \begin{cases} e^{-\lambda t} & \text{für } t \geq 0 \\ 0 & \text{sonst} \end{cases}$$

$$\text{mit } F(\omega) = \frac{1}{\lambda + i\omega} \tag{2.61}$$

$$\text{und } |F(\omega)|^2 = \frac{1}{\lambda^2 + \omega^2}.$$

Diese Funktion setzten wir (vorübergehend) auf ein einseitiges „Podest":

$$g(t) = \begin{cases} 1 & \text{für } t \geq 0 \\ 0 & \text{sonst} \end{cases} \tag{2.62}$$

$$\text{mit } G(\omega) = \frac{1}{i\omega}.$$

Die Fouriertransformierte der Heavisideschen Stufenfunktion $g(t)$ erhalten wir aus der Fouriertransformierten für die Exponentialfunktion für $\lambda \to 0$. Wir haben also: $h(t) = f(t) + g(t)$. Wegen der Linearität der Fouriertransformation gilt:

$$H(\omega) = \frac{1}{\lambda + i\omega} + \frac{1}{i\omega} = \frac{\lambda}{\lambda^2 + \omega^2} - \frac{i\omega}{\lambda^2 + \omega^2} - \frac{i}{\omega}. \tag{2.63}$$

Damit wird:

$$\begin{aligned} |H(\omega)|^2 &= \left(\frac{\lambda}{\lambda^2 + \omega^2} - \frac{i\omega}{\lambda^2 + \omega^2} - \frac{i}{\omega}\right) \times \left(\frac{\lambda}{\lambda^2 + \omega^2} + \frac{i\omega}{\lambda^2 + \omega^2} + \frac{i}{\omega}\right) \\ &= \frac{\lambda^2}{(\lambda^2 + \omega^2)^2} + \frac{1}{\omega^2} + \frac{\omega^2}{(\lambda^2 + \omega^2)^2} + \frac{2\omega}{(\lambda^2 + \omega^2)\omega} \\ &= \frac{1}{\lambda^2 + \omega^2} + \frac{1}{\omega^2} + \frac{2}{\lambda^2 + \omega^2} \\ &= \frac{3}{\lambda^2 + \omega^2} + \frac{1}{\omega^2}. \end{aligned}$$

Jetzt geben wir $|G(\omega)|^2 = 1/\omega^2$, d.h. das Quadrat der Fouriertransformierten des Podestes, wieder zurück und haben gegenüber $|F(\omega)|^2$ einen Faktor 3 gewonnen. Und das nur durch das vorübergehende „Ausleihen" des Podestes?! Natürlich ist (2.63) korrekt. Unkorrekt war die Rückgabe von $|G(\omega)|^2$. Wir haben den Interferenzterm, der bei der Bildung des Betragsquadrates entsteht, ebenfalls ausgeliehen und müssen ihn auch zurückerstatten. Dieser Interferenzterm macht gerade $2/(\lambda^2 + \omega^2)$ aus.

Wir wollen das Problem jetzt etwas akademischer angehen. Nehmen wir an, wir haben $h(t) = f(t) + g(t)$ mit den Fouriertransformierten $F(\omega)$ und $G(\omega)$. Wir benutzen jetzt die Polardarstellung:

$$F(\omega) = |F(\omega)|e^{i\varphi_f}$$

und

$$G(\omega) = |G(\omega)|e^{i\varphi_g}. \tag{2.64}$$

Damit haben wir:

$$H(\omega) = |F(\omega)|e^{i\varphi_f} + |G(\omega)|e^{i\varphi_g}, \tag{2.65}$$

was wegen der Linearität der Fouriertransformation völlig korrekt ist. Wenn wir aber $|H(\omega)|^2$ (oder die Wurzel daraus) berechnen wollen, so bekommen wir:

$$|H(\omega)|^2 = \left(|F(\omega)|e^{i\varphi_f} + |G(\omega)|e^{i\varphi_g}\right)\left(|F(\omega)|e^{-i\varphi_f} + |G(\omega)|e^{-i\varphi_g}\right) \tag{2.66}$$

$$= |F(\omega)|^2 + |G(\omega)|^2 + 2|F(\omega)| \times |G(\omega)| \times \cos(\varphi_f - \varphi_g).$$

Wenn der Phasenunterschied $(\varphi_f - \varphi_g)$ nicht zufällig $90°$ (modulo 2π) ist, fällt der Interferenzterm nicht weg. Insbesondere hilft es nichts, sich bei reellen Fouriertransformierten auf der sicheren Seite zu wähnen. Die Phasen sind dann 0, und der Interferenzterm ist dann maximal. Dazu ein Beispiel:

Beispiel 2.13 (Überlappende Linien). Nehmen wir zwei Spektrallinien – sagen wir von der Form $\frac{\sin x}{x}$ – die sich näher kommen. Bei $H(\omega)$ ergibt sich einfach eine lineare Superposition[6] der beiden Linien, nicht aber bei $|H(\omega)|^2$. Sobald die beiden Linien beginnen, zu überlappen, gibt es auch einen Interferenzterm. Nehmen wir konkret die Funktion von (2.31) und klappen der Einfachheit halber die negative Frequenzachse gleich auf die positive Achse. Dann haben wir:

$$H_{\text{gesamt}}(\omega) = H_1 + H_2$$
$$= T\left(\frac{\sin[(\omega - \omega_1)T/2]}{(\omega - \omega_1)T/2} + \frac{\sin[(\omega - \omega_2)T/2]}{(\omega - \omega_2)T/2}\right). \tag{2.67}$$

---

[6] Addition bzw. „Darüberlegen".

Die Phasen sind 0, da wir uns zwei Kosinus-Funktionen $\cos \omega_1 t$ und $\cos \omega_2 t$ als Input genommen haben. Damit wird $|H(\omega)|^2$ zu:

$$|H_{\text{gesamt}}(\omega)|^2 = T^2 \left\{ \left(\frac{\sin[(\omega - \omega_1)T/2]}{(\omega - \omega_1)T/2} \right)^2 + \left(\frac{\sin[(\omega - \omega_2)T/2]}{(\omega - \omega_2)T/2} \right)^2 \right.$$

$$\left. + 2 \frac{\sin[(\omega - \omega_1)T/2]}{(\omega - \omega_1)T/2} \times \frac{\sin[(\omega - \omega_2)T/2]}{(\omega - \omega_2)T/2} \right\} \qquad (2.68)$$

$$= T^2 \left\{ |H_1(\omega)|^2 + H_1^*(\omega)H_2(\omega) \right.$$

$$\left. + H_1(\omega)H_2^*(\omega) + |H_2(\omega)|^2 \right\}.$$

Abbildung 2.18 illustriert die Sachlage: bei Linien, die sich überlappen, sorgt der Interferenzterm dafür, daß in der „Power"-Darstellung die Linienform *nicht* die Summe der „Power"-Darstellungen der Linien ist. *Abhilfe:* Realteil und Imaginärteil getrennt darstellen. Will man die lineare Superposition beibehalten (sie ist so nützlich), dann muß man sich das Quadrieren verkneifen!

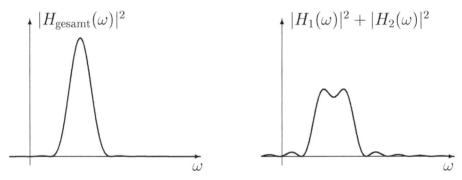

Abb. 2.18. Überlagerung zweier $\left(\frac{\sin x}{x} \right)$-Funktionen. „Power"-Darstellung mit Interferenzterm (*links*); „Power"-Darstellung ohne Interferenzterm (*rechts*)

2.5.2 Abschneidefehler

Wir wollen nun betrachten, was passiert, wenn man die Funktion $f(t)$ irgendwo – möglichst dort, wo sie nicht mehr groß ist – abschneidet und dann Fourier-transformiert. Nehmen wir ein einfaches Beispiel:

Beispiel 2.14 (Abschneidefehler).

$$f(t) = \begin{cases} e^{-\lambda t} & \text{für } 0 \leq t \leq T \\ 0 & \text{sonst} \end{cases}. \qquad (2.69)$$

Die Fouriertransformierte ist dann:

$$F(\omega) = \int_0^T e^{-\lambda t} e^{-i\omega t} dt = \frac{1}{-\lambda - i\omega} e^{-\lambda t - i\omega t} \Big|_0^T = \frac{1 - e^{-\lambda T - i\omega T}}{\lambda + i\omega}. \quad (2.70)$$

Gegenüber der unabgeschnittenen Exponentialfunktion haben wir uns also den Zusatzterm $-e^{-\lambda T} e^{-i\omega T}/(\lambda + i\omega)$ eingehandelt. Für große T ist er nicht sonderlich groß, aber er hat die unangenehme Eigenschaft, zu oszillieren. Auf unserer glatten Lorentz-Funktion haben wir uns durch das Abschneiden kleine Oszillationen eingehandelt. Abbildung 2.19 verdeutlicht das (vgl. Abb. 2.7 ohne Abschneiden).

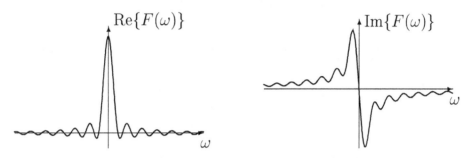

Abb. 2.19. Fouriertransformierte der abgeschnittenen einseitigen Exponentialfunktion

Die Moral aus der Geschichte: man soll nicht ohne Not abschneiden, schon gar nicht so schlagartig und unsanft. Wie man's machen soll – wenn's schon sein muß – wird im nächsten Kapitel erläutert.

Zum Schluß noch ein abschreckendes Beispiel:

Beispiel 2.15 (Exponentialfunktion auf einem Podest). Wir nehmen wieder unsere abgeschnittene Exponentialfunktion und setzen sie auf ein Podest, das auch nur zwischen $0 \leq t \leq T$ von 0 verschieden ist. Nehmen wir an, die Höhe sei a:

$$f(t) = \begin{cases} e^{-\lambda t} & \text{für } 0 \leq t \leq T \\ 0 & \text{sonst} \end{cases} \quad \text{mit } F(\omega) = \frac{1 - e^{-\lambda T} e^{-i\omega T}}{\lambda + i\omega},$$

$$g(t) = \begin{cases} a & \text{für } 0 \leq t \leq T \\ 0 & \text{sonst} \end{cases} \quad \text{mit } G(\omega) = a \frac{1 - e^{-i\omega T}}{i\omega}. \quad (2.71)$$

Hier haben wir zur Berechnung von $G(\omega)$ wieder $F(\omega)$ verwendet mit $\lambda = 0$. $|F(\omega)|^2$ haben wir in Abb. 2.7 schon kennengelernt. $\mathrm{Re}\{G(\omega)\}$ sowie $\mathrm{Im}\{G(\omega)\}$ sind in Abb. 2.20 dargestellt.

In Abb. 2.21 schließlich ist $|H(\omega)|^2$ dargestellt, zerlegt in $|F(\omega)|^2$, $|G(\omega)|^2$ und den Interferenzterm.

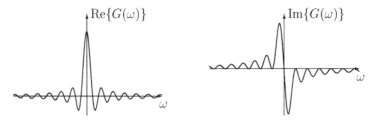

Abb. 2.20. Fouriertransformierte des „Podestes"

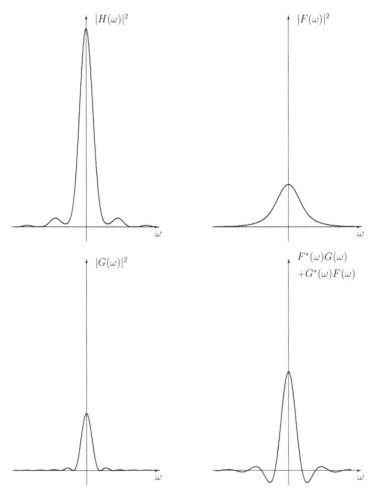

Abb. 2.21. „Power"-Darstellung der Fouriertransformierten der einseitigen Exponentialfunktion auf einem Podest (*oben links*), der einseitigen Exponentialfunktion (*oben rechts*); „Power"-Darstellung der Fouriertransformierten des Podestes (*unten links*) und Darstellung des Interferenzterms (*unten rechts*)

Für dieses Bild wurde die Funktion $5e^{-5t/T} + 2$ im Intervall $0 \leq t \leq T$ gewählt. Die Exponentialfunktion ist also beim Abschneiden schon auf e^{-5} abgefallen, die Stufe mit $a = 2$ ist auch nicht besonders hoch. Dementsprechend sehen $|F(\omega)|^2$ und $|G(\omega)|^2$ auch gar nicht furchterregend aus, wohl aber $|H(\omega)|^2$. Schuld daran ist der Interferenzterm. Die abgeschnittene Exponentialfunktion auf dem Podest ist ein Paradebeispiel für „Ärger" beim Fouriertransformieren. Wie wir in Kap. 3 sehen werden, hilft hier auch die Verwendung von Fensterfunktionen nur bedingt. Warum wollten wir eigentlich eine Exponentialfunktion Fourier-transformieren? Ein Grund könnte sein, daß wir kleine Oszillationen auf der Exponentialfunktion vermuten. In unserem Beispiel bekommen wir mühelos einen Peak bei endlicher Frequenz, obwohl wir überhaupt keine Oszillationen hatten. Diesen Peak als „echte" spektrale Komponente zu interpretieren wäre aber völlig falsch! Schuld daran sind aber nur die – ach so beliebte – „Power"-Darstellung und der Interferenzterm.

Abhilfe: Vor dem Transformieren das Podest abziehen. In der Regel ist dies ja gar nicht von Interesse. So hilft z.B. eine logarithmische Darstellung, die für die Exponentialfunktion eine Gerade ergibt. Dies bleibt auch näherungsweise so, wenn die Konstante klein gegen die Exponentialfunktion ist. Im Übergangsbereich wird die Gerade „krumm" und mündet in eine Horizontale ein. Für sehr lange Zeiten bleibt natürlich nur noch die Konstante übrig, die sich so bequem bestimmen läßt. Am besten Sie dividieren auch gleich noch durch die Exponentialfunktion. Sie interessieren sich ja doch nur für die (möglichen) kleinen Oszillationen. Wenn Sie allerdings keine Daten für sehr lange Zeiten haben, wird es problematisch. Schwierig wird es auch, wenn Sie eine Überlagerung mehrerer Exponentialfunktionen haben, so daß Sie von Haus aus keine Gerade bekommen. Für solche Fälle sind Sie vermutlich mit der Fouriertransformation am Ende Ihres Lateins. Hier hilft dann die Laplacetransformation weiter, die wir aber hier nicht behandeln wollen.

Spielwiese

2.1. Schwarze Magie

Die italienische Mathematikerin Maria Gaetana Agnesi – 1750 von Papst Benedikt XIV. an die Fakultät der Universität von Bologna berufen – konstruierte den folgenden geometrischen Ort, genannt „Versiera":

   i. zeichnen Sie einen Kreis mit dem Radius $a/2$ um $(0; a/2)$

   ii. zeichnen Sie eine gerade Linie parallel zur x-Achse durch $(0; a)$

   iii. zeichnen Sie eine gerade Linie durch den Ursprung mit der Steigung $\tan\theta$

   iv. den geometrischen Ort der „Versiera" erhält man indem man den x-Wert des Schnittpunktes beider Geraden und den y-Wert des Schnittpunktes der schrägen Geraden mit dem Kreis nimmt.

   a. Berechnen Sie die x- und y-Koordinaten als Funktion von θ, d.h. in parametrisierter Form.

b. Eliminieren Sie θ unter Verwendung der trigonometrischen Identität $\sin^2\theta = 1/(1+\cot^2\theta)$, um $y = f(x)$, d.h. die „Versiera" zu erhalten.

c. Berechnen Sie die Fouriertransformierte der „Versiera".

2.2. Phasenverschiebungsknopf

Auf dem Bildschirm eines Spektrometers sehen Sie eine einzelne spektrale Komponente mit nichtverschwindendem Real- und Imaginärteil. Welche Verschiebung auf der Zeitachse, ausgedrückt als Bruchteil einer Oszillationsperiode T, muß man machen, um den Imaginärteil zum Verschwinden zu bringen? Berechnen Sie den Realteil, der dann erscheint.

2.3. Pulse

Berechnen Sie die Fouriertransformierte von:

$$f(t) = \begin{cases} \sin\omega_0 t & \text{für } -T/2 \le t \le T/2 \\ 0 & \text{sonst} \end{cases} \qquad \text{mit } \omega_0 = n\frac{2\pi}{T/2}.$$

Wie groß ist $|F(\omega_0)|$, d.h. in „Resonanz"? Berechnen Sie jetzt die Fouriertransformierte von zwei solchen „Pulsen", zentriert bei $\pm\Delta$ um $t = 0$.

2.4. Phasengekoppelte Pulse

Berechnen Sie die Fouriertransformierte von:

$$f(t) = \begin{cases} \sin\omega_0 t & \text{für} \quad \begin{matrix} -\Delta - T/2 \le t \le -\Delta + T/2 \\ \text{und } +\Delta - T/2 \le t \le +\Delta + T/2 \end{matrix} \\ 0 & \text{sonst} \end{cases} \qquad \text{mit } \omega_0 = n\frac{2\pi}{T/2}.$$

Wählen Sie Δ so, daß $|F(\omega)|$ so groß wie möglich ist für alle Frequenzen ω! Wie groß ist die volle Halbwertsbreite (FWHM) in diesem Fall?

Hinweis: Beachten Sie, daß jetzt die Rechteckpulse eine ganze Zahl von Oszillationen „herausschneiden", die nicht notwendigerweise bei 0 starten/enden, die aber „phasengekoppelt" sind (Abb. 2.22).

2.5. Trickreiche Faltung

Falten Sie eine normierte Lorentz-Funktion mit einer anderen normierten Lorentz-Funktion und berechnen Sie ihre Fouriertransformierte.

2.6. Noch trickreicher

Falten Sie eine normierte Gauß-Funktion mit einer anderen normierten Gauß-Funktion und berechnen Sie ihre Fouriertransformierte.

2.7. Voigt-Profil (nur für Gourmets)

Berechnen Sie die Fouriertransformierte einer normierten Lorentz-Funktion gefaltet mit einer normierten Gauß-Funktion. Für die inverse Transformation brauchen Sie eine gute Integraltafel, z.B. [8, No 3.953.2].

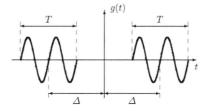

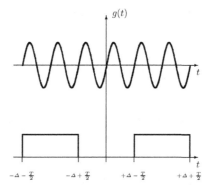

Abb. 2.22. Zwei Pulse um 2Δ auseinander (*oben*). Zwei „phasengekoppelte" Pulse um 2Δ auseinander (*unten*)

2.8. Ableitbar

Was ist die Fouriertransformierte von:

$$g(t) = \begin{cases} te^{-\lambda t} & \text{für } 0 \leq t \\ 0 & \text{sonst} \end{cases} ?$$

Ist diese Funktion gerade, ungerade oder gemischt?

2.9. Nichts geht verloren

Benützen Sie Parsevals Theorem, um folgendes Integral herzuleiten:

$$\int_0^\infty \frac{\sin^2 a\omega}{\omega^2}\,\mathrm{d}\omega = \frac{\pi}{2}a \qquad \text{mit } a > 0.$$

3 Fensterfunktionen

Die Freude an Fouriertransformationen steht und fällt mit der richtigen Verwendung von Fenster- oder Wichtungsfunktionen. F. J. Harris hat eine ausgezeichnete Übersicht über Fensterfunktionen für *diskrete* Fouriertransformationen zusammengestellt [6]. Wir wollen hier Fensterfunktionen für den Fall der *kontinuierlichen* Fouriertransformation diskutieren. Die Übertragung auf die diskrete Fouriertransformation ist dann kein Problem mehr.

In Kap. 1 haben wir gesehen, daß es ungünstig ist, Stufen zu transformieren. Aber genau das tun wir, wenn das Eingangssignal nur für ein endliches Zeitfenster zur Verfügung steht. Ohne daß wir uns so recht darüber im klaren waren, haben wir bereits mehrfach das sogenannte Rechteckfenster (= keine Wichtung) verwendet. Dieses werden wir gleich noch etwas ausführlicher diskutieren. Danach folgen Fensterfunktionen, bei denen die Information sanft „an- und ausgeschaltet" wird. Es wird dabei amüsant zugehen.

Alle Fensterfunktionen sind natürlich gerade Funktionen. Die Fouriertransformierten der Fensterfunktionen besitzen also keinen Imaginärteil. Für eine bessere Vergleichbarkeit der Fenstereigenschaften benötigen wir einen sehr großen dynamischen Bereich. Daher wollen wir *logarithmische* Darstellungen über gleiche Bereiche verwenden. Deshalb dürfen keine negativen Funktionswerte auftreten. Um dies zu vermeiden, verwenden wir die „Power"-Darstellung, d.h. $|F(\omega)|^2$.

Anmerkung:

> Aufgrund des Faltungssatzes stellt die Fouriertransformierte der Fensterfunktion gerade die Linienform eines ungedämpften Kosinus-Inputs dar.

3.1 Das Rechteckfenster

$$f(t) = \begin{cases} 1 \text{ für } -T/2 \leq t \leq T/2 \\ 0 \text{ sonst} \end{cases}, \tag{3.1}$$

hat die „Power"-Darstellung der Fouriertransformierten:

$$|F(\omega)|^2 = T^2 \left(\frac{\sin(\omega T/2)}{\omega T/2}\right)^2. \tag{3.2}$$

Das Rechteckfenster und diese Funktion sind in Abb. 3.1 dargestellt.

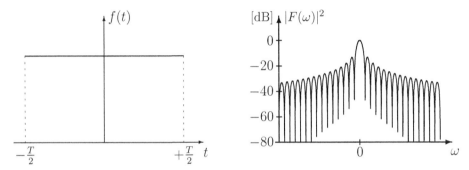

Abb. 3.1. Fensterfunktion und ihre Fouriertransformierte in der „Power"-Darstellung (die Einheit dB, „Dezibel", wird in Abschn. 3.1.3 erläutert)

3.1.1 Nullstellen

Wo sind die Nullstellen dieser Funktion? Wir finden Sie bei $\omega T/2 = l\pi$ mit $l = 1, 2, 3,...$ und ohne 0! Die Nullstellen sind äquidistant, die Nullstelle bei $l = 0$ im Zähler wird durch eine Nullstelle bei $l = 0$ im Nenner „geheilt" (bitte vergewissern Sie sich mit Hilfe der l'Hospitalschen Regel).

3.1.2 Intensität im zentralen Peak

Jetzt interessiert uns, wieviel Intensität im zentralen Peak liegt und wieviel in den Seitenbändern („Sidelobes") verloren geht. Dazu benötigen wir die 1. Nullstelle bei $\omega T/2 = \pm\pi$ bzw. $\omega = \pm 2\pi/T$ und:

$$\int_{-2\pi/T}^{+2\pi/T} T^2 \left(\frac{\sin(\omega T/2)}{\omega T/2}\right)^2 d\omega = T^2 \frac{2}{T} 2 \int_0^\pi \frac{\sin^2 x}{x^2} dx = 4T \text{Si}(2\pi) \tag{3.3}$$

$$\text{mit } \omega T/2 = x.$$

Hier bedeutet $\mathrm{Si}(x)$ den Integralsinus:

$$\int_0^x \frac{\sin y}{y} \mathrm{d}y. \tag{3.4}$$

Das letzte Gleichheitszeichen läßt sich folgendermaßen beweisen. Wir starten von:

$$\int_0^\pi \frac{\sin^2 x}{x^2} \mathrm{d}x$$

und integrieren partiell mit $u = \sin^2 x$ und $v = -\frac{1}{x}$:

$$\int_0^\pi \frac{\sin^2 x}{x^2} \mathrm{d}x = \left. \frac{\sin^2 x}{x} \right|_0^\pi + \int_0^\pi \frac{2 \sin x \cos x}{x} \mathrm{d}x$$

$$= 2 \int_0^\pi \frac{\sin 2x}{2x} \mathrm{d}x = \mathrm{Si}(2\pi) \tag{3.5}$$

$$\text{mit } 2x = y.$$

Die Gesamtintensität bekommen wir aus Parsevals Theorem:

$$\int_{-\infty}^{+\infty} T^2 \left(\frac{\sin(\omega T/2)}{\omega T/2} \right)^2 \mathrm{d}\omega = 2\pi \int_{-T/2}^{+T/2} 1^2 \mathrm{d}t = 2\pi T. \tag{3.6}$$

Das Intensitätsverhältnis des zentralen Peaks zur Gesamtintensität ist also:

$$\frac{4T\mathrm{Si}(2\pi)}{2\pi T} = \frac{2}{\pi} \mathrm{Si}(2\pi) = 0{,}903.$$

Das bedeutet, daß rund 90% der Intensität im zentralen Peak liegen, rund 10% werden für die „Sidelobes" „verschwendet".

3.1.3 „Sidelobe"-Unterdrückung

Wir wollen nun die Höhe des 1. „Sidelobes" bestimmen. Dazu müssen:

$$\frac{\mathrm{d}|F(\omega)|^2}{\mathrm{d}\omega} = 0 \qquad \text{oder auch} \qquad \frac{\mathrm{d}F(\omega)}{\mathrm{d}\omega} = 0 \tag{3.7}$$

werden. Dies ist der Fall bei:

$$\frac{\mathrm{d}}{\mathrm{d}x}\frac{\sin x}{x} = 0 = \frac{x\cos x - \sin x}{x^2} \qquad \text{mit } x = \omega T/2 \text{ oder } x = \tan x.$$

Die Lösung dieser transzendenten Gleichung (z.B. graphisch lösbar oder durch probieren) ergibt als kleinstmögliche Lösung $x = 4{,}4934$ bzw. $\omega = 8{,}9868/T$. Das Einsetzen in $|F(\omega)|^2$ ergibt:

$$\left|F\left(\tfrac{8{,}9868}{T}\right)\right|^2 = T^2 \times 0{,}04719. \tag{3.8}$$

Für $\omega = 0$ erhalten wir: $|F(0)|^2 = T^2$, das Verhältnis der Höhe des 1. „Sidelobes" zur Höhe des zentralen Peaks ist also 0,04719. Üblicherweise drückt man Verhältnisse von zwei Größen, die sich über mehrere Größenordnungen erstrecken, in Dezibel (Abkürzung dB) aus. Die Definition des Dezibels lautet:

$$\boxed{\mathrm{dB} = 10\log_{10} x.} \tag{3.9}$$

Konfusion entsteht regelmäßig, wenn man bei der dB-Angabe nicht sagt, *wovon* man ein Zahlenverhältnis bildet. Bei uns sind es Intensitätsverhältnisse (also $F^2(\omega)$). Spricht man von Amplitudenverhältnissen (also $F(\omega)$), so macht das bei der Logarithmusbildung gerade einen Faktor 2 aus! Wir haben hier also eine „Sidelobe"-Unterdrückung (1. „Sidelobe") von:

$$10\log_{10} 0{,}04719 = -13{,}2 \text{ dB}. \tag{3.10}$$

3.1.4 3 dB-Bandbreite

Da der $10\log_{10}(1/2) = -3{,}0103 \approx -3$ beträgt, gibt die 3 dB-Bandbreite an, wo der zentrale Peak auf die Hälfte abgefallen ist. Dies ist leicht berechenbar:

$$T^2\left(\frac{\sin(\omega T/2)}{\omega T/2}\right)^2 = \frac{1}{2}T^2.$$

Mit $x = \omega T/2$ haben wir:

$$\sin^2 x = \frac{1}{2}x^2 \qquad \text{oder} \qquad \sin x = \frac{1}{\sqrt{2}}x. \tag{3.11}$$

Diese transzendente Gleichung hat die Lösung:

$$x = 1{,}3915, \qquad \text{also} \qquad \omega_{3\mathrm{dB}} = 2{,}783/T.$$

Damit ergibt sich die gesamte Breite ($\pm\omega_{3\mathrm{dB}}$) zu:

$$\Delta\omega = \frac{5{,}566}{T}. \tag{3.12}$$

Dies ist der schlankste zentrale Peak, den man bei der Fouriertransformation erhalten kann. Jede andere Fensterfunktion führt zu größeren 3 dB-Bandbreiten. Allerdings ist es mehr als häßlich, ca. 10% der Information in die „Sidelobes" zu stecken. Hat man neben der prominenten spektralen Komponente noch eine weitere spektrale Komponente mit – sagen wir – ca. 10 dB kleinerer Intensität, so wird diese Komponente von den „Sidelobes" der Hauptkomponente völlig zugeschüttet. Hat man Glück, reitet sie auf dem 1. „Sidelobe" und ist sichtbar; hat man Pech, so fällt sie gerade in das Loch (die Nullstelle) zwischen zentralem Peak und 1. „Sidelobe" und wird verschluckt. Es lohnt sich also, diese „Sidelobes" loszuwerden.

Warnung: Diese 3 dB-Bandbreite gilt für $|F(\omega)|^2$ und nicht für $F(\omega)$! Häufig verwendet man aber $|F(\omega)|$ oder die Kosinus-/Sinus-Transformation (siehe Kapitel 4.5) und möchte davon die 3 dB-Bandbreite haben, was der 6 dB-Bandbreite von $|F(\omega)|^2$ entspricht. Leider kann man nicht einfach die 3 dB-Bandbreite von $|F(\omega)|^2$ mit $\sqrt{2}$ multiplizieren, man muß eine neue transzendente Gleichung lösen. Als grober Anhaltswert geht es aber schon, da man dabei ja lediglich linear zwischen dem Punkt der 3 dB-Bandbreite und dem Punkt der 6 dB-Bandbreite interpoliert. Man überschätzt die Breite um weniger als 5%.

3.1.5 Asymptotisches Verhalten der „Sidelobes"

Die Einhüllende der „Sidelobes" ergibt pro Oktave (das ist ein Faktor 2 in der Frequenz) einen Abfall der Höhen um 6 dB. Dieses Ergebnis können wir uns sofort aus (1.62) herleiten. Die Einheitsstufe führt zu Oszillationen, die mit $\frac{1}{k}$, im kontinuierlichen Fall also mit $\frac{1}{\omega}$ abfallen. Dies entspricht einem Abfall von 3 dB pro Oktave. Nun haben wir es hier mit den Betragsquadraten zu tun, also bekommen wir einen Abfall mit $\frac{1}{\omega^2}$. Das entspricht 6 dB Abfall pro Oktave. Dies hat grundlegendere Bedeutung: eine Unstetigkeit in der Funktion liefert -6 dB/Oktave, eine Unstetigkeit in der Ableitung (also ein Knick in der Funktion) liefert -12 dB/Oktave und so weiter. Dies ist sofort verständlich, wenn man bedenkt, daß die Ableitung der „Dreieckfunktion" gerade die Stufenfunktion ergibt. Die Ableitung von $\frac{1}{\omega}$ ergibt $\frac{1}{\omega^2}$ (bis auf das Vorzeichen), d.h. einen Faktor 2 in der „Sidelobe"-Unterdrückung. Sie erinnern sich an die $\left(\frac{1}{k^2}\right)$-Abhängigkeit der Fourierkoeffizienten der „Dreieckfunktion"? Je „weicher" die Fensterfunktion einsetzt, desto besser ist das asymptotische Verhalten der „Sidelobes". Der Preis dafür ist aber eine schlechtere 3 dB-Bandbreite.

3.2 Das Dreieckfenster (Fejer-Fenster)

Die erste wirkliche Wichtungsfunktion ist das Dreieckfenster:

$$f(t) = \begin{cases} 1 + 2t/T \text{ für } -T/2 \le t \le 0 \\ 1 - 2t/T \text{ für } 0 \le t \le T/2 \quad, \\ 0 \qquad\qquad \text{sonst} \end{cases} \tag{3.13}$$

$$F(\omega) = \frac{T}{2}\left(\frac{\sin(\omega T/4)}{\omega T/4}\right)^2. \tag{3.14}$$

Wir müssen hier nicht lange nachdenken! Das ist die Autokorrelationsfunktion der „Rechteckfunktion" (vgl. Abschn. 2.3.1, Abbn. 2.11–2.13; das Dreieck ist um $T/2$ verschoben, weil $g(t)$ um $T/2$ verschoben war). Der einzige Unterschied ist die Breite des Intervalls: während die Autokorrelationsfunktion der „Rechteckfunktion" auf dem Intervall $-T/2 \le t \le T/2$ die Breite $-T \le t \le T$ hat, haben wir in (3.13) nur das übliche Intervall $-T/2 \le t \le T/2$.

Das 1/4 kommt vom Intervall, das Quadrat von der Autokorrelation. Alle anderen Eigenschaften folgen sofort. Das Dreieckfenster und das Quadrat dieser Funktion ist in Abb. 3.2 dargestellt.

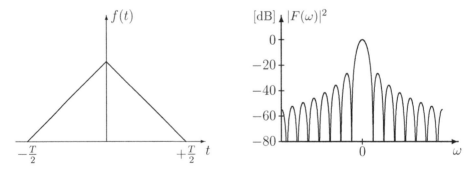

Abb. 3.2. Dreieckfenster und „Power"-Darstellung der Fouriertransformierten

Die Nullstellen sind doppelt so weit auseinander wie bei der „Rechteckfunktion":

$$\frac{\omega T}{4} = \pi l \qquad \text{bzw.} \qquad \omega = \frac{4\pi l}{T}, \qquad l = 1,2,3,\dots . \tag{3.15}$$

Die Intensität im zentralen Peak beträgt 99,7%.

Die Höhe des 1. „Sidelobes" ist um $2 \times (-13{,}2\,\mathrm{dB}) \approx -26{,}5\,\mathrm{dB}$ unterdrückt (Kunststück, wenn man jede zweite Nullstelle ausläßt!).

Die 3 dB-Bandbreite berechnet sich aus:

$$\sin \frac{\omega T}{4} = \frac{1}{\sqrt[4]{2}} \frac{\omega T}{4} \qquad \text{zu} \qquad \Delta \omega = \frac{8{,}016}{T} \text{ (volle Breite),} \qquad (3.16)$$

also ca. 1,44 mal breiter als bei dem Rechteckfenster.

Das asymptotische Verhalten der „Sidelobes" beträgt -12 dB/Oktave.

3.3 Das Kosinus-Fenster

Das Dreieckfenster hatte einen Knick beim Einschalten, einen Knick beim Maximum ($t = 0$) und einen Knick beim Ausschalten. Das Kosinus-Fenster vermeidet den Knick bei $t = 0$:

$$f(t) = \begin{cases} \cos \dfrac{\pi t}{T} & \text{für } -T/2 \leq t \leq T/2 \\[2mm] 0 & \text{sonst} \end{cases} . \qquad (3.17)$$

Die Fouriertransformierte dieser Funktion lautet:

$$F(\omega) = T \cos \frac{\omega T}{2} \times \left(\frac{1}{\pi - \omega T} + \frac{1}{\pi + \omega T} \right). \qquad (3.18)$$

Die Funktionen $f(t)$ und $|F(\omega)|^2$ sind in Abb. 3.3 dargestellt.

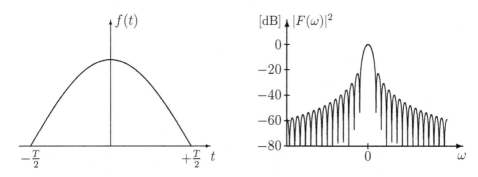

Abb. 3.3. Kosinus-Fenster und „Power"-Darstellung der Fouriertransformierten

An der Stelle $\omega = 0$ erhalten wir:

$$F(0) = \frac{2T}{\pi}.$$

Für $\omega T \to \pm \pi$ entstehen Ausdrücke der Form „0 : 0", die wir mit Hilfe der l'Hospitalschen Regel berechnen.

Es ergibt sich folgende Überraschung: die Nullstelle bei $\omega T = \pm\pi$ wurde „zugestopft" durch den Klammerausdruck in (3.18), d.h., $F(\omega)$ bleibt dort endlich. Ansonsten gilt:

Die Nullstellen sind bei:

$$\frac{\omega T}{2} = \frac{(2l+1)\pi}{2} \qquad \text{bzw.} \qquad \omega = \frac{(2l+1)\pi}{T}, \qquad l = 1,2,3,..., \qquad (3.19)$$

d.h. im gleichen Abstand wie beim Rechteckfenster.

Hier lohnt es sich nicht mehr, der fehlenden Intensität im zentralen Peak nachzutrauern. Sie ist für alle praktischen Zwecke $\approx 100\%$. Allerdings sollten wir uns doch noch um die „Sidelobes" kümmern, wegen der Minderheiten, d.h. der möglichen zusätzlichen schwachen Signale.

Die Unterdrückung des 1. „Sidelobes" berechnet sich aus:

$$\tan\frac{x}{2} = \frac{4x}{\pi^2 - x^2} \qquad \text{mit der Lösung} \qquad x \approx 11{,}87. \qquad (3.20)$$

Daraus ergibt sich eine „Sidelobe"-Unterdrückung von -23 dB.

Die 3 dB-Bandbreite beträgt:

$$\Delta\omega = \frac{7{,}47}{T}, \qquad (3.21)$$

ein bemerkenswertes Resultat. Wir haben hier erstmals durch ein etwas „intelligenteres" Fenster eine „Sidelobe"-Unterdrückung von -23 dB – nicht sehr viel schlechter als die $-26{,}5$ dB des Dreieckfensters – und erhalten eine bessere 3 dB-Bandbreite gegenüber $\Delta\omega = 8{,}016/T$ beim Dreieckfenster. Es lohnt also, über bessere Fensterfunktionen nachzudenken. Der asymptotische Abfall der „Sidelobes" beträgt wie beim Dreieckfenster -12 dB/Oktave.

3.4 Das cos²-Fenster (Hanning)

Der Wissenschaftler Julius von Hann (die Amerikaner haben daraus den Ausdruck „Hanning" abgeleitet) dachte sich, daß das Eliminieren der Knicke bei $\pm T/2$ gut tun würde und schlug das cos²-Fenster vor:

$$f(t) = \begin{cases} \cos^2\dfrac{\pi t}{T} & \text{für } -T/2 \leq t \leq T/2 \\ 0 & \text{sonst} \end{cases} . \qquad (3.22)$$

Dazu gehört:

$$F(\omega) = \frac{T}{4}\sin\frac{\omega T}{2} \times \left(\frac{1}{\pi - \omega T/2} + \frac{2}{\omega T/2} - \frac{1}{\pi + \omega T/2} \right). \qquad (3.23)$$

Die Funktionen $f(t)$ und $|F(\omega)|^2$ sind in Abb. 3.4 dargestellt.

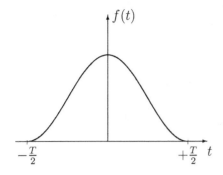
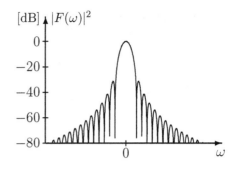

Abb. 3.4. Hanning-Fenster und „Power"-Darstellung der Fouriertransformierten

Hier sind die Nullstellen bei $\omega = 0$ wegen $\sin(\omega T/2)/(\omega T/2) \to 1$ und auch bei $\omega = \pm 2\pi/T$ aus dem gleichen Grund „verstopft" (l'Hospital!) worden. Das Beispiel des Kosinus-Fensters macht Schule!

Die Nullstellen sind bei:

$$\omega = \pm \frac{2l\pi}{T}, \qquad l = 2,3,\dots \ . \tag{3.24}$$

Intensität im zentralen Peak: $\approx 100\%$.
Die Unterdrückung des 1. „Sidelobes" ist: -32 dB.
Die 3 dB-Bandbreite beträgt:

$$\Delta\omega = \frac{9{,}06}{T}. \tag{3.25}$$

Der asymptotische Abfall der „Sidelobes" beträgt: -18 dB/Oktave.

Wir erhalten also eine beträchtliche „Sidelobe"-Unterdrückung, allerdings auf Kosten der 3 dB-Bandbreite.

Manche Experten empfehlen doch gleich höhere Potenzen der Kosinus-Funktion zu verwenden. Man „stopft" damit immer mehr Nullstellen in der Nähe des zentralen Peaks zu und gewinnt natürlich sowohl in der „Sidelobe"-Unterdrückung als auch im asymptotischen Verhalten, allerdings nimmt die 3 dB-Bandbreite immer weiter zu. So erhalten wir für das cos³-Fenster:

$$\Delta\omega = \frac{10{,}4}{T} \tag{3.26}$$

und für das cos⁴-Fenster:

$$\Delta\omega = \frac{11{,}66}{T}. \tag{3.27}$$

Wie wir gleich sehen werden, gibt es intelligentere Lösungen für dieses Problem.

3.5 Das Hamming-Fenster

Julius von Hann konnte nicht vorhersehen, daß man ihn – pardon: seine Fensterfunktion – auf ein „Podest" stellen wird, damit man ein noch besseres Fenster erhält und es zum (Un-)Dank verballhornt „Hamming" nennt[1].

$$f(t) = \begin{cases} a + (1 - a) \cos^2 \dfrac{\pi t}{T} & \text{für } -T/2 \leq t \leq T/2 \\ \\ 0 & \text{sonst} \end{cases} . \qquad (3.28)$$

Die Fouriertransformierte lautet:

$$F(\omega) = \frac{T}{4} \sin \frac{\omega T}{2} \times \left(\frac{1 - a}{\pi - \omega T/2} + \frac{2(1 + a)}{\omega T/2} - \frac{1 - a}{\pi + \omega T/2} \right). \qquad (3.29)$$

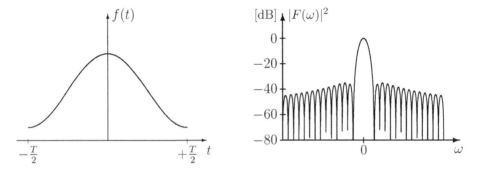

Abb. 3.5. Hamming-Fenster und „Power"-Darstellung der Fouriertransformierten

  Was soll das „Podest"? Hatten wir nicht gerade begriffen, daß jeder Sprung an den Intervallgrenzen von Übel ist? So wie eine homöopathische Dosis Arsen gut tun kann, so hilft auch hier ein kleines „Podestchen". In der Tat, durch den Parameter a kann man etwas mit den „Sidelobes" spielen. Ein Wert von $a \approx 0{,}1$ stellt sich als günstig heraus. Das Nullstellen-Zustopfen hat sich nicht geändert, wie (3.29) zeigt. Wir haben uns aber durch die Fouriertransformierte des „Podestes" den Term:

$$\frac{T}{2} a \frac{\sin(\omega T/2)}{\omega T/2}$$

eingehandelt, der nun seinerseits zu den „Sidelobes" des Hanning-Fensters addiert wird. Das Quadrieren von $F(\omega)$ ist hier nicht essentiell. Dies sorgt zwar für Interferenzterme der Fouriertransformierten des Hanning-Fensters

---

[1] Spaß beiseite: R. W. Hamming scheint dieses Fenster erfunden zu haben, und das von-Hann-Fenster wurde nachträglich verballhornt.

mit dem Rechteckfenster, aber der Nutzeffekt ist auch bei $F(\omega)$ vorhanden; hier haben wir lediglich positive und negative „Sidelobes". An den Absolutbeträgen der Höhen der „Sidelobes" ändert sich nichts. Das Hamming-Fenster mit $a = 0{,}15$ und das zugehörige $F^2(\omega)$ sind in Abb. 3.5 dargestellt. Die ersten „Sidelobes" sind geringfügig niedriger als die zweiten! Hier haben wir die gleichen Nullstellen wie beim Hanning-Fenster (diese erzeugt der $\sin\frac{\omega T}{2}$, sofern die Nenner es nicht verhindern). Für den optimalen Parameter $a = 0{,}08$ ist die „Sidelobe"-Unterdrückung -43 dB, die 3 dB-Bandbreite beträgt nur $\Delta\omega = 8{,}17/T$. Das asymptotische Verhalten ist natürlich schlechter geworden. Es beträgt fernab vom zentralen Peak nur noch -6 dB pro Oktave. Hier rächt sich die kleine Stufe!

Die neue Strategie lautet also: lieber etwas schlechteres asymptotisches Verhalten, wenn wir nur schaffen, eine hohe „Sidelobe"-Unterdrückung bei gleichzeitig möglichst geringer 3 dB-Bandbreitenverschlechterung zu erreichen. Wie weit man dabei gehen kann, soll das folgende Beispiel illustrieren. Pflanzen Sie am Intervallende kleine „Fahnenstangen", d.h. unendlich scharfe Spitzen mit kleiner Höhe. Am besten geht das natürlich bei der diskreten Fouriertransformation, dann ist die Fahnenstange gerade einen Kanal breit. Wir handeln uns damit natürlich ein, daß es überhaupt kein asymptotisches Ausklingen der „Sidelobes" gibt. Die Fouriertransformierte einer δ-Funktion ist eine Konstante! Wir erhalten aber so eine „Sidelobe"-Unterdrückung von -90 dB. So ein Fenster heißt Dolph–Chebychev-Fenster, es soll aber hier nicht weiter behandelt werden.

Bevor wir uns um weitere bessere Fensterfunktionen bemühen, nun als Kuriosum ein Fenster, das überhaupt keine „Sidelobes" produziert.

3.6 Das Triplett-Fenster

Durch das vorige Beispiel mutig geworden, versuchen wir es einmal mit folgendem Fenster:

$$f(t) = \begin{cases} e^{-\lambda|t|}\cos^2\dfrac{\pi t}{T} & \text{für } -T/2 \le t \le T/2 \\[2mm] 0 & \text{sonst} \end{cases} . \qquad (3.30)$$

Der Ausdruck für $F(\omega)$ ist trivial herzuleiten, aber zu umfangreich (und zu unwichtig), um hier wiedergegeben zu werden.

Am Ausdruck für $F(\omega)$ – wenn man ihn denn herleitet – fällt auf, daß es für hinreichend großes λ zwar oszillierende Terme (Sinus, Kosinus), aber keine Nullstellen mehr gibt. Wenn nur das λ groß genug ist, dann gibt es sogar keine lokalen Minima und Maxima mehr, und $F(\omega)$ fällt monoton ab (siehe Abb. 3.6; hierfür wurde e^{-T} am Intervallende gewählt). Bei $\lambda = 2$ hat man eine 3 dB-Bandbreite von $\Delta\omega = 11{,}7/T$. Das asymptotische Verhalten beträgt -12 dB/Oktave.

Es ist also gar nicht so unsinnig, wieder eine Spitze bei $t = 0$ einzuführen. Trotzdem gibt es bessere Fensterfunktionen.

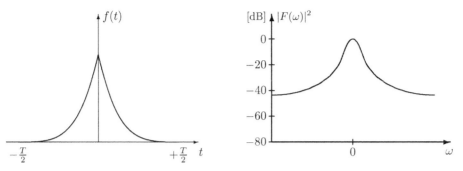

Abb. 3.6. Triplett-Fenster und „Power"-Darstellung der Fouriertransformierten

3.7 Das Gauß-Fenster

Eine sehr naheliegende Fensterfunktion ist die Gauß-Funktion. Sie irgendwo abschneiden zu müssen und damit ein kleines „Stüfchen" zu produzieren, schreckt uns nach den Erfahrungen mit dem Hamming-Fenster nicht mehr.

$$f(t) = \begin{cases} \exp\left(-\frac{1}{2}\frac{t^2}{\sigma^2}\right) & \text{für } -T/2 \le t \le +T/2 \\ \\ 0 & \text{sonst} \end{cases} \tag{3.31}$$

Die Fouriertransformierte lautet:

$$F(\omega) = \sigma\sqrt{\frac{\pi}{2}}e^{-\frac{\sigma^2\omega^2}{4}}\left(\text{erfc}\left(-\frac{i\sigma^2\omega^2}{\sqrt{2}} + \frac{T^2}{8\sigma^2}\right) + \text{erfc}\left(+\frac{i\sigma^2\omega^2}{\sqrt{2}} + \frac{T^2}{8\sigma^2}\right)\right). \tag{3.32}$$

Da die Error-Funktion zwar mit komplexen Argumenten vorkommt, aber zusammen mit dem konjugiert komplexen Argument, ist $F(\omega)$ reell. Die Funktion $f(t)$ mit $\sigma = 0{,}33$ und $|F(\omega)|^2$ ist in Abb. 3.7 dargestellt. Für dieses σ erhält man -55 dB „Sidelobe"-Unterdrückung bei -6 dB/Oktave asymptotischem Verhalten und einer 3 dB-Bandbreite von $\Delta\omega = 10{,}2/T$. Nicht schlecht, aber es geht besser.

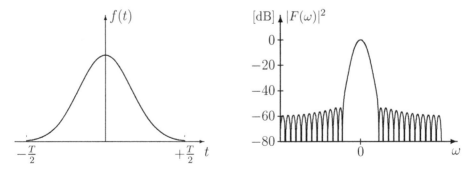

Abb. 3.7. Gauß-Fenster und „Power"-Darstellung der Fouriertransformierten

Daß eine Gauß-Funktion beim Fourier-transformieren wieder eine Gauß-Funktion ergibt, gilt nur ohne Abschneiden! Wenn σ hinreichend groß wird, verschwinden die „Sidelobes": die Oszillationen wandern auf der Flanke der Gauß-Funktion „hinauf".

3.8 Das Kaiser–Bessel-Fenster

Das Kaiser–Bessel-Fenster ist ein sehr brauchbares und variabel einsetzbares Fenster:

$$f(t) = \begin{cases} \dfrac{I_0\left(\beta\sqrt{1-(2t/T)^2}\right)}{I_0(\beta)} & \text{für } -T/2 \leq t \leq T/2 \\[2ex] 0 & \text{sonst} \end{cases} \tag{3.33}$$

Hierbei ist β ein frei wählbarer Parameter. Die Fouriertransformierte lautet:

$$F(\omega) = \begin{cases} \dfrac{2T}{I_0(\beta)} \dfrac{\sinh\left(\sqrt{\beta^2 - \frac{\omega^2 T^2}{4}}\right)}{\sqrt{\beta^2 - \frac{\omega^2 T^2}{4}}} & \text{für } \beta \geq \left|\frac{\omega T}{2}\right| \\[3ex] \dfrac{2T}{I_0(\beta)} \dfrac{\sin\left(\sqrt{\frac{\omega^2 T^2}{4} - \beta^2}\right)}{\sqrt{\frac{\omega^2 T^2}{4} - \beta^2}} & \text{für } \beta \leq \left|\frac{\omega T}{2}\right| \end{cases} \tag{3.34}$$

$I_0(x)$ ist die modifizierte Bessel-Funktion. Ein einfacher Algorithmus [7, Gleichungen 9.8.1, 9.8.2] zur Berechnung von $I_0(x)$ lautet:

$$I_0(x) = 1 + 3{,}5156229t^2 + 3{,}0899424t^4 + 1{,}2067492t^6$$
$$+ 0{,}2659732t^8 + 0{,}0360768t^{10} + 0{,}0045813t^{12} + \epsilon,$$
$$|\epsilon| < 1{,}6 \times 10^{-7}$$
$$\text{mit } t = x/3{,}75, \text{ für das Intervall } -3{,}75 \leq x \leq 3{,}75,$$

bzw.

$$x^{1/2}e^{-x}I_0(x) = 0{,}39894228 + 0{,}01328592t^{-1} + 0{,}00225319t^{-2}$$
$$- 0{,}00157565t^{-3} + 0{,}00916281t^{-4} - 0{,}02057706t^{-5}$$
$$+ 0{,}02635537t^{-6} - 0{,}01647633t^{-7} + 0{,}00392377t^{-8}$$
$$+ \epsilon,$$
$$|\epsilon| < 1{,}9 \times 10^{-7}$$
$$\text{mit } t = x/3{,}75, \text{ für das Intervall } 3{,}75 \leq x < \infty.$$

Die Nullstellen liegen bei $\omega^2 T^2/4 = l^2\pi^2 + \beta^2$, $l = 1,2,3,...$, und sind nicht äquidistant. Für $\beta = 0$ erhält man das Rechteckfenster, Werte bis $\beta = 9$ sind empfehlenswert. In Abb. 3.8 sind $f(t)$ und $|F(\omega)|^2$ für verschiedene Werte von β dargestellt.

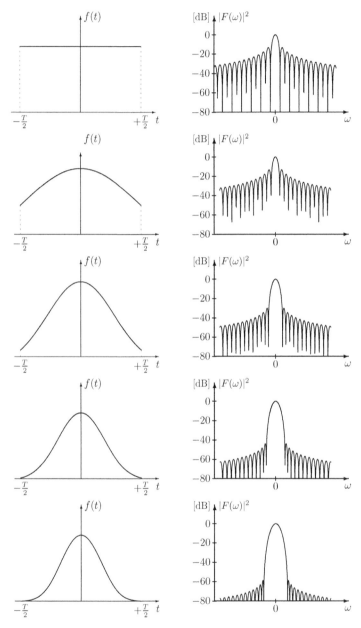

Abb. 3.8. Kaiser–Bessel-Fenster für $\beta = 0, 2, 4, 6, 8$ (*links*); die dazugehörige „Power"-Darstellung der Fouriertransformierten (*rechts*)

Die „Sidelobe"-Unterdrückung sowie die 3 dB-Bandbreite als Funktion von β sind in Abb. 3.9 dargestellt. Mit dieser Fensterfunktion erhält man für $\beta = 9$ -70 dB „Sidelobe"-Unterdrückung bei $\Delta\omega = 11/T$ und bei -6 dB/Oktave asymptotischem Verhalten fernab vom zentralen Peak. Das Kaiser–Bessel-Fenster ist dem Gauß-Fenster also in jeder Beziehung überlegen.

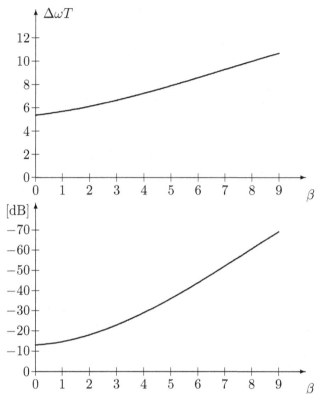

Abb. 3.9. 3 dB-Bandbreite (*oben*); „Sidelobe"-Unterdrückung für Kaiser–Bessel-Parameter $\beta = 0$–9 (*unten*)

3.9 Das Blackman–Harris-Fenster

Wer keine Flexibilität wünscht und mit einer festen und großen „Sidelobe"-Unterdrückung arbeiten möchte, dem empfehle ich die folgenden zwei sehr effizienten Fenster, die auf Blackman und Harris zurückgehen. Sie haben den Charme der Einfachheit: sie sind aus einer Summe von vier Kosinus-Termen wie folgt zusammengesetzt:

$$f(t) = \begin{cases} \displaystyle\sum_{n=0}^{3} a_n \cos \frac{2\pi n t}{T} & \text{für } -T/2 \le t \le T/2 \\[2em] 0 & \text{sonst} \end{cases} . \qquad (3.35)$$

Bitte beachten Sie, daß wir hier eine Konstante, einen Kosinus-Term mit einer vollen Periode, sowie weitere Terme mit zwei und drei ganzen Perioden haben, im Gegensatz zum Kosinus-Fenster von Abschn. 3.3. Die Koeffizienten haben dabei folgende Werte:

	für -74 dB[2]	für -92 dB
a_0	0,40217	0,35875
a_1	0,49703	0,48829
a_2	0,09392	0,14128
a_3	0,00183	0,01168

$$(3.36)$$

Ihnen ist sicher aufgefallen, daß sich die Koeffizienten für das -92 dB-Fenster zu 1 addieren; an den Intervallgrenzen sind die Terme mit a_0 und a_2 positiv, während die Terme mit a_1 und a_3 negativ sind. Die Summe der geraden Koeffizienten minus der Summe der ungeraden Koeffizienten ergibt 0,00006, d.h., es gibt ein sehr „sanftes Anschalten" mit einem sehr kleinen „Stüfchen". Es handelt sich also nicht um ein exaktes Blackman–Harris-Fenster, bei dem definitionsgemäß kein „Stüfchen" auftreten darf. Für das hier angegebene -74 dB-Fenster ist dies ebenfalls nicht exakt der Fall (auch nicht mit den in der Fußnote angegebenen Werten); es ist also auch kein exaktes Blackman–Harris-Fenster.

Die Fouriertransformierte dieses Fensters lautet:

$$F(\omega) = T \sin \frac{\omega T}{2} \sum_{n=0}^{3} a_n (-1)^n \left(\frac{1}{2n\pi + \omega T} - \frac{1}{2n\pi - \omega T} \right).$$

$$(3.37)$$

Keine Angst, die Nullstellen der Nenner werden durch Nullstellen des Sinus gerade „geheilt" (l'Hospital!). Die Nullstellen der Fouriertransformierten sind durch $\sin \frac{\omega T}{2} = 0$ gegeben, also wie beim Hanning-Fenster. Die 3 dB-Bandbreite beträgt $\Delta\omega = 10,93/T$ bzw. $11,94/T$ für das -74 dB- bzw. das -92 dB-Fenster, ganz ausgezeichnete Werte für die Einfachheit der Fenster. Ich vermute, die Reihenentwicklung der modifizierten Bessel-Funktion $I_0(x)$ für die passenden Werte von β liefert ziemlich genau die Koeffizienten der Blackman–Harris-Fenster. Da diese Blackman–Harris-Fenster sich nur noch sehr wenig von den Kaiser–Bessel-Fenstern mit $\beta \approx 9$ bzw. $\beta \approx 11{,}5$ (das sind die Werte bei vergleichbarer „Sidelobe"-Unterdrückung) unterscheiden, verzichte ich hier auf Abbildungen. Das asymptotische Verhalten beträgt für beide Blackman–Harris-Fenster -12 dB/Oktave. Das Blackman–Harris-Fenster mit -92 dB hätte in Abb. 3.10, die nur bis -80 dB geht, allerdings keine „sichtbaren Füßchen" mehr.

---

[2] In der Originalarbeit von Harris [6] ist die Summe der Koeffizienten um 0,00505 kleiner als 1. Es muss also ein Druckfehler vorliegen. Mit dem obigen Koeffizientensatz ist die „Sidelobe"-Unterdrückung deutlich schlechter als -74 dB. Wenn man $a_1 = 0{,}49708$ und $a_2 = 0{,}09892$ (oder $a_2 = 0{,}09892$ und $a_3 = 0{,}00188$) nimmt werden -74 dB erreicht. Dann ergibt die Summe der Koeffizienten gerade 1. Vielleicht gab es im Jahr 1978 noch Übertragungsprobleme beim Tippen des Manuskripts: die Ziffer 8 wurde als 3 gelesen?

3.10 Überblick über die Fensterfunktionen

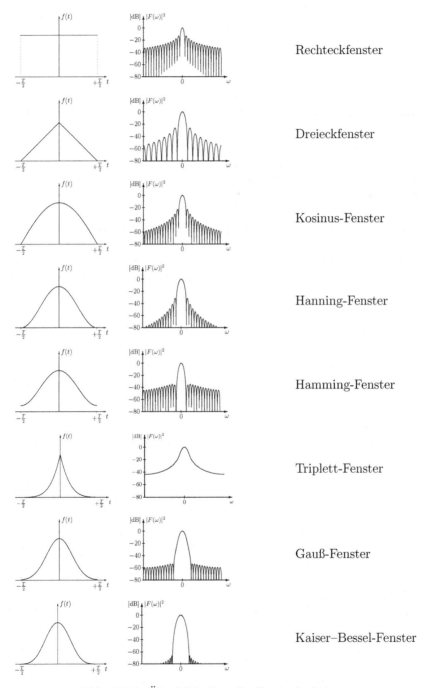

Abb. 3.10. Überblick über die Fensterfunktionen

Damit dieses Kapitel auch mit Leben erfüllt wird, hier ein einfaches Beispiel. Gegeben sei folgende Funktion:

$$f(t) = \cos\omega t + 10^{-2}\cos 1{,}15\omega t + 10^{-3}\cos 1{,}25\omega t \qquad (3.38)$$
$$+ 10^{-3}\cos 2\omega t + 10^{-4}\cos 2{,}75\omega t + 10^{-5}\cos 3\omega t.$$

Neben der dominanten Frequenz ω gibt es zwei Satelliten bei 1,15 und
1,25 mal ω sowie zwei Oberwellen – die Hochfrequenztechniker sagen 1. und
2. Harmonische – bei 2ω und 3ω sowie eine weitere Frequenz bei $2{,}75\omega$. Diese
Funktion wollen wir Fourier-transformieren. Bedenken Sie, daß wir uns gleich
die „Power"-Spektren ansehen werden, also die Amplituden quadriert! Die
Vorzeichen der Amplituden spielen also keine Rolle. D.h., wir erwarten neben
der dominanten Frequenz, die wir mit 0 dB Intensität angeben wollen, weitere
spektrale Komponenten mit Intensitäten von -40 dB, -60 dB, -80 dB und
-100 dB.

Abbildung 3.11 zeigt, was bei dem Einsatz verschiedener Fensterfunktionen herauskommt. Für die Puristen sei angemerkt, daß wir natürlich die diskrete Fouriertransformation, die wir erst im nächsten Kapitel behandeln, verwendet haben, aber Linienplots zeigen (wir haben 128 Datenpunkte verwendet, die Daten mit Nullen aufgefüllt, gespiegelt, und insgesamt 4096 Input-
Daten verwendet; jetzt können Sie es nachmachen!).

Die zwei Satelliten nahe der dominanten Frequenz machen die Hauptpro-
bleme. Zum einen brauchen wir eine Fensterfunktion, die eine gute „Sidelobe"-Unterdrückung hat, um Signale mit Intensitäten von -40 dB und -60 dB
überhaupt sehen zu können. Das Rechteckfenster leistet dies nicht! Man sieht
nur die dominante Frequenz, alles andere ist „zugeschüttet". Außerdem brauchen wir eine geringe 3 dB-Bandbreite, damit wir die um 15% höhere Frequenz überhaupt auflösen können. Dies schaffen wir mit dem Hanning- und
vor allem mit dem Hamming-Fenster (Parameter $a = 0{,}08$) ganz gut. Allerdings ist das Hamming-Fenster nicht in der Lage, die höheren spektralen
Komponenten zu detektieren, die noch geringere Intensität haben. Dies liegt
am schlechten asymptotischen Verhalten. Nicht viel einfacher ist es mit der
Komponente, die 25% höher liegt, da sie nur -60 dB Intensität hat. Hier
schafft es das Blackman–Harris-Fenster mit -74 dB so gerade eben. Die drei
anderen, noch höheren spektralen Komponenten sind zwar sehr schwach, aber
weitab von der dominanten Frequenz und daher problemlos detektierbar, sofern nur die „Sidelobes" in diesem Spektralbereich nicht alles zuschütten.
Dies schaffen interessanterweise Fensterfunktionen mit schlechter „Sidelobe"-Unterdrückung, aber gutem asymptotischen Verhalten wie das Hanning-
Fenster, ebenso wie Fensterfunktionen mit hoher „Sidelobe"-Unterdrückung
und schlechtem asymptotischen Verhalten wie die Kaiser–Bessel-Fenster. Das
Kaiser–Bessel-Fenster mit dem Parameter $\beta = 12$ ist ein Beispiel dafür (das
Blackman–Harris-Fenster mit -92 dB „Sidelobe"-Unterdrückung ist nahezu
genausogut). Der Nachteil: die kleinen Satelliten bei 1,15- und 1,25-facher
Frequenz sind nur noch als Schulter zu erkennen. Wir sehen, daß man durch-

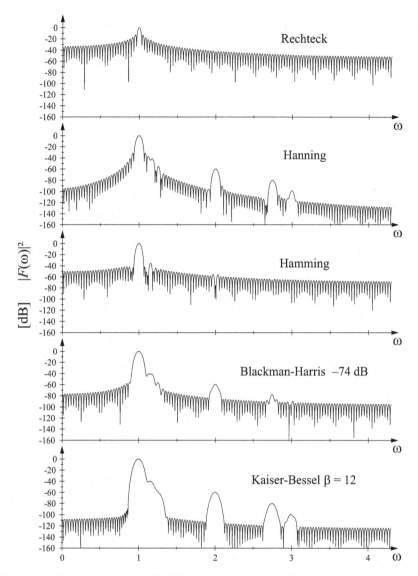

Abb. 3.11. Testfunktion aus (3.38) mit verschiedenen Fensterfunktionen bearbeitet

aus verschiedene Fensterfunktionen für verschiedene Anforderungen einsetzen soll. Eine „Gras-fressende, Milch-gebende, Eier-legende Wollmilchsau" gibt es nicht! Es gibt aber Fensterfunktionen, die man getrost vergessen kann.

Was macht man, wenn man sehr viel mehr als -100 dB „Sidelobe"-Unterdrückung braucht? Nehmen Sie das Kaiser–Bessel-Fenster mit sehr großem Parameter β; Sie bekommen mühelos noch viel größere „Sidelobe"-Unterdrückung – natürlich mit immer schlechterer 3 dB-Bandbreite! Aus dieser „Zwickmühle" kommen Sie auch nicht heraus! Bei aller Freude über die „intelligenten" Fensterfunktionen sollte man aber nicht vergessen, daß man erst einmal Daten braucht, die so wenig verrauscht sind, daß man -100 dB-Signale überhaupt detektieren kann.

3.11 Wichten oder Falten?

Grundsätzlich hat man zwei Möglichkeiten, Fensterfunktionen einzusetzen:

i. entweder man wichtet, d.h. man multipliziert den Input mit der Fenster-funktion und Fourier-transformiert anschließend, oder

ii. man Fourier-transformiert den Input und faltet das Ergebnis mit der Fouriertransformierten der Fensterfunktion.

Nach dem Faltungssatz (2.42) ist das Ergebnis dasselbe. Worin bestehen die Vor- und Nachteile beider Prozeduren? Die Frage ist nicht ganz leicht zu beantworten. Hier hilft uns das Denken in diskreten Daten bei der Argumentation. Nehmen wir als Beispiel das Kaiser–Bessel-Fenster. Wir fangen einmal mit einem sinnvollen Wert für den Parameter β an, der sich aus Überlegungen zum Kompromiß zwischen 3 dB-Bandbreite (d.h. Auflösung) und „Side-lobe"-Unterdrückung ergibt. Im Fall der Wichtung müssen wir unsere Input-Daten, sagen wir N reelle oder komplexe Zahlen, mit der Fensterfunktion, die wir an N Stützstellen berechnen müssen, multiplizieren. Danach kommt die Fouriertransformation. Wenn sich dabei herausstellt, daß wir doch lieber etwas mehr „Sidelobe"-Unterdrückung bräuchten und die etwas schlechtere Auflösung tolerieren könnten oder umgekehrt, so müßten wir wieder zurück zu den Originaldaten, neu wichten und neu Fourier-transformieren.

Im Fall der Faltung sieht die Sache anders aus: wir Fourier-transformieren ohne jede Vorstellung, was wir an „Sidelobe"-Unterdrückung eigentlich brauchen werden, und falten dann die Fourierdaten (ebenfalls N Zahlen, aber in der Regel komplex!) mit der Fourier-transformierten Fensterfunktion, die wir an einer ausreichenden Zahl von Stützstellen berechnen müssen. Was ist eine ausreichende Zahl? Natürlich lassen wir die „Sidelobes" weg beim Falten und nehmen nur den zentralen Peak! Dieser sollte wenigstens an 5 Stützstellen berechnet werden, besser mehr. Die Faltung besteht dann aus 5 (oder mehr) Multiplikationen und einer Summation pro Fourierkoeffizient. Das scheint mehr Aufwand zu sein, hat aber den Vorteil, daß man bei einer weiteren Faltung mit einer etwas anderen, z.B. breiteren Fourier-transformierten Fensterfunktion, nicht nochmals Fourier-transformieren muß. Natürlich ist dieses Verfahren aufgrund des Abschneidens der „Sidelobes" nur eine Näherung. Würde man alle Daten der Fourier-transformierten Fensterfunktion einschließlich der „Sidelobes" mitnehmen, so wären das N (komplexe) Multiplikationen und eine Summe darüber pro Punkt, bereits ein beträchtlicher Aufwand, allerdings immer noch weniger als eine erneute Fouriertransformation. Das kann bei großen Feldern und natürlich bei zwei und drei Dimensionen, wie bei der Bildverarbeitung und Tomographie, durchaus relevant sein.

Was passiert eigentlich beim Falten mit den Rändern? Wie wir im folgenden Kapitel sehen werden, wird über das Intervall hinaus periodisch fortgesetzt. Dies bringt uns auf folgende Idee: nehmen wir z.B. das Blackman–Harris-Fenster und setzen dies periodisch fort, so ist die zugehörige Fouriertransformierte eine Summe von vier δ-Funktionen, in der diskreten Welt gibt es also genau vier Kanäle, die ungleich 0 sind. Wo sind die „Sidelobes" geblieben? Sie werden gleich sehen, daß in diesem Fall die Stützstellen (übrigens äquidistant!), mit Ausnahme von 0, gerade mit den Nullstellen der Fouriertransformierten Fensterfunktion zusammenfallen! Wir müssen also eine Faltung mit nur vier Punkten vornehmen, was extrem schnell geht! Daher nennt man dieses Blackman–Harris-Fenster auch ein 4-Punkte-Fenster. Also doch lieber falten? Hier kommt ein Stoßseufzer: es gibt so viele gute Gründe dafür, die Forderung nach periodischer Fortsetzung so weitgehend wie möglich durch „Zero-padding", d.h. durch Ergänzen oder „Ausstopfen" der Input-Daten mit Nullen, loszuwerden (siehe Abschn. 4.6), so daß die schöne 4-Punkte-Idee wie Schnee in der Frühlingssonne dahinschmilzt. Die Entscheidung darüber, ob Sie lieber wichten oder falten wollen, liegt also bei Ihnen und hängt vom konkreten Fall ab.

Nun wird es aber höchste Zeit, uns der diskreten Fouriertransformation zuzuwenden!

Spielwiese

3.1. Quadriert
Berechnen Sie die 3 dB-Bandbreite von $F(\omega)$ für das Rechteckfenster. Vergleichen Sie das mit der 3 dB-Bandbreite von $F^2(\omega)$.

3.2. Let's Gibbs again (klingt wie „let's twist again")
Wie ist das asymptotische Verhalten des Gauß-Fensters weitab vom zentralen Peak?

3.3. Expander
Die Reihenentwicklung der modifizierten Bessel-Funktion 0. Ordnung lautet:

$$I_0(x) = \sum_{k=0}^{\infty} \frac{(x^2/4)^k}{(k!)^2},$$

wobei $k! = 1 \times 2 \times 3 \times \ldots \times k$ Fakultät bedeutet. Die Reihenentwicklung des Kosinus lautet:

$$\cos(x) = \sum_{k=0}^{\infty} (-1)^k \frac{x^{2k}}{(2k)!}.$$

Berechnen Sie die ersten zehn Terme in der Reihenentwicklung des Ausdrucks für das Blackman–Harris-Fenster mit -74 dB „Sidelobe"-Unterdrückung und das Kaiser–Bessel-Fenster mit $\beta = 9$ und vergleichen Sie die Ergebnisse.

Hinweis: Anstelle von Bleistift und Papier nehmen Sie besser Ihren PC!

3.4. Minderheiten

In einem Spektrumanalysator detektieren Sie ein Signal bei $\omega = 500$ Mrad/s in dem $|F(\omega)|^2$-Modus mit einer instrumentellen vollen Halbwertsbreite (FWHM) von 50 Mrad/s mit einem Rechteckfenster.

a. Welche Sampling-Periode T haben Sie gewählt?
b. Welche Fensterfunktion würden Sie wählen, wenn Sie einem „Minderheiten"-Signal nachjagen würden, das Sie bei einer 20% höheren Frequenz und 50 dB schwächer als das Hauptsignal vermuten würden? Schauen Sie sich die Abbildungen in diesem Kapitel an, rechnen Sie nicht zu viel.

4 Diskrete Fouriertransformation

Abbildung einer *periodischen* Zahlenfolge $\{f_k\}$ auf die Fourier-transformierte Zahlenfolge $\{F_j\}$

4.1 Diskrete Fouriertransformation

Häufig kennt man die Funktion (d.h. den zeitlichen „Signalverlauf") gar nicht als kontinuierliche Funktion, sondern nur zu N diskreten Zeiten:

$$t_k = k\Delta t, \qquad k = 0, 1, \ldots, N-1.$$

Mit anderen Worten: man hat „gesampelt" (neudeutsch), d.h. „Proben" oder „Stichproben" $f(t_k) = f_k$ zu den Zeitpunkten t_k genommen. Jede digitale Datenaufnahme verfährt nach diesem Prinzip. Der Datensatz besteht also aus einer Zahlenfolge $\{f_k\}$. Außerhalb des gesampelten Intervalls $T = N\Delta t$ kennt man die Funktion nicht. Die diskrete Fouriertransformation macht automatisch die Annahme, daß $\{f_k\}$ außerhalb des Intervalls periodisch fortgesetzt wird. Diese Einschränkung erscheint auf den ersten Blick als extrem störend: $f(t)$ ist vielleicht gar nicht periodisch, und selbst wenn $f(t)$ periodisch ist, könnte es passieren, daß unser Intervall gerade zum falschen Zeitpunkt abschneidet (also nicht nach einer ganzen Anzahl von Perioden). Wie dieses Problem gemildert bzw. so gut wie beseitigt werden kann, wird in Abschn. 4.6 erläutert. Um uns das Leben leichter zu machen, nehmen wir außerdem an, daß N eine Potenz von 2 ist. Für die schnelle Fouriertransformation, die in Abschn. 4.7 behandelt wird, muß man dies ohnehin voraussetzen. Mit dem „Trick" aus Abschn. 4.6 wird diese Einschränkung aber völlig irrelevant.

4.1.1 Gerade und ungerade Zahlenfolgen und „wrap-around"

Eine Zahlenfolge heißt gerade, wenn für alle k gilt:

$$\boxed{f_{-k} = f_k.} \tag{4.1}$$

Eine Zahlenfolge heißt ungerade, wenn für alle k gilt:

$$\boxed{f_{-k} = -f_k.} \tag{4.2}$$

Hier muß $f_0 = 0$ gelten! Jede Zahlenfolge läßt sich in eine gerade und eine ungerade Zahlenfolge zerlegen. Was ist nun mit negativen Indizes? Wir setzen die Folge periodisch fort:

$$f_{-k} = f_{N-k}. \tag{4.3}$$

Damit können wir durch Addition von N die negativen Indizes an das rechte Intervallende verschieben oder „herumklappen" (englisch: „wraparound"), wie in Abb. 4.1 dargestellt ist.

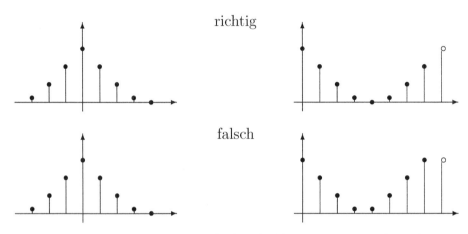

Abb. 4.1. Richtig „gewrapped" (*oben*); falsch „gewrapped" (*unten*)

Bitte beachten Sie, daß f_0 nicht „gewrapped" wird, wie es fälschlicherweise oft gemacht wird. Die Periodizität mit der Periode N, die wir bei der diskreten Fouriertransformation *immer* voraussetzen, erfordert $f_N = f_0$. Im zweiten – dem falschen – Beispiel hätten wir f_0 zweimal nebeneinander (und außerdem f_4 überschrieben, was sicherlich eine „Todsünde" wäre).

4.1.2 Das Kronecker-Symbol oder die „diskrete δ-Funktion"

Bevor wir uns an die Definition der diskreten Fouriertransformation (Hin- und Rücktransformation) machen, ein paar Vorbemerkungen. Aus dem Ausdruck $e^{i\omega t}$ bei der kontinuierlichen Fouriertransformation wird für diskrete Zeiten $t_k = k\Delta t$, $k = 0, 1, \ldots, N-1$ mit $T = N\Delta t$:

$$e^{i\omega t} \to e^{i\frac{2\pi t_k}{T}} = e^{\frac{2\pi i k \Delta t}{N \Delta t}} = e^{\frac{2\pi i k}{N}} \equiv W_N^k. \tag{4.4}$$

Dabei ist der „Kern":

$$\boxed{W_N = e^{\frac{2\pi i}{N}}} \tag{4.5}$$

eine sehr nützliche Abkürzung. Gelegentlich benötigen wir auch die diskreten

Frequenzen:

$$\omega_j = 2\pi j/(N\Delta t), \tag{4.6}$$

die zu den diskreten Fourierkoeffizienten F_j (siehe unten) gehören. Der Kern W_N hat folgende Eigenschaften:

$$W_N^{nN} = e^{2\pi in} = 1 \qquad \text{für alle ganzen } n,$$

W_N ist periodisch in j und k mit der Periode N.

(4.7)

Eine sehr nützliche Darstellung von W_N erhält man in der komplexen Ebene in Form eines „Zeigers" im Einheitskreis (siehe Abb. 4.2).

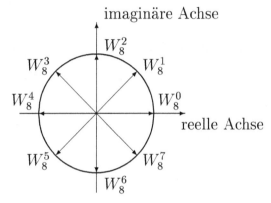

Abb. 4.2. Darstellung von W_8^k in der komplexen Ebene

Die Projektion des „Zeigers" auf die reelle Achse ergibt $\cos(2\pi n/N)$. In Analogie zum Zifferblatt einer Uhr kann man z.B. W_8^0 als „3.00 Uhr" oder W_8^4 als „9.00 Uhr" bezeichnen. Jetzt sind wir in der Lage, die diskrete „δ-Funktion" zu definieren:

$$\boxed{\sum_{j=0}^{N-1} W_N^{(k-k')j} = N\delta_{k,k'}.} \tag{4.8}$$

Hier bedeutet $\delta_{k,k'}$ das Kronecker-Symbol mit der Eigenschaft:

$$\delta_{k,k'} = \begin{cases} 1 \text{ für } k = k' \\ \\ 0 \text{ sonst} \end{cases}. \tag{4.9}$$

Dieses Symbol (mit Vorfaktor N) erfüllt die gleichen Aufgaben, die die δ-Funktion bei der kontinuierlichen Fouriertransformation hatte. Gleichung (4.9) besagt nichts anderes, als daß wir bei einem kompletten Umlauf des Zeigers 0 herausbekommen, wie wir durch einfache Vektoraddition der

Zeiger in Abb. 4.2 sofort einsehen können, es sei denn, der Zeiger bleibt bei „3.00 Uhr" stehen, was bei $k = k'$ erzwungen wird. In diesem Fall erhalten wir N, wie Abb. 4.3 zeigt.

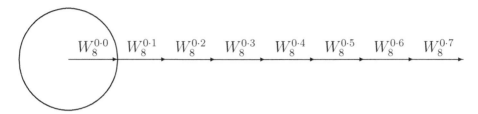

Abb. 4.3. Für $N \to \infty$ (nur in Gedanken) sehen wir die Analogie zur δ-Funktion besonders deutlich

4.1.3 Definition der diskreten Fouriertransformation

Wir wollen nun den spektralen Gehalt $\{F_j\}$ der Reihe $\{f_k\}$ über die diskrete Fouriertransformation bestimmen. Dazu müssen wir in der Definition der Fourierreihe (1.4):

$$c_j = \frac{1}{T} \int\limits_{-T/2}^{+T/2} f(t) e^{-2\pi i j t/T} \, \mathrm{d}t \qquad (4.10)$$

mit $f(t)$ periodisch in T den Übergang machen:

$$c_j = \frac{1}{N} \sum_{k=0}^{N-1} f_k e^{-2\pi i j k/N}. \qquad (4.11)$$

Im Exponenten kommt $\frac{k\Delta t}{N\Delta t}$ vor, d.h., Δt kürzt sich heraus. Im Vorfaktor kommt das Samplingraster Δt vor, so daß sich insgesamt der Vorfaktor $\Delta t/T = \Delta t/(N\Delta t) = 1/N$ ergibt. Wir haben beim Übergang von (4.10) nach (4.11) stillschweigend die Intervallgrenzen von $-T/2$ bis $+T/2$ nach 0 bis T verschoben, was zulässig ist, da wir über eine *ganze* Periode integrieren und $f(t)$ als periodisch in T vorausgesetzt wurde. Die Summe muß bei $N-1$ enden, weil bei diesem Samplingpunkt plus Δt die Intervallgrenze erreicht ist. Wir erhalten also für die diskrete Fouriertransformation:

Definition 4.1 (Diskrete Fouriertransformation).

$$F_j = \frac{1}{N} \sum_{k=0}^{N-1} f_k W_N^{-kj} \quad \text{mit} \quad W_N = e^{2\pi i/N}. \qquad (4.12)$$

Die Rücktransformation oder *inverse* Fouriertransformation lautet:

Definition 4.2 (Diskrete inverse Fouriertransformation).

$$f_k = \sum_{j=0}^{N-1} F_j W_N^{+kj} \quad \text{mit} \quad W_N = \mathrm{e}^{2\pi\mathrm{i}/N}. \tag{4.13}$$

Bitte beachten Sie, daß bei der inversen Fouriertransformation kein Vorfaktor $1/N$ existiert.

An dieser Stelle eine kleine Warnung. Häufig findet man anstatt (4.12) und (4.13) auch Definitionsgleichungen mit *positiven* Exponenten für die *Hintransformation* und mit *negativen* Exponenten für die *Rücktransformation* (z.B. in „Numerical Recipes"). Für den Realteil von $\{F_j\}$ hat dies keine Bedeutung. Allerdings wechselt der Imaginärteil von $\{F_j\}$ das Vorzeichen. Wegen der Konsistenz zu den früheren Definitionen für Fourierreihen und der kontinuierlichen Fouriertransformation wollen wir bei den Definitionen (4.12) und (4.13) bleiben und uns daran erinnern, daß z.B. ein *negativer*, rein imaginärer Fourierkoeffizient F_j zu einer positiven Amplitude einer Sinus-Welle gehört (bei positiven Frequenzen), da aus i von der Hintransformation multipliziert mit i von der Rücktransformation gerade ein Vorzeichenwechsel $\mathrm{i}^2 = -1$ entsteht. Häufig fehlt auch der Vorfaktor $1/N$ der Hintransformation (z.B. in „Numerical Recipes"). In Anbetracht der Tatsache, daß F_0 gleich dem Mittelwert aller „Sampels" sein soll, muß der Vorfaktor $1/N$ aber dort auch wirklich stehenbleiben. Wie wir sehen werden, wird auch „Parsevals Theorem" uns dafür danken, daß wir mit unserer Definition der Hintransformation sorgsam umgegangen sind. Mit Hilfe der (4.8) können wir uns sofort davon überzeugen, daß die Rücktransformation (4.13) korrekt ist:

$$f_k = \sum_{j=0}^{N-1} F_j W_N^{+kj} = \sum_{j=0}^{N-1} \frac{1}{N} \sum_{k'=0}^{N-1} f_{k'} W_N^{-k'j} W_N^{+kj}$$

$$\tag{4.14}$$

$$= \frac{1}{N} \sum_{k'=0}^{N-1} f_{k'} \sum_{j=0}^{N-1} W_N^{(k-k')j} = \frac{1}{N} \sum_{k'=0}^{N-1} f_{k'} N \delta_{k,k'} = f_k.$$

Bevor wir weitere Sätze und Theoreme behandeln, ein paar Beispiele, die die diskrete Fouriertransformation illustrieren.

Beispiel 4.1 („Konstante" mit $N = 4$).

$$f_k = 1 \qquad \text{für } k = 0, 1, 2, 3.$$

$$f_0 \qquad f_1 \qquad f_2 \qquad f_3$$

Für die kontinuierliche Fouriertransformation erwarten wir eine δ-Funktion mit der Frequenz $\omega = 0$. Die diskrete Fouriertransformation wird also nur $F_0 \neq 0$ ergeben. In der Tat erhalten wir mit (4.12) – oder noch viel intelligenter mit (4.8):

$$F_0 = \tfrac{1}{4}4 = 1$$
$$F_1 = 0$$
$$F_2 = 0$$
$$F_3 = 0.$$

Da $\{f_k\}$ eine gerade Folge ist, enthält $\{F_j\}$ keinen Imaginärteil. Die Rücktransformation ergibt:

$$f_k = 1 \cos\left(2\pi \frac{k}{4} \underset{\underset{j=0}{\uparrow}}{0}\right) = 1 \qquad \text{für } k = 0, 1, 2, 3.$$

Beispiel 4.2 („Kosinus" mit $N = 4$).

$$f_0 = 1$$
$$f_1 = 0$$
$$f_2 = -1$$
$$f_3 = 0.$$

Wir erhalten mit (4.12) und $W_4 = \mathrm{i}$:

$$F_0 = 0 \qquad (\text{Mittelwert} = 0!)$$
$$F_1 = \frac{1}{4}(1 + (-1)(\text{ „9.00 Uhr"}) = \frac{1}{4}(1 + (-1)(-1)) = \frac{1}{2}$$
$$F_2 = \frac{1}{4}(1 + (-1)(\text{„15.00 Uhr"}) = \frac{1}{4}(1 + (-1)1) = 0$$
$$F_3 = \frac{1}{4}(1 + (-1)(\text{„21.00 Uhr"}) = \frac{1}{4}(1 + (-1)(-1)) = \frac{1}{2}.$$

Ihnen ist sicherlich aufgefallen, daß wir aufgrund des *Minuszeichens* im Exponenten in (4.12) im „*Uhrzeigersinn*" herumlaufen. Diejenigen, die dort lieber ein *Pluszeichen* haben, sind vielleicht „*Bayern*", denen man nachsagt, daß bei ihnen die Uhren andersherum gehen (solche Uhren kann man in Souvenirläden tatsächlich kaufen). Demnach „ticken" alle nicht „richtig", die in (4.12) ein *Pluszeichen* verwenden! Was bedeutet $F_3 = 1/2$? Sollte denn außer der Grundfrequenz $\omega_1 = 2\pi \times 1/4 \times \Delta t = \pi/(2\Delta t)$ noch eine andere spektrale Komponente vorkommen? Ja! Natürlich die Komponente mit $-\omega_1$, die „herumgewrapped" wurde (siehe Abb. 4.4)!

Wir sehen, daß die *negativen* Frequenzen nach dem Wrappen vom rechten Intervallrand mit F_{N-1} (entspricht kleinster, nicht verschwindender Frequenz ω_{-1}) beginnend nach links absteigend bis hin zur Intervallmitte lokalisiert sind.

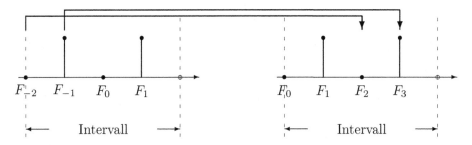

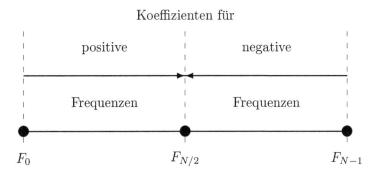

Abb. 4.4. Fourierkoeffizienten mit negativen Indizes werden an das rechte Intervallende gewrapped

Abb. 4.5. Anordnung der Fourierkoeffizienten

Bei *reellem* Input gilt:

$$F_{N-j} = F_j^*, \tag{4.15}$$

wie man leicht aus der Definitionsgleichung (4.12) herleiten kann. Es steht also in der rechten Hälfte bei *geradem* Input genau dasselbe wie in der linken Hälfte; bei *ungeradem* Input steht in der rechten Hälfte das konjugiert Komplexe bzw. dasselbe wie in der linken Hälfte mit umgekehrtem Vorzeichen. Zählt man die „brüderlich" geteilte Intensität F_1 und $F_3 = F_{-1}$ zusammen, so ergibt sich 1, wie es der Input fordert:

$$f_k = \frac{1}{2}\mathrm{i}^k + \frac{1}{2}\mathrm{i}^{3k} = \cos\left(2\pi\frac{k}{4}\right) \qquad \text{für } k = 0,1,2,3.$$

Beispiel 4.3 („Sinus" mit $N = 4$).

$$\begin{aligned} f_0 &= 0 \\ f_1 &= 1 \\ f_2 &= 0 \\ f_3 &= -1. \end{aligned}$$

Wir verwenden wieder (4.12) und erhalten mit $W_4 = \mathrm{i}$:

$F_0 = 0 \qquad \text{(Mittelwert = 0)}$

$F_1 = \dfrac{1}{4}(1(\;\text{„6.00 Uhr“}) + (-1)(\text{„12.00 Uhr“})) = \dfrac{1}{4}(-\mathrm{i} + (-1)\mathrm{i}) \qquad = -\dfrac{\mathrm{i}}{2}$

$F_2 = \dfrac{1}{4}(1(\;\text{„9.00 Uhr“}) + (-1)(\text{„21.00 Uhr“})) = \dfrac{1}{4}(1(-1) + (-1)(-1)) = \;\;0$

$F_3 = \dfrac{1}{4}(1(\text{„12.00 Uhr“}) + (-1)(\underbrace{\text{„6.00 Uhr“}}_{\text{nächster Tag}})) = \dfrac{1}{4}(1\mathrm{i} + (-1)(-\mathrm{i})) \qquad = \;\;\dfrac{\mathrm{i}}{2}.$

Realteil=0   Imaginärteil:

Zählt man die „schwesterlich" geteilte Intensität mit Minuszeichen für negative Frequenzen mit der für positive Frequenzen zusammen, d.h. $F_1 + (-1)F_3 = -\mathrm{i}$, so erhält man als Intensität der Sinus-Welle (von der Rücktransformation bekommt man noch ein i!) den Wert 1:

$$f_k = -\frac{\mathrm{i}}{2}\mathrm{i}^k + \frac{\mathrm{i}}{2}\mathrm{i}^{3k} = \sin\left(2\pi\frac{k}{4}\right).$$

4.2 Theoreme und Sätze

4.2.1 Linearitätstheorem

Wenn man $\{f_k\}$ und die zugehörige Folge $\{F_j\}$ mit $\{g_k\}$ und der zugehörigen Folge $\{G_j\}$ linear kombiniert, so gilt:

$$\boxed{\begin{aligned} \{f_k\} &\leftrightarrow \{F_j\}, \\ \{g_k\} &\leftrightarrow \{G_j\}, \\ a\cdot\{f_k\} + b\cdot\{g_k\} &\leftrightarrow a\cdot\{F_j\} + b\cdot\{G_j\}. \end{aligned}} \qquad (4.16)$$

Bitte vergessen Sie nie, daß die diskrete Fouriertransformation nur lineare Operatoren enthält (in der Tat nur die Grundrechenarten), daß aber die „Power"-Darstellung *keine* lineare Operation ist.

4.2.2 Der 1. Verschiebungssatz
(Verschiebung in der Zeitdomäne)

$$\boxed{\begin{aligned} \{f_k\} &\leftrightarrow \{F_j\}, \\ \{f_{k-n}\} &\leftrightarrow \{F_j W_N^{-jn}\}, \qquad n \text{ ganz.} \end{aligned}} \tag{4.17}$$

Eine Verschiebung in der Zeitdomäne um n bewirkt eine Multiplikation mit dem Phasenfaktor W_N^{-jn}.

Beweis (1. Verschiebungssatz).

$$\begin{aligned} F_j^{\text{verschoben}} &= \frac{1}{N} \sum_{k=0}^{N-1} f_{k-n} W_N^{-kj} \\ &= \frac{1}{N} \sum_{k'=-n}^{N-1-n} f_{k'} W_N^{-(k'+n)j} \qquad \text{mit } k-n=k' \tag{4.18} \\ &= \frac{1}{N} \sum_{k'=0}^{N-1} f_{k'} W_N^{-k'j} W_N^{-nj} = F_j^{\text{alt}} W_N^{-nj}. \quad \square \end{aligned}$$

Wegen der Periodizität von f_k können wir die untere und obere Summationsgrenze ruhig um n verschieben.

Beispiel 4.4 (Verschobener Kosinus mit $N = 2$).

$$\begin{aligned} \{f_k\} &= \{0,1\} \qquad \text{oder} \\ f_k &= \frac{1}{2}\left(1 - \frac{\cos 2\pi k}{2}\right), \qquad k = 0,1 \\ W_2 &= e^{i\pi} = -1 \\ F_0 &= \frac{1}{2}(0+1) = \frac{1}{2} \quad \text{(Mittelwert)} \\ F_1 &= \frac{1}{2}(0+1(-1)) = -\frac{1}{2} \qquad \text{also} \\ \{F_j\} &= \left\{\frac{1}{2}, -\frac{1}{2}\right\}. \end{aligned}$$

Jetzt verschieben wir den Input um $n = 1$:

$$\begin{aligned} \{f_k^{\text{verschoben}}\} &= \{1,0\} \qquad \text{oder} \\ f_k &= \frac{1}{2}\left(1 + \frac{\cos 2\pi k}{2}\right), \qquad k = 0,1 \\ \{F_j^{\text{verschoben}}\} &= \left\{\frac{1}{2} W_2^{-1\times 0}, \frac{1}{2} W_2^{-1\times 1}\right\} = \left\{\frac{1}{2}, \frac{1}{2}\right\}. \end{aligned}$$

4.2.3 Der 2. Verschiebungssatz (Verschiebung in der Frequenzdomäne)

$$
\begin{aligned}
\{f_k\} &\leftrightarrow \{F_j\}, \\
\{f_k W_N^{-nk}\} &\leftrightarrow \{F_{j+n}\}, \qquad n \text{ ganz.}
\end{aligned}
\tag{4.19}
$$

Einer Modulation in der Zeitdomäne mit W_N^{-nk} entspricht eine Verschiebung in der Frequenzdomäne. Der Beweis ist trivial.

Beispiel 4.5 (Modulierter Kosinus mit $N = 2$).

$$
\begin{aligned}
\{f_k\} &= \{0,1\} \qquad \text{oder} \\
f_k &= \frac{1}{2}\left(1 - \cos \pi k\right), \qquad k = 0,1 \\
\{F_j\} &= \left\{\frac{1}{2}, -\frac{1}{2}\right\}.
\end{aligned}
$$

Jetzt modulieren wir den Input mit W_N^{-nk} mit $n = 1$, also $W_2^{-k} = (-1)^{-k}$ und erhalten so:

$$
\begin{aligned}
\{f_k^{\text{verschoben}}\} &= \{0, -1\} \qquad \text{oder} \\
f_k &= \frac{1}{2}\left(-1 + \cos \pi k\right), \qquad k = 0,1 \\
\{F_j^{\text{verschoben}}\} &= \{F_{j-1}\} = \left\{-\frac{1}{2}, \frac{1}{2}\right\}.
\end{aligned}
$$

Hier wurde F_{-1} „gewrapped" zu $F_{2-1} = F_1$.

4.2.4 Skalierungssatz/Nyquist-Frequenz

Wir haben vorhin gesehen, daß der Mitte der Folge der Fourierkoeffizienten die höchste Frequenz $\omega_{\max}$ oder auch $-\omega_{\max}$ entspricht. Diese erhalten wir durch Einsetzen von $j = N/2$ in (4.6) zu:

$$
\Omega_{\text{Nyq}} = \frac{\pi}{\Delta t} \qquad \text{„Nyquist-Frequenz"}.
\tag{4.20}
$$

Diese Frequenz wird auch häufig Abschneidefrequenz genannt. Wenn wir z.B. alle µs ein Sampel nehmen ($\Delta t = 10^{-6}$ s), so ist $\Omega_{\text{Nyq}} = 3{,}14$ Megaradiant/Sekunde (wer lieber in Frequenzen als in Kreisfrequenzen denkt: $\nu_{\text{Nyq}} = \Omega_{\text{Nyq}}/2\pi$, hier also 0,5 MHz). Der Nyquist-Frequenz Ω_{Nyq} entspricht es also, *zwei* Sampels pro Periode zu nehmen, wie in Abb. 4.6 dargestellt.

Beim Kosinus mag das gerade so eben gehen. Beim Sinus geht es schon nicht mehr! Hier hat man die Sampels zur falschen Zeit erwischt, und es könnte einfach auch gar kein Signal anliegen (z.B. Kabel vergessen, Stromausfall).

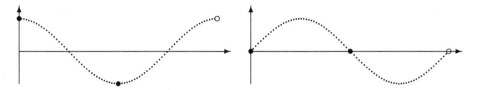

Abb. 4.6. Zwei Sampels pro Periode: Kosinus (*links*); Sinus (*rechts*)

In der Tat ist der Imaginärteil von f_k bei der Nyquist-Frequenz auch immer 0. Die Nyquist-Frequenz ist also die höchstmögliche spektrale Komponente für eine Kosinus-Welle; für den Sinus geht es nur bis:

$$\omega = 2\pi(N/2 - 1)/(N\Delta t) = \Omega_{\mathrm{Nyq}}(1 - 2/N).$$

Gleichung (4.20) ist unser Skalierungssatz, denn über die Wahl von Δt können wir bei gleicher Zahl N von Sampels die Zeitachse dehnen oder stauchen. Dies hat nur Einfluß auf die Frequenzskala, die von $\omega = 0$ bis $\omega = \Omega_{\mathrm{Nyq}}$ geht. Sonst kommt Δt nirgends vor!

Der Normierungsfaktor, der in (1.41) und (2.32) vorkam, entfällt hier, weil wir bei der diskreten Fouriertransformation auf die Zahl der Sampels N normieren, unabhängig von dem Sampel-Raster Δt.

4.3 Faltung, Kreuzkorrelation, Autokorrelation, Parsevals Theorem

Bevor wir die diskreten Versionen von (2.34), (2.48), (2.51) und (2.53) formulieren können, müssen wir uns über zwei Probleme im Klaren sein:

i. Die Anzahl der Sampels N für die beiden Funktionen $f(t)$ und $g(t)$, die wir falten oder kreuzkorrelieren wollen, muß gleich sein. Dies ist häufig nicht der Fall, z.B. wenn $f(t)$ das „theoretische" Signal ist, das wir bei δ-förmiger apparativer Auflösungsfunktion bekämen, das aber in der Praxis mit der endlichen Auflösungsfunktion $g(t)$ gefaltet werden muß. Hier hilft ein einfacher Trick: wir füllen die Zahlenfolge $\{g_k\}$ mit Nullen auf, so daß wir auch N Sampels haben wie für die Zahlenfolge $\{f_k\}$.

ii. Wir dürfen nicht vergessen, daß $\{f_k\}$ periodisch in N ist und unser „ausgestopftes" $\{g_k\}$ ebenfalls. Das bedeutet, daß negative Indizes „umgeklappt" werden an das rechte Intervallende („wrap-around"). Eine als symmetrisch angenommene Auflösungsfunktion $g(t)$ mit 3 Sampels und mit 5 Nullen auf insgesamt $N = 8$ aufgefüllt ist in Abb. 4.7 dargestellt.

Abb. 4.7. Auflösungsfunktion $\{g_k\}$: ohne „wrap-around" (*links*); mit „wrap-around" (*rechts*)

Noch ein extremes Beispiel:

Beispiel 4.6 (Rechteck). Wir erinnern uns daran, daß eine kontinuierliche „Rechteckfunktion" im Intervall $-T/2 \leq t \leq +T/2$ mit sich selbst gefaltet eine „Dreieckfunktion" im Intervall $-T \leq t \leq +T$ ergibt. Im diskreten Fall wird aber das „Dreieck" im Bereich $-T \leq t \leq -T/2$ gewrappt in den Bereich $0 \leq t \leq T/2$. Ebenso geschieht es mit dem „Dreieck" im Bereich $+T/2 \leq t \leq +T$, der nach $-T/2 \leq t \leq 0$ gewrappt wird. Beide Intervallhälften sind also „korrumpiert" durch das wrap-around, so daß am Schluß wieder eine Konstante herauskommt (siehe Abb. 4.8). Kein Wunder! Diese „Rechteckfunktion" mit *periodischer* Fortsetzung ist eine Konstante! Und eine Konstante mit sich selbst gefaltet, ist natürlich wieder eine Konstante.

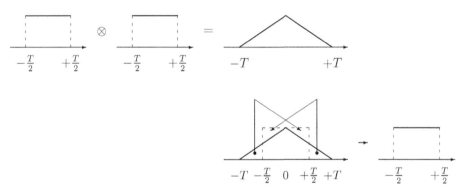

Abb. 4.8. Faltung einer „Rechteckfunktion" mit sich selbst: ohne „wrap-around" (*oben*); mit „wrap-around" (*unten*)

Solange $\{f_k\}$ periodisch in N ist, ist nichts Falsches daran, daß bei der Faltung am Intervall-Anfang/-Ende auch Daten vom Intervall-Ende/-Anfang „beigemischt" werden. Falls man dies – aus welchen Gründen auch immer – nicht haben will, so empfiehlt es sich, $\{f_k\}$ ebenfalls mit Nullen zu erweitern, und zwar mit genauso vielen Nullen, daß $\{g_k\}$ keinen Überlapp zwischen f_0 und f_{N-1} mehr herstellen kann.

4.3.1 Faltung

Wir definieren die diskrete Faltung folgendermaßen:

Definition 4.3 (Diskrete Faltung).

$$h_k \equiv (f \otimes g)_k = \frac{1}{N} \sum_{l=0}^{N-1} f_l g_{k-l}. \tag{4.21}$$

Die „Faltungssumme" ist kommutativ, distributiv und assoziativ. Mit dem Normierungsfaktor $1/N$ hat es folgende Bewandtnis: die Faltung von $\{f_k\}$ mit der „diskreten δ-Funktion" $\{g_k\} = N\delta_{k,0}$ soll die Zahlenfolge $\{f_k\}$ unverändert lassen. In diesem Sinne sollte auch eine „normierte" Auflösungsfunktion $\{g_k\}$ der Bedingung $\sum_{k=0}^{N-1} g_k = N$ genügen. Leider wird die Faltung häufig auch ohne den Vorfaktor $1/N$ definiert.

Die Fouriertransformierte von $\{h_k\}$ lautet:

$$
\begin{aligned}
H_j &= \frac{1}{N} \sum_{k=0}^{N-1} \frac{1}{N} \sum_{l=0}^{N-1} f_l g_{k-l} W_N^{-kj} \\
&= \frac{1}{N^2} \sum_{k=0}^{N-1} \sum_{l=0}^{N-1} f_l W_N^{-lj} g_{k-l} W_N^{-kj} W_N^{+lj} \\
&\qquad\qquad \uparrow \quad \text{erweitert} \quad \uparrow \\
&= \frac{1}{N^2} \sum_{l=0}^{N-1} f_l W_N^{-lj} \sum_{k'=-l}^{N-1-l} g_{k'} W_N^{-k'j} \quad \text{mit } k' = k - l \\
&= F_j G_j.
\end{aligned}
\tag{4.22}
$$

Im letzten Schritt haben wir ausgenutzt, daß wegen der Periodizität in N die 2. Summe anstatt von $-l$ bis $N-1-l$ auch von 0 bis $N-1$ laufen kann. Damit ist der Laufindex l aber aus der 2. Summe ganz verschwunden, und es ergibt sich das Produkt der Fouriertransformierten F_j und G_j. Wir erhalten also den diskreten Faltungssatz:

$$
\boxed{
\begin{aligned}
\{f_k\} &\leftrightarrow \{F_j\}, \\
\{g_k\} &\leftrightarrow \{G_j\}, \\
\{h_k\} = \{(f \otimes g)_k\} &\leftrightarrow \{H_j\} = \{F_j G_j\}.
\end{aligned}
}
\tag{4.23}
$$

Aus der Faltung der Folgen $\{f_k\}$ und $\{g_k\}$ wird also im Fourierraum ein Produkt.

Die Umkehrung des Faltungssatzes lautet:

$$
\boxed{
\begin{aligned}
\{f_k\} &\leftrightarrow \{F_j\}, \\
\{g_k\} &\leftrightarrow \{G_j\}, \\
\{h_k\} = \{f_k g_k\} &\leftrightarrow \{H_j\} = \{N(F \otimes G)_j\}.
\end{aligned}
}
\tag{4.24}
$$

Beweis (Inverser Faltungssatz).

$$H_j = \frac{1}{N} \sum_{k=0}^{N-1} f_k g_k W_N^{-kj} = \frac{1}{N} \sum_{k=0}^{N-1} f_k g_k \underbrace{\sum_{k'=0}^{N-1} W_N^{-k'j} \delta_{k,k'}}$$

k'-Summe „künstlich" eingeführt

$$= \frac{1}{N^2} \sum_{k=0}^{N-1} f_k \sum_{k'=0}^{N-1} g_{k'} W_N^{-k'j} \underbrace{\sum_{l=0}^{N-1} W_N^{-l(k-k')}}$$

l-Summe ergibt $N\delta_{k,k'}$

$$= \sum_{l=0}^{N-1} \frac{1}{N} \sum_{k=0}^{N-1} f_k W_N^{-lk} \frac{1}{N} \sum_{k'=0}^{N-1} g_{k'} W_N^{-k'(j-l)}$$

$$= \sum_{l=0}^{N-1} F_l G_{j-l} = N(F \otimes G)_j. \quad \square$$

Beispiel 4.7 („Nyquist"-Frequenz mit $N = 8$).

$$\{f_k\} = \{1, 0, 1, 0, 1, 0, 1, 0\},$$

$$\{g_k\} = \{4, 2, 0, 0, 0, 0, 0, 2\}.$$

Die „Auflösungsfunktion" $\{g_k\}$ hat nur 3 von 0 verschiedene Elemente und ist auf $N = 8$ mit Nullen aufgefüllt und auf $\sum_{k=0}^{7} g_k = 8$ normiert. Die Faltung von $\{f_k\}$ mit $\{g_k\}$ ergibt:

$$\{h_k\} = \left\{ \frac{1}{2}, \frac{1}{2}, \frac{1}{2}, \frac{1}{2}, \frac{1}{2}, \frac{1}{2}, \frac{1}{2}, \frac{1}{2} \right\},$$

d.h., es wird alles „flachgebügelt", weil die Auflösungsfunktion (hier dreieckförmig) eine volle Halbwertsbreite von $2\Delta t$ hat und somit Oszillationen mit der Periode Δt nicht mehr aufzunehmen gestattet. Die Fouriertransformierte ist also $H_k = (1/2)\delta_{k,0}$. Unter Verwendung des Faltungssatzes (4.23) hätten wir mit:

$$\{F_j\} = \left\{ \frac{1}{2}, 0, 0, 0, \frac{1}{2}, 0, 0, 0 \right\}$$

ein Ergebnis, das leicht zu verstehen ist: der Mittelwert ist $1/2$, das Reihenglied bei der Nyquist-Frequenz ist ebenfalls $1/2$, andere Frequenzen kommen nicht vor.

Die Fouriertransformierte von $\{g_k\}$ lautet:

$$G_0 = 1 \qquad \left(\frac{1}{8} \times \text{Mittelwert}\right)$$

$$G_1 = \frac{1}{2} + \frac{\sqrt{2}}{4} \quad \left(\frac{1}{8}\{4 + 2(\text{„4.30 Uhr"}) + 2(\text{„13.30 Uhr"})\}\right)$$

$$G_2 = \frac{1}{2} \qquad \left(\frac{1}{8}\{4 + 2(\text{„6.00 Uhr"}) + 2(\text{„24.00 Uhr"})\}\right)$$

$$G_3 = \frac{1}{2} - \frac{\sqrt{2}}{4} \quad \left(\frac{1}{8}\{4 + 2(\text{„7.30 Uhr"}) + 2(\text{„10.30 Uhr nächster Tag"})\}\right)$$

$$G_4 = 0 \qquad \left(\frac{1}{8}\{4 + 2(\text{„9.00 Uhr"}) + 2(\text{„21.00 Uhr nächster Tag"})\}\right)$$

$$\left.\begin{array}{l} G_5 = \dfrac{1}{2} - \dfrac{\sqrt{2}}{4} \\[2mm] G_6 = \dfrac{1}{2} \\[2mm] G_7 = \dfrac{1}{2} + \dfrac{\sqrt{2}}{4} \end{array}\right\} \quad \text{wegen reellem Input,}$$

also:

$$\{G_j\} = \left\{1, \frac{1}{2} + \frac{\sqrt{2}}{4}, \frac{1}{2}, \frac{1}{2} - \frac{\sqrt{2}}{4}, \ 0, \ \frac{1}{2} - \frac{\sqrt{2}}{4}, \frac{1}{2}, \frac{1}{2} + \frac{\sqrt{2}}{4}\right\}.$$

Für das Produkt erhalten wir $\{H_j\} = \{F_j G_j\} = \{1/2,\, 0,\, 0,\, 0,\, 0,\, 0,\, 0,\, 0\}$, wie es für die Fouriertransformierte sein sollte. Hätten wir den Faltungssatz von Anfang an ernst genommen, dann hätte die Berechnung von G_0 (Mittelwert) und G_4 bei der Nyquist-Frequenz völlig ausgereicht, da alle anderen $F_j = 0$ sind. Die Tatsache, daß die Fouriertransformierte der Auflösungsfunktion für die Nyquist-Frequenz 0 ist, besagt ja gerade, daß mit dieser Auflösungsfunktion Oszillationen mit der Nyquist-Frequenz nicht mehr aufgenommen werden können. Wir hatten aber als Input nur die Frequenz 0 und die Nyquist-Frequenz.

4.3.2 Kreuzkorrelation

In Analogie zu (2.48) definieren wir für die diskrete Kreuzkorrelation zwischen $\{f_k\}$ und $\{g_k\}$:

Definition 4.4 (Diskrete Kreuzkorrelation).

$$h_k \equiv (f \star g)_k = \frac{1}{N} \sum_{l=0}^{N-1} f_l^* g_{l+k}. \tag{4.25}$$

Wenn die Indizes bei g_k über $N - 1$ hinauslaufen, dann ziehen wir einfach N ab (Periodizität). Die Kreuzkorrelation zwischen $\{f_k\}$ und $\{g_k\}$ führt natürlich zu einem Produkt ihrer Fouriertransformierten:

$$\boxed{\begin{aligned} \{f_k\} &\leftrightarrow \{F_j\}\,, \\ \{g_k\} &\leftrightarrow \{G_j\}\,, \\ \{h_k\} = \{(f \star g)_k\} &\leftrightarrow \{H_j\} = \{F_j^* G_j\}\,. \end{aligned}} \qquad (4.26)$$

Beweis (Diskrete Kreuzkorrelation).

$$\begin{aligned} H_j &= \frac{1}{N} \sum_{k=0}^{N-1} \frac{1}{N} \sum_{l=0}^{N-1} f_l^* g_{l+k} W_N^{-kj} \\ &= \frac{1}{N} \sum_{l=0}^{N-1} f_l^* \frac{1}{N} \sum_{k=0}^{N-1} g_{k+l} W_N^{-kj} \end{aligned}$$

mit dem 1. Verschiebungssatz und $n = -l$

$$= \frac{1}{N} \sum_{l=0}^{N-1} f_l^* G_j W_N^{jl} = F_j^* G_j. \qquad \square$$

4.3.3 Autokorrelation

Die Autokorrelation erhalten wir aus der Kreuzkorrelation mit $\{f_k\} = \{g_k\}$:

$$\boxed{h_k \equiv (f \star f)_k = \frac{1}{N} \sum_{l=0}^{N-1} f_l^* f_{l+k}} \qquad (4.27)$$

und:

$$\boxed{\begin{aligned} \{f_k\} &\leftrightarrow \{F_j\}\,, \\ \{h_k\} = \{(f \star f)_k\} &\leftrightarrow \{H_j\} = \{|F_j|^2\}\,. \end{aligned}} \qquad (4.28)$$

Mit anderen Worten: die Fouriertransformierte der Autokorrelation von $\{f_k\}$ ist das Betragsquadrat der Fourierreihe $\{F_j\}$ oder die „Power"-Darstellung.

4.3.4 Parsevals Theorem

Wir betrachten (4.27) für $k = 0$, also h_0 („ohne timelag"), und erhalten einerseits:

$$h_0 = \frac{1}{N} \sum_{l=0}^{N-1} |f_l|^2. \qquad (4.29)$$

Andererseits liefert die Rücktransformation von $\{H_j\}$ speziell für $k = 0$ (vgl. (4.13)):

$$h_0 = \sum_{j=0}^{N-1} |F_j|^2. \qquad (4.30)$$

Zusammen ergibt sich die diskrete Version von Parsevals Theorem:

$$\frac{1}{N} \sum_{l=0}^{N-1} |f_l|^2 = \sum_{j=0}^{N-1} |F_j|^2. \tag{4.31}$$

Beispiel 4.8 („Parsevals Theorem" für N = 2).

$\{f_l\} = \{0,1\}$ (siehe Beispiel zum 1. Verschiebungssatz Abschn. 4.2.2)

$\{F_j\} = \{1/2, -1/2\}$ (hier gibt es nur den Mittelwert F_0 und die Nyquist-Frequenz bei F_1!)

$$\frac{1}{2} \sum_{l=0}^{N} |f_l|^2 = \frac{1}{2} \times 1 = \frac{1}{2}$$

$$\sum_{j=0}^{N} |F_j|^2 = \frac{1}{4} + \frac{1}{4} = \frac{1}{2}$$

Warnung: Oft fehlt der Vorfaktor $1/N$ bei der Definition von Parsevals Theorem. Der Konsistenz halber mit allen anderen Definitionen sollte er aber nicht fehlen!

4.4 Das Sampling-Theorem

Wir hatten bei der Diskussion der Nyquist-Frequenz schon angedeutet, daß wir mindestens zwei Sampels pro Periode benötigen, um Kosinus-Oszillationen bei der Nyquist-Frequenz darzustellen. Wir drehen jetzt den Spieß um und sagen, daß wir grundsätzlich nur Funktionen $f(t)$ betrachten wollen, die „bandbreiten-limitiert" sind, d.h. deren Fouriertransformierte $F(\omega) = 0$ außerhalb des Intervalls $[-\Omega_{\mathrm{Nyq}}, \Omega_{\mathrm{Nyq}}]$ ist. Mit anderen Worten: wir sampeln so fein, daß wir alle spektralen Komponenten von $f(t)$ gerade noch erfassen. Jetzt werden wir Formeln, die wir bei der Fourierreihenentwicklung und bei der kontinuierlichen Fouriertransformation kennengelernt haben, in geschickter Weise „verheiraten" und das Sampling-Theorem „herbeizaubern". Dazu erinnern wir uns an (1.26) und (1.27), nach der eine periodische Funktion $f(t)$ in eine (unendliche) Fourierreihe entwickelt werden kann:

$$f(t) = \sum_{k=-\infty}^{+\infty} C_k e^{i2\pi kt/T}$$

$$\text{mit } C_k = \frac{1}{T} \int_{-T/2}^{+T/2} f(t) e^{-i2\pi kt/T} \mathrm{d}t.$$

Da außerhalb des Nyquist-Intervalls $F(\omega) = 0$ ist, können wir die Funktion $F(\omega)$ periodisch fortsetzen und dann in eine unendliche Reihe entwickeln. Wir ersetzen also: $f(t) \to F(\omega)$, $t \to \omega$, $T/2 \to \Omega_{\text{Nyq}}$ und erhalten:

$$F(\omega) = \sum_{k=-\infty}^{+\infty} C_k e^{i\pi k\omega/\Omega_{\text{Nyq}}}$$

(4.32)

$$\text{mit } C_k = \frac{1}{2\Omega_{\text{Nyq}}} \int_{-\Omega_{\text{Nyq}}}^{+\Omega_{\text{Nyq}}} F(\omega) e^{-i\pi k\omega/\Omega_{\text{Nyq}}} d\omega.$$

Ein ähnliches Integral kommt auch in der Definitionsgleichung der inversen kontinuierlichen Fouriertransformation vor (siehe (2.11)):

$$f(t) = \frac{1}{2\pi} \int_{-\Omega_{\text{Nyq}}}^{+\Omega_{\text{Nyq}}} F(\omega) e^{+i\omega t} d\omega.$$

(4.33)

Die Integrationsgrenzen sind $\pm\Omega_{\text{Nyq}}$, da $F(\omega)$ „bandbreiten-limitiert" ist. Durch Vergleich mit (4.32) erhalten wir:

$$2\Omega_{\text{Nyq}} C_k = 2\pi f(-\pi k/\Omega_{\text{Nyq}}).$$

(4.34)

Eingesetzt in (4.32) ergibt sich:

$$F(\omega) = \frac{\pi}{\Omega_{\text{Nyq}}} \sum_{k=-\infty}^{+\infty} f(-\pi k/\Omega_{\text{Nyq}}) e^{i\pi k\omega/\Omega_{\text{Nyq}}}.$$

(4.35)

Wenn wir dies schließlich in die (4.33) einsetzen, erhalten wir:

$$f(t) = \frac{1}{2\pi} \int_{-\Omega_{\text{Nyq}}}^{+\Omega_{\text{Nyq}}} \frac{\pi}{\Omega_{\text{Nyq}}} \sum_{k=-\infty}^{+\infty} f\left(\frac{-\pi k}{\Omega_{\text{Nyq}}}\right) e^{i\pi k\omega/\Omega_{\text{Nyq}}} e^{i\omega t} d\omega$$

$$= \frac{1}{2\Omega_{\text{Nyq}}} \sum_{k=-\infty}^{+\infty} f(-k\Delta t) 2 \int_0^{+\Omega_{\text{Nyq}}} \cos\omega(t + k\Delta t) d\omega$$

(4.36)

$$= \frac{1}{2\Omega_{\text{Nyq}}} \sum_{k=-\infty}^{+\infty} f(-k\Delta t) 2 \frac{\sin\Omega_{\text{Nyq}}(t + k\Delta t)}{(t + k\Delta t)}.$$

Durch die Ersetzung $k \to -k$ (Summationsreihenfolge unwichtig) erhalten wir das Sampling-Theorem:

$$\boxed{\text{Sampling-Theorem: } f(t) = \sum_{k=-\infty}^{+\infty} f(k\Delta t) \frac{\sin\Omega_{\text{Nyq}}(t - k\Delta t)}{\Omega_{\text{Nyq}}(t - k\Delta t)}.}$$

(4.37)

Mit anderen Worten, wir können die Funktion $f(t)$ für *alle* Zeiten t aus den Sampels zu den Zeiten $k\Delta t$ rekonstruieren, vorausgesetzt, die Funktion $f(t)$ ist „bandbreiten-limitiert". Dazu müssen wir lediglich $f(k\Delta t)$ mit der Funktion $\frac{\sin x}{x}$ (mit $x = \Omega_{\text{Nyq}}(t - k\Delta t)$) multiplizieren und über alle Sampels summieren. Der Faktor $\frac{\sin x}{x}$ ist natürlich gleich 1 für $t = k\Delta t$, für andere Zeiten fällt $\frac{\sin x}{x}$ ab und oszilliert langsam zu 0, d.h., $f(t)$ ist zusammengesetzt aus lauter $\left(\frac{\sin x}{x}\right)$-Funktionen am Ort $t = k\Delta t$ mit der Amplitude $f(k\Delta t)$. Beachten Sie, daß bei adäquatem Sampeln mit $k\Delta t = \frac{\pi}{\Omega_{\text{Nyq}}}$ jeder k-Term in der Summe in (4.37) den Beitrag $f(k\Delta t)$ an den Sampling-Punkten $t = k\Delta t$ liefert und 0 an allen anderen Sampling-Punkten, wohingegen alle Terme zur Interpolation zwischen den Sampling-Punkten beitragen.

Beispiel 4.9 (Sampling-Theorem mit $N = 2$).

$$f_0 = 1$$
$$f_1 = 0.$$

Wir erwarten:

$$f(t) = \frac{1}{2} + \frac{1}{2}\cos\Omega_{\text{Nyq}}t = \cos^2\frac{\Omega_{\text{Nyq}}t}{2}.$$

Das Sampling-Theorem sagt:

$$f(t) = \sum_{k=-\infty}^{+\infty} f_k \frac{\sin\Omega_{\text{Nyq}}(t - k\Delta t)}{\Omega_{\text{Nyq}}(t - k\Delta t)}$$

mit $f_k = \delta_{k,\text{gerade}}$ (mit periodischer Fortsetzung)

$$= \frac{\sin\Omega_{\text{Nyq}}t}{\Omega_{\text{Nyq}}t} + \sum_{l=1}^{+\infty}\frac{\sin\Omega_{\text{Nyq}}(t - 2l\Delta t)}{\Omega_{\text{Nyq}}(t - 2l\Delta t)} + \sum_{l=1}^{+\infty}\frac{\sin\Omega_{\text{Nyq}}(t + 2l\Delta t)}{\Omega_{\text{Nyq}}(t + 2l\Delta t)}$$

mit der Substitution $k = 2l$

$$= \frac{\sin\Omega_{\text{Nyq}}t}{\Omega_{\text{Nyq}}t} + \sum_{l=1}^{+\infty}\left[\frac{\sin 2\pi\left(\frac{t}{2\Delta t} - l\right)}{2\pi\left(\frac{t}{2\Delta t} - l\right)} + \frac{\sin 2\pi\left(\frac{t}{2\Delta t} + l\right)}{2\pi\left(\frac{t}{2\Delta t} + l\right)}\right]$$

mit $\Omega_{\text{Nyq}}\Delta t = \pi$

$$= \frac{\sin\Omega_{\text{Nyq}}t}{\Omega_{\text{Nyq}}t} + \frac{1}{2\pi}\sum_{l=1}^{+\infty}\frac{\left(\frac{t}{2\Delta t} + l\right)\sin\Omega_{\text{Nyq}}t + \left(\frac{t}{2\Delta t} - l\right)\sin\Omega_{\text{Nyq}}t}{\left(\frac{t}{2\Delta t} - l\right)\left(\frac{t}{2\Delta t} + l\right)}$$

$$= \frac{\sin\Omega_{\text{Nyq}}t}{\Omega_{\text{Nyq}}t} + \frac{\sin\Omega_{\text{Nyq}}t}{2\pi}\frac{2t}{2\Delta t}\sum_{l=1}^{+\infty}\frac{1}{\left(\frac{t}{2\Delta t}\right)^2 - l^2} \tag{4.38}$$

$$= \frac{\sin \Omega_{\text{Nyq}}t}{\Omega_{\text{Nyq}}t} \left(1 + \left(\frac{\Omega_{\text{Nyq}}t}{2\pi} \right)^2 2 \sum_{l=1}^{+\infty} \frac{1}{\left(\frac{\Omega_{\text{Nyq}}t}{2\pi} \right)^2 - l^2} \right)$$

mit [8, Nr. 1.421.3]

$$= \frac{\sin \Omega_{\text{Nyq}}t}{\Omega_{\text{Nyq}}t} \pi \frac{\Omega_{\text{Nyq}}t}{2\pi} \cot \frac{\pi \Omega_{\text{Nyq}}t}{2\pi}$$

$$= \sin \Omega_{\text{Nyq}}t \frac{1}{2} \frac{\cos(\Omega_{\text{Nyq}}t/2)}{\sin(\Omega_{\text{Nyq}}t/2)}$$

$$= 2 \sin(\Omega_{\text{Nyq}}t/2) \cos(\Omega_{\text{Nyq}}t/2) \frac{1}{2} \frac{\cos(\Omega_{\text{Nyq}}t/2)}{\sin(\Omega_{\text{Nyq}}t/2)} = \cos^2\left(\Omega_{\text{Nyq}}t/2 \right).$$

Bitte beachten Sie, daß wir wirklich alle Summenglieder von $k = -\infty$ bis $k = +\infty$ benötigen! Hätten wir lediglich $k = 0$ und $k = 1$ mitgenommen, so hätten wir:

$$f(t) = 1 \frac{\sin \Omega_{\text{Nyq}}t}{\Omega_{\text{Nyq}}t} + 0 \frac{\sin \Omega_{\text{Nyq}}(t - \Delta t)}{\Omega_{\text{Nyq}}(t - \Delta t)} = \frac{\sin \Omega_{\text{Nyq}}t}{\Omega_{\text{Nyq}}t}$$

erhalten, was nicht der Eingabe von $\cos^2(\Omega_{\text{Nyq}}t/2)$ entspricht. Wir hätten nach wie vor $f(0) = 1$ und $f(t = \Delta t) = 0$, aber für $0 < t < \Delta t$ hätten wir nicht richtig interpoliert, da ja $\frac{\sin x}{x}$ für große x langsam ausklingt, wir aber eine periodische Oszillation, die nicht ausklingt, als Input haben wollen. Sie sehen, daß das Sampling-Theorem – ähnlich wie Parsevals Gleichung (1.50) – geeignet ist, bestimmte unendliche Reihen aufzusummieren.

Was passiert, wenn doch einmal aus Versehen zu grob gesampelt wurde und $F(\omega)$ oberhalb Ω_{Nyq} ungleich 0 wäre? Ganz einfach: die spektrale Dichte oberhalb Ω_{Nyq} wird „reflektiert" auf das Intervall $0 \le \omega \le \Omega_{\text{Nyq}}$, d.h., die echte spektrale Dichte wird „korrumpiert" durch den Anteil, der außerhalb des Intervalls läge.

Beispiel 4.10 (Nicht genug Samples). Wir nehmen einen Kosinus-Input und etwas weniger als zwei Sampels pro Periode (siehe Abb. 4.9).

Hier existieren 8 Sampels auf 5 Perioden, damit ist Ω_{Nyq} um 25% überschritten. Die punktierte Linie in Abb. 4.9 zeigt, daß eine Funktion mit nur 3 Perioden auf demselben Intervall die gleichen Sampels ergeben würde. Also wird bei der diskreten Fouriertransformation eine niedrigere spektrale Komponente erscheinen, und zwar bei $\Omega_{\text{Nyq}} - 25\%$.

Besonders auffällig wird es, wenn wir nur knapp etwas mehr als ein Sampel pro Periode nehmen (siehe Abb. 4.10).

Hier ergibt $\{F_j\}$ nur eine sehr niederfrequente Komponente. Mit anderen Worten: spektrale Dichte, die bei $\approx 2\Omega_{\text{Nyq}}$ erscheinen würde, erscheint bei $\omega \approx 0$! Dieses „Verfälschen" der spektralen Dichte durch ungenügendes

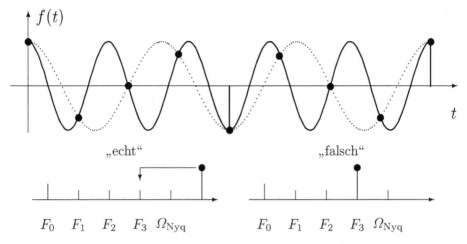

Abb. 4.9. Etwas weniger als zwei Sampels pro Periode (*oben*): Kosinus-Input (*durchgezogene Linie*); „scheinbar" niedrigere Frequenz (*punktierte Linie*). Fourier-koeffizienten mit „wrap-around" (*unten*)

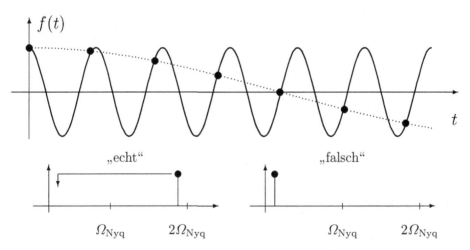

Abb. 4.10. Wenig mehr als ein Sampel pro Periode (*oben*): Kosinus-Input (*durch-gezogene Linie*); „scheinbar" niedrigere Frequenz (*punktierte Linie*). Fourierkoeffi-zienten mit „wrap-around" (*unten*)

Sampeln wird englisch „aliasing" (von alias) genannt, da man gewisserma-ßen unter falschen Namen auftritt. Quintessenz: Lieber zu fein sampeln als zu grob! Gröbere Raster lassen sich später immer durch Komprimieren des Datensatzes erreichen, feinere nie!

4.5 Daten spiegeln, Sinus- und Kosinus-Transformation

Häufig kommt es vor, daß man zusätzlich zu den Sampels $\{f_k\}$ auch noch weiß, daß die Zahlenfolge mit $f_0 = 0$ anfängt oder bei f_0 mit horizontaler Tangente ($\stackrel{\wedge}{=}$ Ableitung $= 0$) anfängt. In diesem Fall empfiehlt es sich, durch Datenspiegelung zu erzwingen, daß der Input eine ungerade bzw. eine gerade Folge ist (siehe Abb. 4.11):

$$
\begin{aligned}
&\text{ungerade:}\\
&f_{2N-k} = -f_k \quad k = 0, 1, \ldots, N-1, \quad \text{hier wird } f_N = 0 \text{ gesetzt;}\\
&\text{gerade:}\\
&f_{2N-k} = +f_k \quad k = 0, 1, \ldots, N-1, \quad \text{hier ist } f_N \text{ nicht festgelegt!}
\end{aligned}
\tag{4.39}
$$

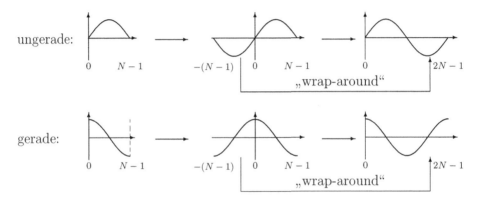

Abb. 4.11. Ungerader/gerader Input wird durch Datenspiegelung erzwungen

Bei ungeraden Zahlenfolgen ist die Festlegung $f_N = 0$, so wie es bei periodischer Fortsetzung ohnehin der Fall wäre. Bei geraden Zahlenfolgen ist dies nicht notwendigerweise der Fall. Eine Möglichkeit, f_N festzulegen, wäre $f_N = f_0$ (so als ob wir den ungespiegelten Datensatz periodisch fortsetzen wollten). Dies würde bei unserem Beispiel in Abb. 4.11 einen „δ-Zacken" bei f_N produzieren, was nicht sinnvoll wäre. Ebenso ist $f_N = 0$ nicht brauchbar (auch ein „δ-Zacken"!). Günstiger wäre die Wahl $f_N = f_{N-1}$, noch besser $f_N = -f_0$. Die optimale Wahl hängt aber vom jeweiligen Problem ab. So wäre z.B. bei einem Kosinus mit Fensterfunktion und anschließend vielen Nullen $f_N = 0$ die richtige Wahl (siehe Abb. 4.12).

Das Intervall ist jetzt doppelt so lang! Wenden Sie die normale Fouriertransformation an, und Sie werden damit viel Freude haben, auch wenn (oder gerade weil?) der Realteil (bei ungeradem Spiegeln) oder der Imaginärteil (bei geradem Spiegeln) voll von Nullen ist. Wen das stört, der verwende einen effizienteren Algorithmus mit der Sinus- bzw. Kosinus-Transformation.

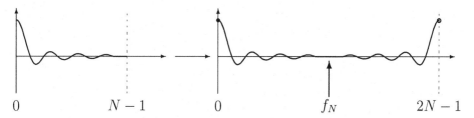

Abb. 4.12. Beispiel für die Wahl von f_N

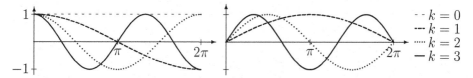

$$\begin{aligned} &-\!\!-\, k=0 \\ &-\!-\, k=1 \\ &\cdots\, k=2 \\ &-\, k=3 \end{aligned}$$

Abb. 4.13. Basisfunktionen für Kosinus- (*links*) und für Sinus-Transformation (*rechts*)

Wie Sie in Abb. 4.13 sehen, werden für diese Sinus- bzw. Kosinus-Transformation *andere* Basisfunktionen als die Grund- und Oberwellen der normalen Fouriertransformierten verwendet, um den Input zu modellieren: es kommen auch alle Funktionen mit halber Periode vor (die 2. Hälfte modelliert das Spiegelbild). Die normale Fouriertransformation des gespiegelten Inputs lautet:

$$F_j = \frac{1}{2N} \sum_{k=0}^{2N-1} f_k W_{2N}^{-kj} = \frac{1}{2N} \left(\sum_{k=0}^{N-1} f_k W_{2N}^{-kj} + \sum_{k=N}^{2N-1} f_k W_{2N}^{-kj} \right)$$

$$= \frac{1}{2N} \left(\sum_{k=0}^{N-1} f_k W_{2N}^{-kj} + \sum_{k'=N}^{1} f_{2N-k'} W_{2N}^{-(2N-k')j} \right)$$

Reihenfolge irrelevant

$$= \frac{1}{2N} \left(\sum_{k=0}^{N-1} f_k W_{2N}^{-kj} + \sum_{k'=1}^{N} (\pm) f_{k'} \underbrace{W_{2N}^{-2Nj}}_{} W_{2N}^{+k'j} \right)$$

$$\text{für} \begin{pmatrix} \text{gerade} \\ \text{ungerade} \end{pmatrix} = \mathrm{e}^{-2\pi \mathrm{i} \frac{2Nj}{2N}} = 1$$

$$= \frac{1}{2N} \left\{ \begin{pmatrix} 1 \\ -\mathrm{i} \end{pmatrix} \sum_{k=0}^{N-1} f_k \times 2 \begin{pmatrix} \cos \frac{2\pi kj}{2N} \\ \sin \frac{2\pi kj}{2N} \end{pmatrix} + f_N \mathrm{e}^{-\mathrm{i}\pi j} - f_0 \right\}$$

$$= \begin{cases} \dfrac{1}{N} \displaystyle\sum_{k=0}^{N-1} f_k \cos \frac{\pi kj}{N} + \frac{1}{2N} \left(f_N \mathrm{e}^{-\mathrm{i}\pi j} - f_0 \right) & \text{gerade} \\[2ex] \dfrac{-\mathrm{i}}{N} \displaystyle\sum_{k=0}^{N-1} f_k \sin \frac{\pi kj}{N} & \text{ungerade} \end{cases} .$$

Die beiden Ausdrücke $(1/N)\sum_{k=0}^{N-1} f_k \cos(\pi kj/N)$ und $(1/N)\sum_{k=0}^{N-1} f_k \sin(\pi kj/N)$ heißen Kosinus- und Sinus-Transformation. Bitte beachten Sie:

i. Die Argumente der Kosinus-/Sinus-Funktion sind $\pi kj/N$ und nicht $2\pi kj/N$! Das zeigt, daß auch halbe Perioden als Basisfunktion zugelassen sind (siehe Abb. 4.13).

ii. Bei der Sinus-Transformation stellt die Verschiebung der Sinus-Grenzen von $k' = 1, 2, \ldots, N$ nach $k' = 0, 1, \ldots, N - 1$ kein Problem dar, da $f_N = f_0 = 0$ sein muß. Bis auf den Faktor $-i$ ist die Sinus-Transformation identisch mit der normalen Fouriertransformation des gespiegelten Inputs, hat aber nur halb so viele Koeffizienten. Die inverse Sinus-Transformation ist bis auf die Normierung identisch mit der Hintransformation.

iii. Bei der Kosinus-Transformation bleiben die Terme $\frac{1}{2N}(f_N e^{-i\pi j} - f_0)$ stehen, es sei denn, sie sind zufällig gerade 0. D.h., im allgemeinen wird die Kosinus-Transformation nicht gleich der normalen Fouriertransformation des gespiegelten Inputs sein!

iv. Klarerweise gilt Parsevals Theorem für die Kosinus-Transformation *nicht*.

v. Klarerweise ist die inverse Kosinus-Transformation *nicht* bis auf Faktoren identisch mit der Hintransformation.

Beispiel 4.11 („Konstante", $N = 4$).

$$\{f_k\} = 1 \qquad \text{für alle } k.$$

Die normale Fouriertransformation des gespiegelten Inputs lautet:

$$F_0 = \frac{1}{8}8 = 1, \qquad \text{alle anderen } F_j = 0.$$

Kosinus-Transformation:

$$F_j = \frac{1}{4}\sum_{k=0}^{3} \cos\frac{\pi kj}{4} = \begin{cases} \dfrac{1}{4}4 = 1 & \text{für } j = 0 \\[2mm] \dfrac{1}{4}\delta_{j,\text{ungerade}} & \text{für } j \neq 0 \end{cases}.$$

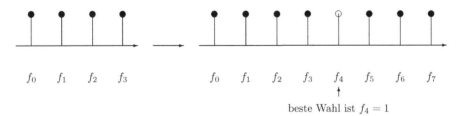

$$f_0 \quad f_1 \quad f_2 \quad f_3 \qquad\qquad f_0 \quad f_1 \quad f_2 \quad f_3 \quad f_4 \quad f_5 \quad f_6 \quad f_7$$

beste Wahl ist $f_4 = 1$

Abb. 4.14. Input ohne Spiegelung (*links*); mit Spiegelung (*rechts*)

Hier rächt es sich, daß wegen $\cos\frac{\pi kj}{N}$ der Zeiger der Uhr bzw. dessen Projektion auf die reelle Achse nur halb so schnell umläuft und damit (4.8) nicht mehr zutrifft.

Die Extraterme kann man nur dann vergessen, wenn $f_0 = f_N = 0$ gilt, wie z.B. in Abb. 4.15.

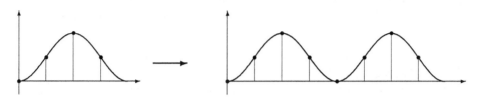

Abb. 4.15. Input (*links*); mit korrekter Spiegelung (*rechts*)

Wenn Sie schon die Kosinus-Transformation verwenden wollen, „korrigieren" Sie sie um den Term:

$$\frac{1}{2N}(f_N e^{-i\pi j} - f_0).$$

Dann haben Sie die normale Fouriertransformation des gespiegelten Datensatzes, und die Welt ist wieder heil. In unserem Beispiel von oben, mit dem konstanten Input, sieht das so aus wie in Abb. 4.16 dargestellt.

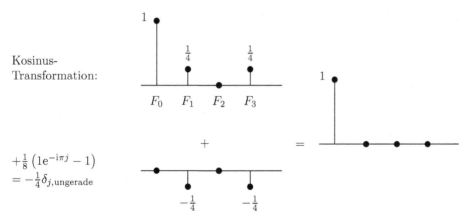

Abb. 4.16. Kosinus-Transformation mit Korrekturtermen

4.6 Wie wird man die „Zwangsjacke" periodische Fortsetzung los? Durch „Zero-padding"!

Alle bisherigen Beispiele waren so gewählt, daß sich $\{f_k\}$ problemlos periodisch fortsetzen ließ. Wir haben z.B. einen Kosinus genau dort abgeschnitten, daß die periodische Fortsetzung kosinus-förmig weiterging. In der Praxis kann man dies aber oft nicht tun:

i. Man müßte die Periode von vornherein kennen, um zu wissen, wann man abschneiden darf und wann nicht.

ii. Bei mehreren spektralen Komponenten schneidet man immer irgendeine Komponente zum falschen Zeitpunkt ab (für die Puristen: es sei denn, man kann das Sampling-Intervall gleich dem kleinsten gemeinsamen Vielfachen der Einzelperioden wählen).

Beispiel 4.12 (Abschneiden). Schauen wir, was für $N = 4$ passiert:

Ohne Abschneidefehler:

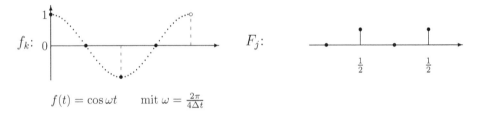

$$f(t) = \cos \omega t \qquad \text{mit } \omega = \frac{2\pi}{4\Delta t}$$

Mit maximalem Abschneidefehler:

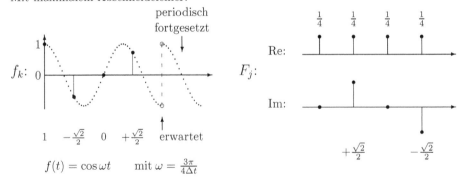

$$f(t) = \cos \omega t \qquad \text{mit } \omega = \frac{3\pi}{4\Delta t}$$

$$W_4 = e^{i\pi/2} = i$$

$$F_0 = \frac{1}{4} \quad \text{(Mittelwert)}$$

$$F_1 = \frac{1}{4}\left(1 + \left(-\frac{1}{\sqrt{2}}\right)(\text{„6.00 Uhr"}) + \left(+\frac{1}{\sqrt{2}}\right)(\text{„12.00 Uhr"})\right)$$

$$= \frac{1}{4}\left(1 + \frac{i}{\sqrt{2}} + \frac{i}{\sqrt{2}}\right) = \frac{1}{4} + \frac{i}{2\sqrt{2}} \tag{4.40}$$

$$F_2 = \frac{1}{4}\left(1 + \left(-\frac{1}{\sqrt{2}}\right)(\text{„9.00 Uhr"}) + \left(+\frac{1}{\sqrt{2}}\right)(\text{„21.00 Uhr"})\right)$$

$$= \frac{1}{4}\left(1 + \frac{1}{\sqrt{2}} - \frac{1}{\sqrt{2}}\right) = \frac{1}{4}$$

$$F_3 = F_1^*$$

Zwei „seltsame Befunde":

i. Durch das Abschneiden haben wir plötzlich einen Imaginärteil bekommen, obwohl wir als Input einen Kosinus angesetzt haben. Unsere Funktion ist aber gar nicht *gerade*, weil wir statt mit $f_N = -1$, wie ursprünglich gewollt, mit $f_N = f_0 = +1$ fortsetzen. Diese Funktion enthält einen *geraden* und einen *ungeraden* Anteil (siehe Abb. 4.17).

ii. Wir hätten eigentlich einen Fourierkoeffizienten *zwischen* der halben Nyquist- und der Nyquist-Frequenz erwartet, möglicherweise auf F_1 und F_2 zu gleichen Teilen aufgeteilt, und nicht eine Konstante, wie sie für eine δ-Funktion als Input zu erwarten wäre: wir haben aber genau dies als „geraden" Input eingegeben.

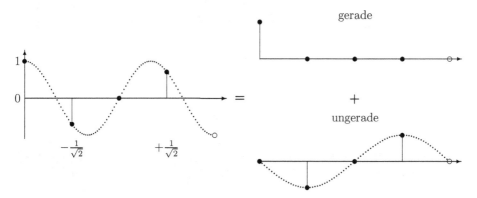

Abb. 4.17. Zerlegung des Inputs in einen geraden und ungeraden Anteil

Der „ungerade" Input ist eine Sinus-Welle mit Amplitude $-1/\sqrt{2}$ und führt daher zum Imaginärteil von $F_1 = 1/2\sqrt{2}$; die „schwesterlich" geteilte Intensität $-1/2\sqrt{2}$ ist bei F_3 zu finden, das positive Vorzeichen vor $\text{Im}\{F_1\}$ bedeutet *negative* Amplitude (siehe die Bemerkung nach (4.14) über die Bayerischen Uhren).

Anstatt Abschneidefehler bei einem Kosinus-Input weiter zu diskutieren, erinnern wir uns daran, daß $\omega = 0$ eine Frequenz „so gut wie jede andere" ist. Wir wollen also das diskrete Analogon zu der Funktion $\left(\frac{\sin x}{x}\right)$, der Fouriertransformierten der „Rechteckfunktion", diskutieren. Dazu sehen wir uns als Input:

$$f_k = \begin{cases} 1 \text{ für } & 0 \leq k \leq M \\ 0 \text{ sonst} \\ 1 \text{ für } & N - M \leq k \leq N - 1 \end{cases} \qquad (4.41)$$

an und bleiben bei der Periode N. Dies entspricht einem Rechteckfenster der Breite $2M + 1$ (M beliebig, aber $< N/2$). Dabei ist die Hälfte, die negativen Zeiten entspricht, an das rechte Intervallende gewrapped worden. Bitte beachten Sie, daß wir notgedrungen eine ungerade Anzahl von $f_k \neq 0$ benötigen, um eine gerade Funktion zu erhalten. Abbildung 4.18 illustriert den Fall für $N = 8$, $M = 2$.

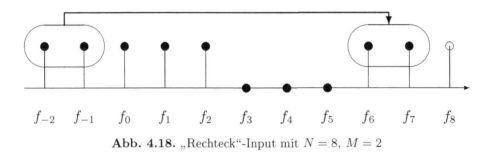

$$f_{-2} \quad f_{-1} \quad f_0 \quad f_1 \quad f_2 \quad f_3 \quad f_4 \quad f_5 \quad f_6 \quad f_7 \quad f_8$$

Abb. 4.18. „Rechteck"-Input mit $N = 8$, $M = 2$

Die Fouriertransformierte für allgemeines $M < N/2$ und N lautet:

$$F_j = \frac{1}{N} \left(\sum_{k=0}^{M} W_N^{-kj} + \sum_{k=N-M}^{N-1} W_N^{-kj} \right)$$

$$= \frac{1}{N} \left(2 \sum_{k=0}^{M} \cos(2\pi kj/N) - 1 \right).$$

Die Summe läßt sich mit Hilfe von (1.53), die wir im Zusammenhang mit dem Dirichletschen Integralkern kennengelernt haben, ausführen. Wir haben:

$$\frac{1}{2} + \frac{1}{2} + \cos x + \cos 2x + \ldots + \cos Mx = \frac{1}{2} + \frac{\sin\left(M + \frac{1}{2}\right)x}{2\sin\frac{x}{2}}$$

$$\text{mit } x = 2\pi j/N,$$

also:

$$F_j = \frac{1}{N}\left(1 + \frac{\sin\left(M + \frac{1}{2}\right)\frac{2\pi j}{N}}{\sin\frac{2\pi j}{2N}} - 1\right) = \frac{1}{N}\left(\frac{\sin\frac{2M+1}{N}\pi j}{\sin\frac{\pi j}{N}}\right) \qquad (4.42)$$

$$\text{für } j = 0, 1, \ldots, N - 1.$$

Dies ist die diskrete Version der Funktion $\left(\frac{\sin x}{x}\right)$, die wir bei der kontinuierlichen Fouriertransformation (siehe Abb. 2.2) erhalten würden. Abbildung 4.19 zeigt das Ergebnis für $N = 64$ und $M = 8$ im Vergleich mit $\left(\frac{\sin x}{x}\right)$.

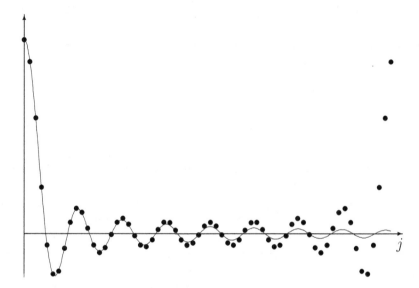

Abb. 4.19. Gleichung (4.42) (*Punkte*); $\frac{2M+1}{N}\frac{\sin x}{x}$ mit $x = \frac{2M+1}{N}\pi j$ (*dünne Linie*)

Was passiert bei $j = 0$? Trick: j wird vorübergehend als kontinuierliche Variable aufgefaßt und die l'Hospitalsche Regel verwendet:

$$F_0 = \frac{1}{N}\frac{\left(\frac{2M+1}{N}\right)\pi}{\pi/N} = \frac{2M+1}{N} \qquad \text{„Mittelwert"}. \qquad (4.43)$$

Wir hatten $2M + 1$ Reihenglieder $f_k = 1$ als Input genommen. Nur in diesem Bereich kann der Nenner 0 werden.

Wo sind die Nullstellen der diskreten Fouriertransformierten des diskreten Rechteckfensters? Kurioserweise gibt es kein F_j, das exakt 0 ist, denn $\frac{2M+1}{N}\pi j = l\pi$, $l = 1,2,\ldots$ bzw. $j = l\frac{N}{2M+1}$ und $j = $ ganz läßt sich nur für $l = 2M + 1$ erfüllen, und da ist j schon außerhalb des Intervalls. Natürlich können wir für $M \gg 1$ näherungsweise $j \approx l\frac{N}{2M}$ setzen und erhalten so $2M-1$ „Quasi-Nulldurchgänge". Dies ist anders als bei der Funktion $\left(\frac{\sin x}{x}\right)$, wo es echte Nullstellen gibt. Die Oszillationen um 0 herum neben dem zentralen Peak bei $j = 0$ klingen nur sehr langsam aus; schlimmer noch, nach $j = N/2$ wird der Nenner wieder kleiner, und die Oszillationen nehmen wieder zu! Keine Panik: in der rechten Hälfte der $\{F_j\}$ steht ja das Spiegelbild der linken Hälfte! Woher kommt dieser Unterschied zur Funktion $\left(\frac{\sin x}{x}\right)$? Es ist die periodische Fortsetzung bei der diskreten Fouriertransformation! Wir transformieren einen „Kamm" von „Rechteckfunktionen"! Im Fall, daß $j \ll N$ ist, d.h. weit weg vom Intervallende, haben wir:

$$F_j = \frac{1}{N} \frac{\sin\left(\frac{2M+1}{N}\pi j\right)}{\pi j/N} = \frac{2M+1}{N} \frac{\sin x}{x} \qquad \text{mit } x = \frac{2M+1}{N}\pi j, \quad (4.44)$$

also genau das, was wir eigentlich erwartet hätten. Im Grenzfall $M = N/2-1$ erhalten wir für $j \neq 0$ aus (4.42):

$$F_j = \frac{1}{N} \frac{\sin\left(\frac{N-1}{N}\pi j\right)}{\sin(\pi j/N)} = -\frac{1}{N}e^{i\pi j},$$

was wir durch Stopfen des „Loches" bei $f_{N/2}$ gerade kompensieren können (siehe Abschn. 4.5, Kosinus-Transformation). Sehen wir uns den Grenzfall großer N und großer M (aber mit $2M \ll N$) noch etwas genauer an. In diesem Fall haben wir unsere Daten durch eine große Zahl von Nullen ergänzt oder „ausgestopft", was auf „Neudeutsch" „Zero-padding" genannt wird. Jetzt bekommen wir praktisch die gleichen „Nullstellen" wie bei der Funktion $\left(\frac{\sin x}{x}\right)$. Wir haben hier so etwas wie den Übergang von der diskreten zur kontinuierlichen Fouriertransformation (speziell, wenn wir uns auf die Fourierkoeffizienten F_j mit $j \ll N$ beschränken). Jetzt verstehen wir auch, warum bei der diskreten Fouriertransformation eines Kosinus-Inputs ohne Abschneidefehler und ohne „Zero-padding" keine Sidelobes erscheinen: die zum zentralen Peak benachbarten Fourierkoeffizienten liegen genau dort, wo die Nullstellen liegen. Dann funktioniert die Fouriertransformation wie ein – inzwischen von der Bildfläche verschwundener – Zungenfrequenzmesser. Dieser wurde früher zur Überwachung der Netzfrequenz von 50 Hz benutzt. Zungen unterschiedlicher Eigenfrequenz, z.B. 47, 48, 49, 50, 51, 52, 53 Hz, wurden über eine Spule mit Wechselstrom erregt, und das Zünglein mit der passenden Eigenfrequenz, z.B. 50 Hz, fängt zu schwingen an, während die anderen in Ruhe bleiben. Heute darf sich kein Elektrizitätswerk mehr erlauben, 49 Hz oder 51 Hz zu liefern, da dann beispielsweise alle billigen Uhren/Wecker etc. (ohne Quarz) falsch laufen würden. Was für die Frequenz $\omega = 0$ gilt, gilt natürlich gemäß dem Faltungssatz ebenso für alle anderen Frequenzen $\omega \neq 0$. Das heißt, ein konsistentes Linienprofil einer Spektrallinie, das nicht von Abschneidefehlern abhängt, bekommt man nur mit „Zero-padding" und zwar mit vielen Nullen.

Daher die *1. Empfehlung*:

> Viele Nullen tun gut! N sehr groß; $2M \ll N$.

Diese Regel wird auch in der Wirtschaft und in der Politik befolgt.

2. Empfehlung:

> Wählen Sie Ihr Sampling-Intervall Δt fein genug, so daß Sie stets eine deutlich höhere Nyquist-Frequenz haben als Sie spektrale Intensität erwarten, d.h., Sie benötigen F_j nur für $j \ll N$. Damit werden Sie die Konsequenzen der periodischen Fortsetzung näherungsweise los!

Wir haben in Kap. 3 ausführlich kontinuierliche Fensterfunktionen diskutiert. Eine sehr gute Darstellung von Fensterfunktionen bei der diskreten Fouriertransformation findet man bei F. J. Harris [6]. Uns genügt es aber zu wissen, daß wir alle Eigenschaften einer kontinuierlichen Fensterfunktion sofort auf die diskrete Fouriertransformation übertragen dürfen, wenn wir durch Auffüllen mit genügend vielen Nullen und Verwendung des niederfrequenten Teils der Fourierreihe den Grenzübergang diskret $\rightarrow$ kontinuierlich anstreben.

Daher die *3. Empfehlung*:

> Verwenden Sie Fensterfunktionen!
> *Warnung*: Viele Standard-FFT-Programme bieten Fensterfunktionen an, haben aber kein „Zero-padding" vorgesehen, Sie müssen also Ihren Daten-Input selbst mit einer Fensterfunktion versehen und dann ein Rechteckfenster anwählen!

Diese drei Empfehlungen sind in Abb. 4.20 mnemotechnisch günstig zusammengefaßt. Weiß man, daß der Input gerade bzw. ungerade ist, empfiehlt sich immer die Datenspiegelung.

Ist der Input weder gerade noch ungerade, haben die spektralen Anteile aber alle die gleiche Phase, so kann man durch Verschieben der Daten erreichen, daß der Input gerade bzw. ungerade wird. Etwas komplizierter wird es, wenn der Input sowohl gerade als auch ungerade Komponenten enthält, d.h. die spektralen Anteile verschiedene Phasen haben. Sind diese Komponenten gut getrennt, so kann man die Phase für jede Komponente einzeln geeignet hinschieben. Sind die spektralen Anteile nicht gut getrennt, so verwendet man die volle Fensterfunktion, spiegelt die Daten *nicht*, füllt mit Nullen auf und Fourier-transformiert. Der Real- bzw. Imaginärteil hängt nun davon ab, wo

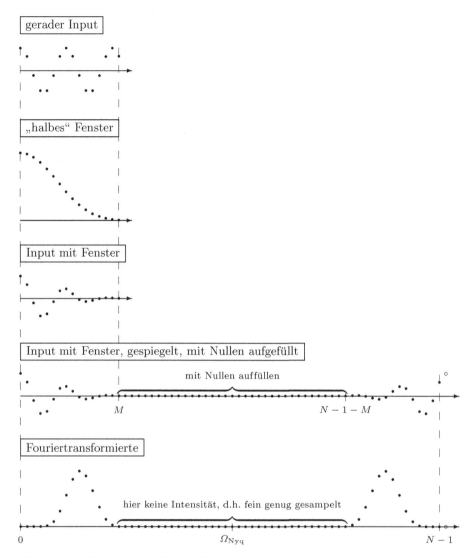

Abb. 4.20. „Kochrezept" für die Fouriertransformation eines geraden Inputs; bei einem ungeraden Input muß das Spiegelbild invertiert werden

man mit Nullen auffüllt: am Anfang, am Ende oder sowohl als auch. Daher ist hier die „Power"-Darstellung zu empfehlen.

Obwohl das Problem, sehr große Datenfelder zu transformieren, mit den heutigen schnellen PCs nicht mehr so gravierend ist, hat doch die Anwendung der Fouriertransformation einen gewaltigen Schub durch den Fast Fourier Transform-Algorithmus von Cooley und Tukey bekommen, der nicht mit N^2 Rechenoperationen anwächst, sondern nur mit $N \ln N$.

Diesen Algorithmus wollen wir im nächsten Abschnitt genauer ansehen.

4.7 Fast Fourier Transform (FFT)

Ausgangspunkt der Überlegungen von Cooley und Tukey war die simple Frage: was ist die Fouriertransformierte einer Zahlenfolge mit nur **einer** reellen Zahl ($N = 1$)? Es gibt mindestens 3 Antworten:

i. *Buchhalter*:
   Aus (4.12) mit $N = 1$ folgt:

   $$F_0 = \tfrac{1}{1} f_0 W_1^{-0} = f_0. \tag{4.45}$$

ii. *Ökonom*:
   Aus (4.31) (Parsevals Theorem) folgt:

   $$|F_0|^2 = \tfrac{1}{1} |f_0|^2. \tag{4.46}$$

   Mit Hilfe eines *Juristen*: f_0 ist reell und gerade, also folgt $F_0 = \pm f_0$, und da F_0 auch gleich dem Mittelwert der Zahlenfolge sein soll, entfällt das Minuszeichen als Möglichkeit.
   (Der *Laie* hätte sich den ganzen Vorspann gespart!)

iii. *Philosoph*:
   Wir wissen, daß die Fouriertransformierte einer δ-Funktion eine Konstante ergibt und umgekehrt. Wie stellt man eine Konstante in der Welt der eingliedrigen Zahlenfolgen dar? Durch die Zahl f_0. Wie stellt man in dieser Welt eine δ-Funktion dar? Durch diese Zahl f_0. Es verschwindet also in dieser Welt der Unterschied zwischen einer Konstanten und einer δ-Funktion. Fazit: f_0 ist also seine eigene Fouriertransformierte.

Diese Erkenntnis, gepaart mit dem Trick, durch wiederholtes geschicktes Halbieren des Inputs zu $N = 1$ zu gelangen (daher muß man fordern: $N = 2^p$, p ganz), erspart das Fourier-transformieren (fast). Dazu sehen wir uns erst mal die 1. Unterteilung an. Gegeben sei $\{f_k\}$ mit $N = 2^p$. Diese Folge wird so aufgeteilt, daß eine Unterfolge nur die geraden Elemente und die andere Unterfolge nur die ungeraden Elemente von $\{f_k\}$ enthält:

$$\begin{aligned} \{f_{1,k}\} &= \{f_{2k}\} & k &= 0,1,\ldots,M-1, \\ \{f_{2,k}\} &= \{f_{2k+1}\} & M &= N/2. \end{aligned} \tag{4.47}$$

Beide Unterfolgen sind periodisch in M.

Beweis (Periodizität in M).

$$f_{1,k+M} = f_{2k+2M} = f_{2k} = f_{1,k}$$
$$\text{wegen } 2M = N \text{ und } f \text{ periodisch in } N.$$

Analog für $f_{2,k}$. $\square$

Die zugehörigen Fouriertransformierten sind:

$$F_{1,j} = \frac{1}{M} \sum_{k=0}^{M-1} f_{1,k} W_M^{-kj},$$
$$F_{2,j} = \frac{1}{M} \sum_{k=0}^{M-1} f_{2,k} W_M^{-kj}, \qquad j = 0, \ldots, M-1. \qquad (4.48)$$

Die Fouriertransformierte der ursprünglichen Folge lautet:

$$F_j = \frac{1}{N} \sum_{k=0}^{N-1} f_k W_N^{-kj}$$

$$= \frac{1}{N} \sum_{k=0}^{M-1} f_{2k} W_N^{-2kj} + \frac{1}{N} \sum_{k=0}^{M-1} f_{2k+1} W_N^{-(2k+1)j} \qquad (4.49)$$

$$= \frac{1}{N} \sum_{k=0}^{M-1} f_{1,k} W_M^{-kj} + \frac{W_N^{-j}}{N} \sum_{k=0}^{M-1} f_{2,k} W_M^{-kj}, \qquad j = 0, \ldots, N-1.$$

Im letzten Schritt haben wir benutzt:

$$W_N^{-2kj} = \mathrm{e}^{-2 \times 2\pi \mathrm{i} kj/N} = \mathrm{e}^{-2\pi \mathrm{i} kj/(N/2)} = W_M^{-kj},$$
$$W_N^{-(2k+1)j} = \mathrm{e}^{-2\pi \mathrm{i}(2k+1)j/N} = W_M^{-kj} W_N^{-j}.$$

Zusammen bekommen wir:

$$F_j = \tfrac{1}{2} F_{1,j} + \tfrac{1}{2} W_N^{-j} F_{2,j}, \qquad j = 0, \ldots, N-1,$$

oder besser:

$$\boxed{\begin{aligned} F_j &= \tfrac{1}{2}(F_{1,j} + F_{2,j} W_N^{-j}), \\ F_{j+M} &= \tfrac{1}{2}(F_{1,j} - F_{2,j} W_N^{-j}), \qquad j = 0, \ldots, M-1. \end{aligned}} \qquad (4.50)$$

Beachten Sie, daß wir in (4.50) j nur von 0 bis $M - 1$ laufen lassen. Eigentlich stünde in der 2. Zeile bei $F_{2,j}$ der Faktor:

$$W_N^{-(j+M)} = W_N^{-j} W_N^{-M} = W_N^{-j} W_N^{-N/2} = W_N^{-j} \mathrm{e}^{-2\pi \mathrm{i} \frac{N}{2}/N} \qquad (4.51)$$
$$= W_N^{-j} \mathrm{e}^{-\mathrm{i}\pi} = -W_N^{-j}.$$

Diese „Decimation in time" kann wiederholt werden, bis man schließlich bei eingliedrigen Zahlenfolgen ankommt, deren Fouriertransformierte ja identisch mit der Input-Zahl sind.

Die normale Fouriertransformation benötigt N^2 Rechenoperationen, hier sind $pN = N \ln N$ nötig.

Beispiel 4.13 („Sägezahn" mit $N = 2$).

$$f_0 = 0, \qquad f_1 = 1.$$

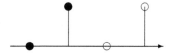

Normale Fouriertransformation:

$$W_2 = e^{i\pi} = -1$$
$$F_0 = \frac{1}{2}(0 + 1) = \frac{1}{2}$$
$$F_1 = \frac{1}{2}\left(0 + 1 \times W_2^{-1}\right) = -\frac{1}{2}. \tag{4.52}$$

Fast Fourier Transform:

$$\begin{aligned}
f_{1,0} &= 0 \;\; \text{gerader Anteil} &&\rightarrow F_{1,0} = 0 \\
f_{2,0} &= 1 \;\; \text{ungerader Anteil} &&\rightarrow F_{2,0} = 1, \qquad M = 1.
\end{aligned} \tag{4.53}$$

Aus (4.50) haben wir:

$$F_0 = \frac{1}{2}\left(F_{1,0} + F_{2,0}\underbrace{W_2^0}_{=1}\right) = \frac{1}{2} \tag{4.54}$$

$$F_1 = \frac{1}{2}\left(F_{1,0} - F_{2,0}W_2^0\right) = -\frac{1}{2}.$$

Hier war die Arbeitsersparnis noch nicht überzeugend.

Beispiel 4.14 („Sägezahn" mit $N = 4$).

$$\begin{aligned}
f_0 &= 0 \\
f_1 &= 1 \\
f_2 &= 2 \\
f_3 &= 3.
\end{aligned}$$

Die normale Fouriertransformation liefert:

$$W_4 = e^{2\pi i/4} = e^{i\pi/2} = i$$

$$F_0 = \frac{1}{4}(0 + 1 + 2 + 3) = \frac{3}{2} \qquad \text{„Mittelwert"}$$

$$F_1 = \frac{1}{4}\left(W_4^{-1} + 2W_4^{-2} + 3W_4^{-3}\right) = \frac{1}{4}\left(\frac{1}{i} + \frac{2}{-1} + \frac{3}{-i}\right) = -\frac{1}{2} + \frac{i}{2} \tag{4.55}$$

$$F_2 = \frac{1}{4}\left(W_4^{-2} + 2W_4^{-4} + 3W_4^{-6}\right) = \frac{1}{4}(-1 + 2 - 3) = -\frac{1}{2}$$

$$F_3 = \frac{1}{4}\left(W_4^{-3} + 2W_4^{-6} + 3W_4^{-9}\right) = \frac{1}{4}\left(-\frac{1}{i} - 2 + \frac{3}{i}\right) = -\frac{1}{2} - \frac{i}{2}.$$

Diesmal benutzen wir keinen Uhrentrick, aber ein etwas anderes, spielerisches Vorgehen. Man kann den Input geschickt zerlegen und die Fouriertransformierte sofort ablesen (siehe Abb. 4.21).

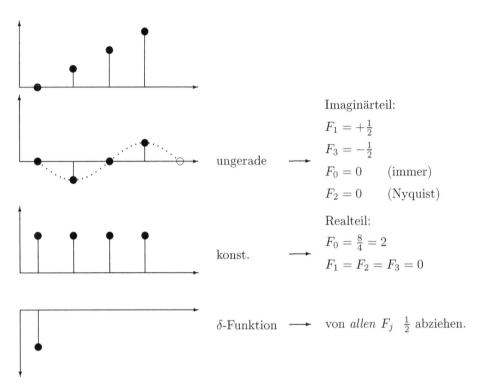

Imaginärteil:

$$F_1 = +\tfrac{1}{2}$$
$$F_3 = -\tfrac{1}{2}$$
$$F_0 = 0 \quad \text{(immer)}$$
$$F_2 = 0 \quad \text{(Nyquist)}$$

Realteil:

$$F_0 = \tfrac{8}{4} = 2$$
$$F_1 = F_2 = F_3 = 0$$

δ-Funktion $\longrightarrow$ von *allen* F_j $\tfrac{1}{2}$ abziehen.

Abb. 4.21. Zerlegung des Sägezahns in ungeraden Anteil, Konstante und δ-Funktion. Addieren Sie die einzelnen F_k, und vergleichen Sie das Ergebnis mit (4.55)

Die Fast Fourier Transform liefert mit 2 Unterteilungen:
1. Unterteilung:

$$\begin{aligned} N &= 4 \quad \{f_1\} = \{0, 2\} \text{ gerade,} \\ M &= 2 \quad \{f_2\} = \{1, 3\} \text{ ungerade.} \end{aligned} \tag{4.56}$$

2. Unterteilung $(M' = 1)$:

$$\begin{aligned} f_{1,1} &= 0 \text{ gerade} \quad \equiv F_{1,1,0}, \\ f_{1,2} &= 2 \text{ ungerade} \equiv F_{1,2,0}, \\ f_{2,1} &= 1 \text{ gerade} \quad \equiv F_{2,1,0}, \\ f_{2,2} &= 3 \text{ ungerade} \equiv F_{2,2,0}. \end{aligned}$$

Daraus erhalten wir mit (4.50) ($j = 0, M' = 1$):

$$\overset{\text{oberer Teil}}{} \qquad \overset{\text{unterer Teil}}{}$$

$$F_{1,k} = \left\{ \frac{1}{2}F_{1,1,0} + \frac{1}{2}F_{1,2,0}, \; \frac{1}{2}F_{1,1,0} - \frac{1}{2}F_{1,2,0} \right\} = \{1, -1\},$$

$$F_{2,k} = \left\{ \frac{1}{2}F_{2,1,0} + \frac{1}{2}F_{2,2,0}, \; \frac{1}{2}F_{2,1,0} - \frac{1}{2}F_{2,2,0} \right\} = \{2, -1\}$$

und schließlich nochmals mit (4.50):

oberer Teil
$$\begin{cases} F_0 = \frac{1}{2}(F_{1,0} + F_{2,0}) = \frac{3}{2}, \\[2mm] F_1 = \frac{1}{2}\left(F_{1,1} + F_{2,1}W_4^{-1}\right) = \frac{1}{2}\left(-1 + (-1) \times \frac{1}{i}\right) = -\frac{1}{2} + \frac{i}{2}, \end{cases}$$

unterer Teil
$$\begin{cases} F_2 = \frac{1}{2}(F_{1,0} - F_{2,0}) = -\frac{1}{2}, \\[2mm] F_3 = \frac{1}{2}\left(F_{1,1} - F_{2,1}W_4^{-1}\right) = \frac{1}{2}\left(-1 - (-1) \times \frac{1}{i}\right) = -\frac{1}{2} - \frac{i}{2}. \end{cases}$$

Was wir gerade gerechnet haben, läßt sich wie in Abb. 4.22 darstellen, wobei die Faktoren $1/2$ pro Unterteilung weggelassen sind und am Schluß noch bei den F_j berücksichtigt werden können.

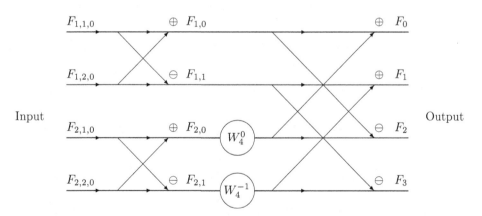

Abb. 4.22. Flußdiagramm für die FFT mit $N = 4$

Dabei bedeutet $\overset{\nearrow}{\rightarrow}\oplus$ addieren, $\overset{\searrow}{\rightarrow}\ominus$ subtrahieren und W_4^{-j} mit dem Gewicht W_4^{-j} multiplizieren. Diese Unterteilung heißt auf Englisch „Decimation in time"; das Schema:

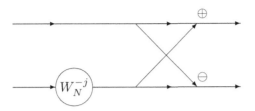

heißt „Butterfly"-Schema und ist z.B. die Baueinheit für Hardware-Fourier-Analysatoren. Abbildung 4.23 zeigt das Schema für $N = 16$.

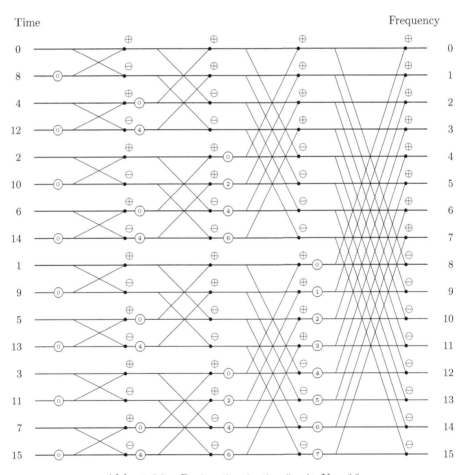

Abb. 4.23. „Decimation in time" mit $N = 16$

mit z.B. $\textcircled{7} = \left(W_{16}^{-7} \right)$.

Dem Kenner fällt auf, daß der Input nicht in der normalen Reihenfolge $f_0 \ldots f_N$ benötigt wird, sondern in umgedrehter Bit-Reihenfolge (arabisch von rechts nach links).

Beispiel 4.15 (Bitreversal für $N = 16$).

k	binär	umgedreht ergibt	k'
0	0000	0000	0
1	0001	1000	8
2	0010	0100	4
3	0011	1100	12
4	0100	0010	2
5	0101	1010	10
6	0110	0110	6
7	0111	1110	14
8	1000	0001	1
9	1001	1001	9
10	1010	0101	5
11	1011	1101	13
12	1100	0011	3
13	1101	1011	11
14	1110	0111	7
15	1111	1111	15

Dieses Bitreversal ist kein Problem für einen Rechner.

Sehen wir uns zum Schluß noch ein einfaches Beispiel an:

Beispiel 4.16 (Halbe Nyquist-Frequenz).

$$f_k = \cos(\pi k/2), \qquad k = 0, \ldots, 15, \qquad \text{d.h.}$$
$$f_0 = f_4 = f_8 = f_{12} = 1,$$
$$f_2 = f_6 = f_{10} = f_{14} = -1,$$
alle ungeraden sind 0.

Das Bitreversal bewirkt, daß der Input so geordnet wird, daß in der unteren Hälfte nur Nullen stehen (siehe Abb. 4.24). Wenn beide Eingänge eines „Butterfly"-Schemas 0 sind, also am Ausgang sicher auch wieder 0 stehen wird, ist das Addier-/Subtrahier-Kreuz gar nicht eingezeichnet. Die Zwischenergebnisse der nötigen Rechnungen sind eingezeichnet. Die Gewichte $W_{16}^0 = 1$ sind der Übersichtlichkeit halber weggelassen worden. Andere Potenzen kommen in diesem Beispiel gar nicht vor. Sie sehen, daß der Input in vier Schritten immer stärker „komprimiert" wird. Am Ausgang finden wir schließlich bei der positiven und negativen halben Nyquist-Frequenz jeweils eine 8, die wir addieren dürfen und dann noch durch 16 teilen müssen, was schließlich die Amplitude des Input-Kosinus ergibt, nämlich 1.

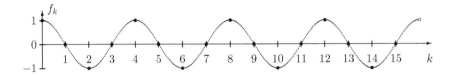

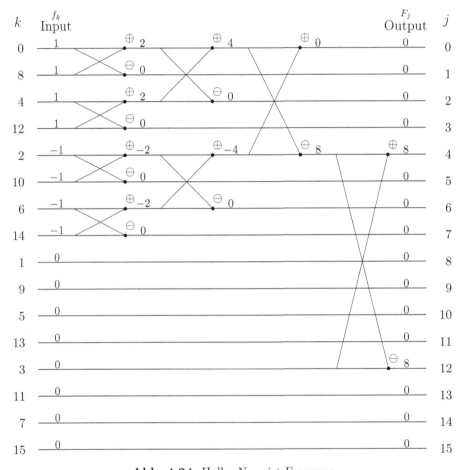

Abb. 4.24. Halbe Nyquist-Frequenz

Spielwiese

4.1. Korreliert

Was ist die Kreuzkorrelation einer Reihe $\{f_k\}$ mit einer konstanten Reihe $\{g_k\}$? Skizzieren Sie die Prozedur mit Fouriertransformierten.

4.2. Nichts gemeinsam

Gegeben ist die Reihe $\{f_k\} = \{1, 0, -1, 0\}$ und die Reihe $\{g_k\} = \{1, -1, 1, -1\}$. Berechnen Sie die Kreuzkorrelation beider Reihen.

4.3. Brüderlich

Berechnen Sie die Kreuzkorrelation von $\{f_k\} = \{1, 0, 1, 0\}$ und $\{g_k\} = \{1, -1, 1, -1\}$, benützen Sie den Faltungssatz.

4.4. Autokorreliert

Gegeben ist die Reihe $\{f_k\} = \{0, 1, 2, 3, 2, 1\}$, $N = 6$. Berechnen Sie ihre Autokorrelationsfunktion. Überprüfen Sie Ihr Resultat indem Sie die Fouriertransformierte von f_k und von $f_k \otimes f_k$ berechnen.

4.5. Schieberei

Gegeben ist als Input die Zahlenfolge (siehe Abb. 4.25):

$$f_0 = 1, \qquad f_k = 0 \qquad \text{für } k = 1, \ldots, N-1.$$

Abb. 4.25. Input-Signal mit einem δ-förmigen Impuls bei $k = 0$

a. Ist die Zahlenfolge gerade, ungerade oder gemischt?
b. Wie lautet die Fouriertransformierte dieser Zahlenfolge?
c. Die diskrete „δ-Funktion" wird nun nach f_1 verschoben (Abb. 4.26).

Abb. 4.26. Input-Signal mit einem δ-förmigen Impuls bei $k = 1$

Ist die Zahlenfolge gerade, ungerade oder gemischt?
d. Was erhält man nun für $|F_j|^2$?

4.6. Rauschen pur

Gegeben ist als Input die Random-Zahlenfolge[1] mit Zahlen zwischen $-0,5$ und $0,5$.

a. Wie sieht die Fouriertransformierte einer Random-Zahlenfolge aus (siehe Abb. 4.27)?

---

[1] Englisch: „random", „Zufall".

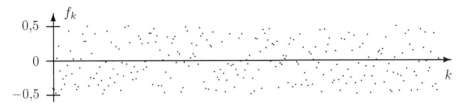

Abb. 4.27. Random-Zahlenfolge

b. Wie groß ist die Rauschleistung der Random-Zahlenfolge, definiert als:

$$\sum_{j=0}^{N-1} |F_j|^2? \tag{4.57}$$

Vergleichen Sie das Ergebnis im Grenzfall $N \to \infty$ mit der Leistung des Inputs $0{,}5 \cos \omega t$.

4.7. Mustererkennung
Gegeben ist als Input eine Summe von Kosinus-Funktionen, der sehr viel Rauschen überlagert ist (Abb. 4.28):

$$f_k = \cos \frac{5\pi k}{32} + \cos \frac{7\pi k}{32} + \cos \frac{9\pi k}{32} + 15(\text{RND} - 0{,}5) \tag{4.58}$$
$$\text{für } k = 0, \dots, 255,$$

wobei RND eine Randomzahl[2] zwischen 0 und 1 darstellt.

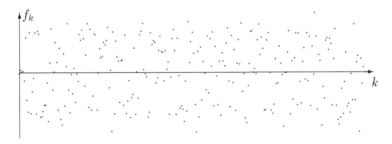

Abb. 4.28. Eingabefunktion aus (4.58)

Wie suchen Sie nach dem im Rauschen vergrabenen Muster von Abb. 4.29, wenn es die drei Kosinus-Funktionen mit den Frequenzverhältnissen $\omega_1 : \omega_2 : \omega_3 = 5 : 7 : 9$ darstellt?

---

[2] Programmiersprachen wie z.B. Turbo-Pascal, C, Fortran, ... liefern Zufallszahlengeneratoren, die als Funktionen aufgerufen werden können. Die Leistungsfähigkeit dieser Zufallsgeneratoren ist sehr unterschiedlich.

Abb. 4.29. Theoretisches Muster („Zahnbürste"), nach dem der Datensatz durchsucht werden soll

4.8. Auf die Rampe! (Nur für Gourmets)

Gegeben ist die Input-Reihe:

$$f_k = k \text{ für } k = 0, 1, \ldots, N - 1.$$

Ist diese Reihe gerade, ungerade oder gemischt? Berechnen Sie den Real- und Imaginärteil ihrer Fouriertransformierten. Prüfen Sie Ihr Resultat mit Hilfe von Parsevals Theorem. Leiten Sie das Resultat für $\sum_{j=1}^{N-1} 1/\sin^2(\pi j/N)$ und $\sum_{j=1}^{N-1} \cot^2(\pi j/N)$ her.

4.9. Transzendent (Nur für Gourmets)

Gegeben ist die Input-Reihe (mit N gerade!):

$$f_k = \begin{cases} k & \text{für } k = 0, 1, \ldots, N/2 - 1 \\ N - k & \text{für } k = N/2, N/2 + 1, \ldots, N - 1 \end{cases}. \tag{4.59}$$

Ist die Reihe gerade, ungerade oder gemischt? Berechnen Sie ihre Fouriertransformierte. Die beidseitige Rampe ist ein Hochpaßfilter (vgl. Abschn. 5.2). Verwenden Sie Parsevals Theorem, um das Resultat für $\sum_{k=1}^{N/2} 1/\sin^4(\pi(2k-1)/N)$ herzuleiten. Benützen Sie die Tatsache, daß ein Hochpaß keinen konstanten Input durchläßt, um das Resultat für $\sum_{k=1}^{N/2} 1/\sin^2(\pi(2k-1)/N)$ herzuleiten.

5 Filterwirkung bei digitaler Datenverarbeitung

In diesem Kapitel werden wir nur ganz einfache Vorgänge, wie Daten glätten, Daten verschieben mit linearer Interpolation, Daten komprimieren, Daten differenzieren und integrieren, diskutieren und dabei die oft nicht einmal unterbewußt bekannte Filterwirkung beschreiben. Hierfür ist das Konzept der Transferfunktion nützlich.

5.1 Transferfunktion

Gegeben sei ein „Rezept", nach dem der Output $y(t)$ durch eine Linearkombination von $f(t)$ samt Ableitungen und Integralen zusammengesetzt wird:

$$\underbrace{y(t)}_{\text{„Output"}} = \sum_{j=-k}^{+k} a_j \underbrace{f^{[j]}(t)}_{\text{„Input"}}$$

(5.1)

$$\text{mit } f^{[j]}(t) = \frac{\mathrm{d}^j f(t)}{\mathrm{d}t^j} \qquad \text{(negatives } j \text{ bedeutet Integration)}.$$

Diese Vorschrift ist linear und stationär, da eine Verschiebung der Zeitachse im Input die gleiche Verschiebung der Zeitachse im Output bewirkt. Wenn wir (5.1) Fourier-transformieren, so ergibt sich mit (2.56):

$$Y(\omega) = \sum_{j=-k}^{+k} a_j \, \mathrm{FT}\left(f^{[j]}(t)\right) = \sum_{j=-k}^{+k} a_j(\mathrm{i}\omega)^j F(\omega) \tag{5.2}$$

oder:

$$\boxed{\begin{array}{l} Y(\omega) = H(\omega)F(\omega) \\[2mm] \text{mit der Transferfunktion } H(\omega) = \sum_{j=-k}^{+k} a_j(\mathrm{i}\omega)^j. \end{array}}$$

(5.3)

Bei (5.3) fällt uns sofort der Faltungssatz ein. Danach kann man $H(\omega)$ interpretieren als die Fouriertransformierte des Outputs $y(t)$ bei δ-förmigem

Input (d.h. $F(\omega) = 1$). Mit dieser Transferfunktion gewichtet wird also $F(\omega)$ in den Output $Y(\omega)$ überführt. In der Frequenzdomäne kann man durch ein geeignet gewähltes $H(\omega)$ bequem filtern. Hier wollen wir allerdings in der Zeitdomäne arbeiten.

Jetzt gehen wir zu Zahlenfolgen über. Dabei ist zu beachten, daß wir Ableitungen nur über Differenzen und Integrale nur über Summen einzelner diskreter Zahlen bekommen. Wir müssen also die Definitionsgleichung (5.1) erweitern um *nichtstationäre* Anteile. Der Operator V^l bedeutet Verschiebung um l:

$$V^l y_k \equiv y_{k+l}. \tag{5.4}$$

Damit können wir die diskrete Version von (5.1) schreiben:

$$\underbrace{y_k}_{\text{„Output"}} = \sum_{l=-L}^{+L} a_l \underbrace{V^l f_k}_{\text{„Input"}}. \tag{5.5}$$

Dabei bedeuten positive l *spätere* Input-Sampels und negative l *frühere* Input-Sampels. Bei positiven l ist keine „real-time" sequentielle Abarbeitung eines Datenstroms möglich, wir müssen erst mal L Sampels z.B. in einem Schieberegister zwischenspeichern, das oft FIFO (first in, first out) genannt wird. Solche Algorithmen heißen akausal. Die Fouriertransformation ist z.B. ein akausaler Algorithmus.

Die diskrete Fouriertransformation von (5.5) lautet:

$$Y_j = \sum_{l=-L}^{+L} a_l \, \text{FT}\left(V^l f_k\right) = \sum_{l=-L}^{+L} a_l \frac{1}{N} \sum_{k=0}^{N-1} f_{k+l} W_N^{-kj}$$

$$= \sum_{l=-L}^{+L} a_l \frac{1}{N} \sum_{k'=l}^{N-1+l} f_{k'} W_N^{-k'j} W_N^{+lj}$$

$$= \sum_{l=-L}^{+L} a_l W_N^{+lj} F_j = H_j F_j.$$

$$\boxed{\begin{array}{l} Y_j = H_j F_j \\[2mm] \text{mit } H_j = \sum_{l=-L}^{+L} a_l W_N^{+lj} = \sum_{l=-L}^{+L} a_l e^{i\omega_j l \Delta t} \text{ und } \omega_j = 2\pi j/(N\Delta t). \end{array}} \tag{5.6}$$

Mit dieser Transferfunktion, die wir der *Bequemlichkeit halber* als kontinuierlich[1] auffassen, d.h. $H(\omega) = \sum_{l=-L}^{+L} a_l e^{i\omega l \Delta t}$, lassen sich die „Filterwirkungen" der eingangs definierten Operationen leicht verstehen.

---

[1] Wir können N ja immer groß wählen, so daß j sehr dicht ist.

5.2 Tiefpaß, Hochpaß, Bandpaß, Notchfilter

Zunächst behandeln wir die Filterwirkung beim Daten glätten. Ein einfacher 2-Punkte-Algorithmus zum Daten glätten wäre z.B.:

$$y_k = \frac{1}{2}(f_k + f_{k+1}) \tag{5.7}$$

$$\text{mit} \quad a_0 = \frac{1}{2}, \quad a_1 = \frac{1}{2}.$$

Damit erhalten wir die Transferfunktion:

$$H(\omega) = \frac{1}{2}\left(1 + e^{i\omega\Delta t}\right). \tag{5.8}$$

$$|H(\omega)|^2 = \frac{1}{4}(1 + e^{i\omega\Delta t})(1 + e^{-i\omega\Delta t}) = \frac{1}{2} + \frac{1}{2}\cos\omega\Delta t = \cos^2\frac{\omega\Delta t}{2}$$

und schließlich

$$|H(\omega)| = \cos\frac{\omega\Delta t}{2}.$$

Abbildung 5.1 zeigt $|H(\omega)|$.

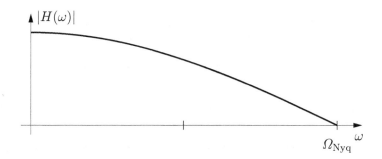

Abb. 5.1. Betrag der Transferfunktion für den Glättungsalgorithmus von (5.7)

Diese hat die unangenehme Eigenschaft, daß bei einem reellem Input ein komplexer Output erzeugt wird. Das liegt natürlich an unserer implizit eingeführten „Phasenverschiebung" um $\Delta t/2$.

Ein scheinbar besserer Algorithmus ist der folgende 3-Punkte-Algorithmus:

$$y_k = \frac{1}{3}\left(f_{k-1} + f_k + f_{k+1}\right) \tag{5.9}$$

$$\text{mit} \quad a_{-1} = \frac{1}{3}, \quad a_0 = \frac{1}{3}, \quad a_1 = \frac{1}{3}.$$

Dies ergibt:

$$H(\omega) = \frac{1}{3}\left(e^{-i\omega\Delta t} + 1 + e^{+i\omega\Delta t}\right) = \frac{1}{3}(1 + 2\cos\omega\Delta t). \tag{5.10}$$

Abbildung 5.2 zeigt $H(\omega)$ und das Problem, daß für $\omega = 2\pi/3\Delta t$ eine Nullstelle vorliegt, d.h., daß diese Frequenz überhaupt nicht transferiert wird. Diese Frequenz liegt bei $(2/3)\Omega_{\mathrm{Nyq}}$. Danach wechselt sogar das Vorzeichen. Dieser Algorithmus ist nicht konsistent und sollte daher nicht verwendet werden.

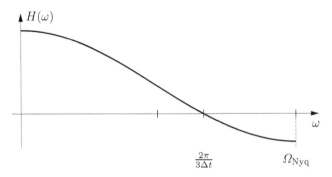

Abb. 5.2. Transferfunktion für den 3-Punkte-Glättungsalgorithmus von (5.9)

Der „richtige" Glättungsalgorithmus lautet mit $a_{-1} = +1/4$, $a_0 = +1/2$, $a_1 = +1/4$:

$$y_k = \frac{1}{4}\left(f_{k-1} + 2f_k + f_{k+1}\right) \qquad \text{„Tiefpaß"}.$$

Die Transferfunktion lautet nun:

$$H(\omega) = \frac{1}{4}\left(e^{-i\omega\Delta t} + 2 + e^{+i\omega\Delta t}\right)$$

$$= \frac{1}{4}(2 + 2\cos\omega\Delta t) = \cos^2\frac{\omega\Delta t}{2}. \tag{5.11}$$

Abbildung 5.3 zeigt $H(\omega)$: es gibt keine Nullstellen, das Vorzeichen wechselt nicht. Der Vergleich mit (5.8) und Abb. 5.1 verdeutlicht, daß die Filterwirkung jetzt stärker ist: $\cos^2\frac{\omega\Delta t}{2}$ statt $\cos\frac{\omega\Delta t}{2}$ für $|H(\omega)|$.

Bei der halben Nyquist-Frequenz gilt:

$$H(\Omega_{\mathrm{Nyq}}/2) = \cos^2\frac{\pi}{4} = \frac{1}{2}.$$

Unser Glättungsalgorithmus ist also ein Tiefpaßfilter, das zugegebenermaßen nicht besonders „flankensteil" ist und bei $\omega = \Omega_{\mathrm{Nyq}}/2$ nur noch die Hälfte durchläßt. Bei $\omega = \Omega_{\mathrm{Nyq}}/2$ haben wir also -3 dB Durchgangsdämpfung.

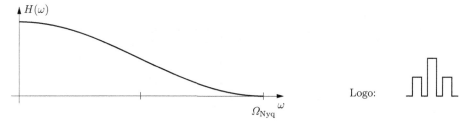

Abb. 5.3. Transferfunktion für den Tiefpaß

Sind unsere Daten durch niederfrequente Artefakte „korrumpiert" (z.B. langsame Drifts), so würden wir gerne ein Hochpaßfilter anwenden. Hier wird es konstruiert:

$$H(\omega) = 1 - \cos^2 \frac{\omega \Delta t}{2} = \sin^2 \frac{\omega \Delta t}{2}$$

$$= \frac{1}{2}(1 - \cos \omega \Delta t)$$

$$= \frac{1}{2} \left(1 - \frac{1}{2} e^{-i \omega \Delta t} - \frac{1}{2} e^{+i \omega \Delta t} \right). \tag{5.12}$$

Also haben wir $a_{-1} = -1/4$, $a_0 = +1/2$, $a_1 = -1/4$, und der Algorithmus lautet:

$$y_k = \frac{1}{4} \left(-f_{k-1} + 2 f_k - f_{k+1} \right) \qquad \text{„Hochpaß"}. \tag{5.13}$$

Aus (5.13) sieht man sofort: eine Konstante als Input wird nicht durchgelassen, da die Summe der Koeffizienten 0 ist.

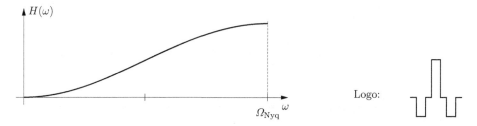

Abb. 5.4. Transferfunktion für den Hochpaß

Abbildung 5.4 zeigt $H(\omega)$. Auch hier gilt, daß erst bei $\omega = \Omega_{\mathrm{Nyq}}/2$ die Hälfte durchgelassen wird. Die Fachleute sprechen von -3 dB Durchgangsdämpfung bei $\omega = \Omega_{\mathrm{Nyq}}/2$.

Im Bsp. 4.14 hatten wir den „Sägezahn" diskutiert. Im Frequenzraum ist dies auch ein Hochpaß! Bei einem bestimmten Verfahren der Bildrekonstruktion aus vielen, unter verschiedenen Winkeln aufgenommenen Projektionen, wie es in der Tomographie benötigt wird, verwendet man genau solche Hoch-paßfilter. Sie werden dort „Rampenfilter" genannt. Sie ergeben sich zwanglos bei dem Übergang von kartesischen zu Zylinderkoordinaten. Bei dem Verfahren, das „Rückprojektion gefilterter Projektionen" genannt wird, filtert man in Wirklichkeit gar nicht in der Frequenzdomäne sondern faltet in der Ortsdomäne mit der Fourier-transformierten Rampenfunktion. Genauer gesagt, wir brauchen die beidseitige Rampe für positive und negative Frequenzen. Bei periodischer Fortsetzung ist das Ergebnis sehr einfach: abgesehen von dem nichtverschwindenden Mittelwert ist das unsere „Dreieckfunktion" aus Abb. 1.9c)! Anstatt nur f_{k-1}, f_k und f_{k+1} für unseren Hochpaß zu verwenden, können wir uns ein Filter mit den Koeffizienten aus (1.33) aufbauen und bei einem genügend großen k aufhören. Genau das macht man auch in der Praxis.

Wollen wir sowohl sehr tiefe als auch sehr hohe Frequenzen unterdrücken, so brauchen wir einen „Bandpaß". Der Einfachheit halber nehmen wir das Produkt des oben beschriebenen Tief- und Hochpasses (siehe Abb. 5.5):

$$H(\omega) = \cos^2 \frac{\omega\Delta t}{2} \sin^2 \frac{\omega\Delta t}{2} = \left(\frac{1}{2}\sin\omega\Delta t\right)^2$$

$$= \frac{1}{4}\sin^2\omega\Delta t = \frac{1}{4}\frac{1}{2}\left(1 - \cos 2\omega\Delta t\right)$$

$$= \frac{1}{8}\left(1 - \frac{1}{2}e^{-2i\omega\Delta t} - \frac{1}{2}e^{+2i\omega\Delta t}\right). \tag{5.14}$$

Also haben wir $a_{-2} = -1/16$, $a_{+2} = -1/16$, $a_0 = +1/8$ und:

$$\boxed{y_k = \frac{1}{16}\left(-f_{k-2} + 2f_k - f_{k+2}\right) \qquad \text{„Bandpaß".}} \tag{5.15}$$

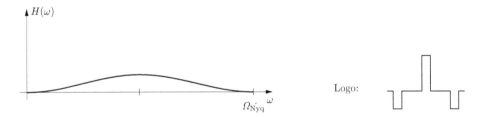

Abb. 5.5. Transferfunktion des Bandpasses

Bei $\omega = \Omega_{\text{Nyq}}/2$ haben wir jetzt $H(\Omega_{\text{Nyq}}/2) = 1/4$, also -6 dB Durchgangsdämpfung.

Wählen wir das Komplement des Bandpasses zu 1:

$$H(\omega) = 1 - \left(\frac{1}{2}\sin\omega\Delta t\right)^2, \tag{5.16}$$

so bekommen wir ein „Notchfilter"[2], das Frequenzen um $\omega = \Omega_{\text{Nyq}}/2$ unterdrückt, alle anderen aber durchläßt (siehe Abb. 5.6).

$H(\omega)$ läßt sich umformen zu:

$$H(\omega) = 1 - \frac{1}{8} + \frac{1}{16} e^{2i\omega\Delta t} + \frac{1}{16} e^{-2i\omega\Delta t} \tag{5.17}$$

$$\text{mit} \quad a_{-2} = +\frac{1}{16}, \quad a_{-2} = +\frac{1}{16}, \quad a_0 = +\frac{7}{8}$$

$$\text{und} \quad \boxed{y_k = \frac{1}{16}\left(f_{k-2} + 14 f_k + f_{k+2}\right) \quad \text{„Notchfilter".}} \tag{5.18}$$

Die Unterdrückung an der halben Nyquist-Frequenz ist allerdings nicht gerade beeindruckend: nur ein Faktor 3/4 oder −1,25 dB.

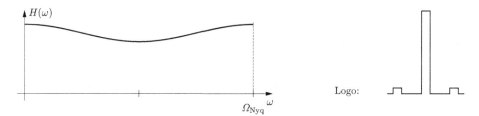

Abb. 5.6. Transferfunktion des Notchfilters

Abb. 5.7 zeigt nochmals alle behandelten Filter im Überblick.

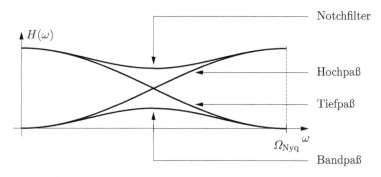

Abb. 5.7. Übersicht über die Transferfunktionen der verschiedenen Filter

Wie kann man bessere Notchfilter bauen? Wie können wir die Abschneidefrequenz einstellen? Wie können wir die Flankensteilheit einstellen? Dazu sind lineare, nicht-rekursive Filter nicht geeignet. Wir müssen daher *rekursive* Filter betrachten, bei denen ein Teil des Outputs wieder als Input

---

[2] Englisch: „notch", „Einschnitt, Kerbe".

verwendet wird. In der Hochfrequenztechnik heißt das Rückkopplung. Bei Live-Fernsehsendungen mit Telefonanrufen gibt es auch Rückkopplung: vom Mikrophon Ihres Telefons über viel Draht (Kupfer, Lichtleiter) und diverse Elektronik schließlich in den Lautsprecher des Studios und von dort wieder in ein Mikrophon, via Sender und weiter zum Fernseher (eventuell über Satellit) und über dessen Lautsprecher wieder in das Mikrophon Ihres Telefons. Was für eine enorm „lange Leitung"! So gesehen, macht das „Pfeifen lassen" in der Talkshow richtig Spaß! Videoexperten mit eigener Kamera können optische Rückkopplung ausprobieren, indem sie die Kamera auf den Bildschirm richten, der gerade die Kamera darstellt usw. (dies ist die moderne, aber zum Chaos führende Version des Prinzips der unendlichen Spiegelung durch zwei gegenüberliegende Spiegel, wie z.B. im Spiegelsaal von Schloß Linderhof).

Hier ist nicht der Ort, um digitale Filter ausführlich zu diskutieren. Wir wollen nur ein kleines prinzipielles Beispiel für einen Tiefpaß mit einem rekursiven Algorithmus geben. Allgemein läßt sich dieser Algorithmus so formulieren:

$$y_k = \sum_{l=-L}^{L} a_l V^l f_k - \sum_{\substack{m=-M \\ m \neq 0}}^{M} b_m V^m y_k \tag{5.19}$$

mit der Definition: $V^l f_k = f_{k+l}$ (wie oben in (5.4)). Das Vorzeichen vor der zweiten Summe ist willkürlich negativ gewählt; ebenso haben wir $m = 0$ von der Summe ausgeschlossen. Beides wird sich gleich als nützlich erweisen.

Für negative m wird der *frühere* Output wieder auf der rechten Seite von (5.19) eingespeist zur Berechnung des neuen Outputs: der Algorithmus ist *kausal*. Bei positivem m wird der *spätere* Output eingespeist zur Berechnung des neuen Outputs: der Algorithmus ist *akausal*. Mögliche Abhilfe: Input und Output werden in einen Speicher (Register) geschoben und so lange zwischengespeichert, wie M groß ist.

Wir können (5.19) umschreiben in:

$$\sum_{m=-M}^{M} b_m V^m y_k = \sum_{l=-L}^{L} a_l V^l f_k. \tag{5.20}$$

Die Fouriertransformierte von (5.20) läßt sich analog zu (5.6) (mit $b_0 = 1$) schreiben:

$$B_j Y_j = A_j F_j \tag{5.21}$$

$$\text{mit } B_j = \sum_{m=-M}^{M} b_m W_N^{+mj} \quad \text{und} \quad A_j = \sum_{l=-L}^{L} a_l W_N^{+lj}.$$

Der Output ist also $Y_j = \frac{A_j}{B_j} F_j$, und wir können die neue Transferfunktion definieren als:

$$H_j = \frac{A_j}{B_j} \quad \text{oder} \quad H(\omega) = \frac{A(\omega)}{B(\omega)}. \tag{5.22}$$

Durch die Rückkopplung können wir über Nullstellen im Nenner Pole in $H(\omega)$ erzeugen, oder besser, durch etwas weniger Rückkopplung *Resonanzüberhöhung* erzeugen.

Beispiel 5.1 (Rückkopplung). Unser Tiefpaß aus (5.11) mit 50% Rückkopplung des vorangegangenen Outputs:

$$y_k = \frac{1}{2} y_{k-1} + \frac{1}{4} \left(f_{k-1} + 2 f_k + f_{k+1} \right) \quad \text{oder}$$
$$\left(1 - \frac{1}{2} V^{-1} \right) y_k = \frac{1}{4} \left(V^{-1} + 2 + V^{+1} \right) f_k. \tag{5.23}$$

Dies ergibt:

$$H(\omega) = \frac{\cos^2(\omega \Delta t/2)}{1 - \frac{1}{2} \mathrm{e}^{-\mathrm{i}\omega \Delta t}}. \tag{5.24}$$

Wenn wir uns um die Phasenverschiebung, die die Rückkopplung eingeführt hat, nicht kümmern, so interessiert uns nur:

$$|H(\omega)| = \frac{\cos^2(\omega \Delta t/2)}{\sqrt{\left(1 - \frac{1}{2} \cos \omega \Delta t \right)^2 + \left(\frac{1}{2} \sin \omega \Delta t \right)^2}} = \frac{\cos^2(\omega \Delta t/2)}{\sqrt{\frac{5}{4} - \cos \omega \Delta t}}. \tag{5.25}$$

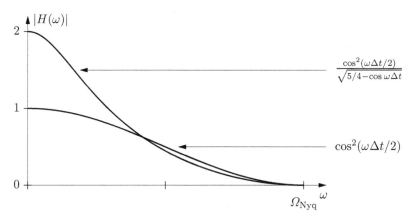

Abb. 5.8. Transferfunktion für den Tiefpaß (5.11) und das Filter mit Rückkopplung (5.25)

Die „Resonanzüberhöhung" bei $\omega = 0$ beträgt 2, $|H(\omega)|$ ist in Abb. 5.8 dargestellt zusammen mit dem nicht-rekursiven Tiefpaß aus (5.11). Die verbesserte Flankensteilheit ist klar erkennbar. Hätten wir in (5.23) nicht 50%, sondern 100% rückgekoppelt, so hätte ein einziger kurzer Input genügt, den Output immer „hoch" zu halten; das Filter wäre instabil. In unserem Fall klingt es wie eine geometrische Reihe aus, nachdem der Input weggenommen wurde.

Wir haben hier bereits den ersten Schritt auf das hochinteressante Gebiet der Filter in der Zeitdomäne getan. Wenn Sie mehr darüber wissen wollen, so konsultieren Sie z.B. „Numerical Recipes" und darin enthaltene Zitate. Vergessen Sie dabei nicht, daß Filter in der Frequenzdomäne wegen des Faltungssatzes aber viel einfacher zu behandeln sind.

5.3 Daten verschieben

Nehmen Sie an, Sie hätten ein Datenfeld und wollen es um einen Bruchteil δ des Sampling-Intervalls Δt verschieben, sagen wir der Einfachheit halber mittels linearer Interpolation. Sie hätten also lieber um δ später mit dem Sampeln angefangen, wollen (oder können) aber die Messung nicht wiederholen. Dann sollten Sie den folgenden Algorithmus verwenden:

$$y_k = (1-\delta)f_k + \delta f_{k+1},\, 0 < \delta < 1 \quad \begin{array}{l} \text{„Verschieben mit} \\ \text{linearer Interpolation".} \end{array} \qquad (5.26)$$

Die dazugehörige Transferfunktion lautet:

$$H(\omega) = (1-\delta) + \delta e^{i\omega\Delta t}. \qquad (5.27)$$

Daß hierbei eine Phasenverschiebung auftritt, soll uns nicht weiter stören; wir betrachten also $|H(\omega)|^2$:

$$
\begin{aligned}
|H(\omega)|^2 &= H(\omega)H^*(\omega) \\
&= (1 - \delta + \delta\cos\omega\Delta t + \delta i\sin\omega\Delta t)(1 - \delta + \delta\cos\omega\Delta t - \delta i\sin\omega\Delta t) \\
&= (1 - \delta + \delta\cos\omega\Delta t)^2 + \delta^2\sin^2\omega\Delta t \\
&= 1 - 2\delta + \delta^2 + \delta^2\cos^2\omega\Delta t + 2(1-\delta)\delta\cos\omega\Delta t + \delta^2\sin^2\omega\Delta t \\
&= 1 - 2\delta + 2\delta^2 + 2(1-\delta)\delta\cos\omega\Delta t \\
&= 1 + 2\delta(\delta - 1) - 2\delta(\delta - 1)\cos\omega\Delta t \\
&= 1 + 2\delta(\delta - 1)(1 - \cos\omega\Delta t) \\
&= 1 + 4\delta(\delta - 1)\sin^2\frac{\omega\Delta t}{2} \\
&= 1 - 4\delta(1 - \delta)\sin^2\frac{\omega\Delta t}{2}. \qquad (5.28)
\end{aligned}
$$

Die Funktion $|H(\omega)|^2$ ist in Abb. 5.9 für $\delta = 0$, $\delta = 1/4$ und $\delta = 1/2$ dargestellt.

Das bedeutet: abgesehen von der (nicht unerwarteten) Phasenverschiebung haben wir aufgrund des Interpolierens eine Tiefpaßwirkung, ähnlich

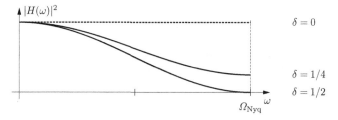

Abb. 5.9. Betragsquadrat der Transferfunktion für den Verschiebungs-/Interpolationsalgorithmus (5.26)

der aus (5.11), die für $\delta = 1/2$ am stärksten ist. Wenn wir wissen, daß unsere gesampelte Funktion $f(t)$ „bandbreiten-limitiert" ist, können wir das Sampling-Theorem verwenden und die „richtige" Interpolation durchführen, ohne dabei eine Tiefpaßwirkung zu haben. Der Aufwand der Rekonstruktion von $f(t)$ aus dem Sampels f_k ist aber groß und oft unnötig. Aufwendigere Interpolationsalgorithmen sind entweder unnötig (falls die relevanten spektralen Komponenten wesentlich unter Ω_{Nyq} liegen), oder sie produzieren leicht hochfrequente Artefakte. Es ist also Vorsicht geboten! Randeffekte müssen gesondert behandelt werden.

5.4 Daten komprimieren

Häufig ergibt sich das Problem, Daten, die zu fein gesampelt wurden, zu komprimieren. Ein naheliegender Algorithmus wäre z.B.:

$$y_j \equiv y_{2k} = \frac{1}{2}(f_k + f_{k+1}),\, j = 0,...,N/2 \qquad \text{„Komprimieren".} \tag{5.29}$$

Dabei ist das Datenfeld $\{y_k\}$ nur halb so lang, wie das Datenfeld $\{f_k\}$. Wir tun so, als ob wir die Sampling-Weite Δt um den Faktor 2 erweitert hätten und am Sampling-Punkt den Mittelwert der alten Sampels erwarten. Dies führt unweigerlich zu einer Phasenverschiebung:

$$H(\omega) = \frac{1}{2} + \frac{1}{2}\mathrm{e}^{\mathrm{i}\Delta t}. \tag{5.30}$$

Wenn wir dies nicht wollen, so bietet sich der Glättungsalgorithmus (5.11) an, wobei nur jeder zweite Output ausgegeben wird:

$$y_j \equiv y_{2k} = \frac{1}{4}(f_{k-1} + 2f_k + f_{k+1}),\, j = 0,...,N/2 \quad \text{„Komprimieren".} \tag{5.31}$$

Hier gibt es keine Phasenverschiebung, das Prinzip zeigt Abb. 5.10. Randeffekte müssen gesondert behandelt werden.

So könnte man z.B. $f_{-1} = f_0$ für die Berechnung von y_0 annehmen. Analog am Ende des Datenfeldes.

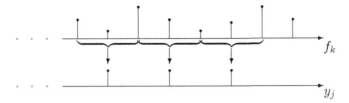

Abb. 5.10. Datenkomprimierungsalgorithmus von (5.31)

5.5 Differenzieren diskreter Daten

Man kann die Ableitung einer gesampelten Funktion definieren als:

$$\boxed{\frac{\mathrm{d}f}{\mathrm{d}t} \equiv y_k = \frac{f_{k+1} - f_k}{\Delta t} \qquad \text{„erste Vorwärts-Differenz".}} \qquad (5.32)$$

Die dazugehörige Transferfunktion ist:

$$H(\omega) = \frac{1}{\Delta t}\left(\mathrm{e}^{\mathrm{i}\omega\Delta t} - 1\right) = \frac{1}{\Delta t}\mathrm{e}^{\mathrm{i}\omega\Delta t/2}\left(\mathrm{e}^{\mathrm{i}\omega\Delta t/2} - \mathrm{e}^{-\mathrm{i}\omega\Delta t/2}\right)$$

$$= \frac{2\mathrm{i}}{\Delta t}\sin(\omega\Delta t/2)\mathrm{e}^{\mathrm{i}\omega\Delta t/2} \qquad (5.33)$$

$$= \mathrm{i}\omega\mathrm{e}^{\mathrm{i}\omega\Delta t/2}\frac{\sin(\omega\Delta t/2)}{\omega\Delta t/2}.$$

Exakt wäre $H(\omega) = \mathrm{i}\omega$ (siehe (2.55)), der zweite und dritte Faktor kommt von der Diskretisierung. Die Phasenverschiebung in (5.33) ist lästig.

Die „erste Rückwärts-Differenz":

$$\boxed{y_k = \frac{f_k - f_{k-1}}{\Delta t}} \qquad (5.34)$$

hat das gleiche Problem. Die „erste zentrale Differenz":

$$\boxed{y_k = \frac{f_{k+1} - f_{k-1}}{2\Delta t}} \qquad (5.35)$$

löst das Phasenverschiebungsproblem. Hier gilt:

$$H(\omega) = \frac{1}{2\Delta t}\left(\mathrm{e}^{+\mathrm{i}\omega\Delta t} - \mathrm{e}^{-\mathrm{i}\omega\Delta t}\right)$$

$$= \mathrm{i}\omega\frac{\sin\omega\Delta t}{\omega\Delta t}. \qquad (5.36)$$

Die Filterwirkung ist hier aber ausgeprägter, wie Abb. 5.11 zeigt.

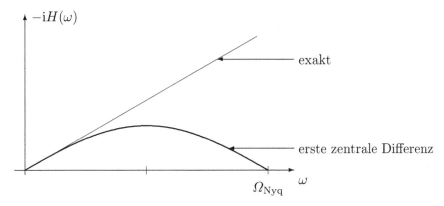

Abb. 5.11. Transferfunktion der „ersten zentralen Differenz" (5.35) und exakter Wert (*dünne Linie*)

Für hohe Frequenzen wird die Ableitung zunehmend falscher.

Abhilfe: Möglichst fein sampeln, so daß man im interessierenden Frequenzbereich immer $\omega \ll \Omega_{\text{Nyq}}$ hat.

Die „zweite zentrale Differenz" lautet:

$$y_k = \frac{f_{k-2} - 2f_k + f_{k+2}}{4\Delta t^2}. \tag{5.37}$$

Sie entspricht der 2. Ableitung. Die zugehörige Transferfunktion lautet:

$$\begin{aligned} H(\omega) &= \frac{1}{4\Delta t^2} \left(e^{-i\omega 2\Delta t} - 2 + e^{+i\omega 2\Delta t} \right) \\ &= \frac{1}{4\Delta t^2} (2\cos 2\omega\Delta t - 2) = -\frac{1}{\Delta t^2} \sin^2 \omega\Delta t \\ &= -\omega^2 \left(\frac{\sin \omega\Delta t}{\omega\Delta t} \right)^2. \end{aligned} \tag{5.38}$$

Dies sollte verglichen werden mit dem exakten Ausdruck $H(\omega) = (i\omega)^2 = -\omega^2$. Abbildung 5.12 zeigt $-H(\omega)$ für beide Fälle.

5.6 Integrieren diskreter Daten

Die einfachste Art, diskrete Daten zu „integrieren", besteht in der Summation der Daten. Etwas genauer geht es, wenn man zwischen den Datenpunkten interpoliert. Dazu als Beispiel die Trapezregel für die Integration: die Fläche bis zum Index k sei y_k, im nächsten Schritt kommt die folgende Trapezfläche dazu (siehe Abb. 5.13):

$$y_{k+1} = y_k + \frac{\Delta t}{2} (f_{k+1} + f_k) \qquad \text{„Trapezregel"}. \tag{5.39}$$

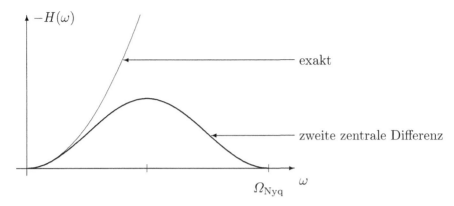

Abb. 5.12. Transferfunktion der „zweiten zentralen Differenz" (5.38) und exakter Wert (*dünne Linie*)

Der Algorithmus hat die Form: $\left(V^1 - 1\right) y_k = (\Delta t/2) \left(V^1 + 1\right) f_k$, V^l ist der Verschiebungsoperator von (5.4).

Abb. 5.13. Zur Trapezregel

Damit ist die dazugehörige Transferfunktion:

$$
\begin{aligned}
H(\omega) &= \frac{\Delta t}{2} \frac{\left(e^{i\omega\Delta t} + 1\right)}{\left(e^{i\omega\Delta t} - 1\right)} \\
&= \frac{\Delta t}{2} \frac{e^{i\omega\Delta t/2} \left(e^{+i\omega\Delta t/2} + e^{-i\omega\Delta t/2}\right)}{e^{i\omega\Delta t/2} \left(e^{+i\omega\Delta t/2} - e^{-i\omega\Delta t/2}\right)} \\
&= \frac{\Delta t}{2} \frac{2\cos(\omega\Delta t/2)}{2i\sin(\omega\Delta t/2)} = \frac{1}{i\omega} \frac{\omega\Delta t}{2} \cot \frac{\omega\Delta t}{2}.
\end{aligned}
\tag{5.40}
$$

Die „exakte" Transferfunktion ist:

$$
H(\omega) = \frac{1}{i\omega} \qquad \text{siehe hierzu auch (2.62).} \tag{5.41}
$$

Die Heavisidesche Stufenfunktion hat die Fouriertransformierte $\frac{1}{i\omega}$, diese erhalten wir bei der Integration über den Impulsstoß (δ-Funktion) als Input. Der Faktor $(\omega\Delta t/2)\cot(\omega\Delta t/2)$ kommt von der Diskretisierung. $H(\omega)$ ist in Abb. 5.14 dargestellt.

Die Trapezregel ist also ein sehr brauchbarer Integrationsalgorithmus.

Ein anderer Integrationsalgorithmus ist die Simpson-1/3-Regel, die folgendermaßen hergeleitet wird.

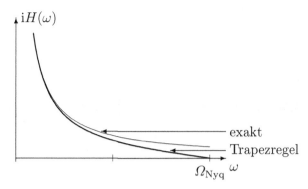

Abb. 5.14. Transferfunktion für die Trapezregel (5.39) und exakter Wert (*dünne Linie*)

Nehmen wir an, wir haben drei aufeinanderfolgende Zahlen f_0, f_1, f_2 und wollen ein Polynom 2. Grades durch diese Punkte legen:

$$y = a + bx + cx^2$$
$$\text{mit } y(x=0) = f_0 = a,$$
$$y(x=1) = f_1 = a + b + c,$$
$$y(x=2) = f_2 = a + 2b + 4c.$$
(5.42)

Daraus ergeben sich die Koeffizienten zu:

$$a = f_0,$$
$$c = f_0/2 + f_2/2 - f_1,$$
$$b = f_1 - f_0 - c = f_1 - f_0 - f_0/2 - f_2/2 + f_1$$
$$= 2f_1 - 3f_0/2 - f_2/2.$$
(5.43)

Die Integration dieses Polynoms von $0 \leq x \leq 2$ liefert:

$$I = 2a + 4\frac{b}{2} + 8\frac{c}{3}$$
$$= 2f_0 + 4f_1 - 3f_0 - f_2 + \frac{4}{3}f_0 + \frac{4}{3}f_2 - \frac{8}{3}f_1$$
$$= \frac{1}{3}f_0 + \frac{4}{3}f_1 + \frac{1}{3}f_2 = \frac{1}{3}\left(f_0 + 4f_1 + f_2\right).$$
(5.44)

Dies wird Simpson-1/3-Regel genannt. Da wir $2\Delta t$ aufgesammelt haben, benötigen wir die Schrittweite $2\Delta t$. Der Algorithmus lautet also:

$$\boxed{y_{k+2} = y_k + \frac{\Delta t}{3}\left(f_{k+2} + 4f_{k+1} + f_k\right) \qquad \text{„Simpson-1/3-Regel“.}}$$
(5.45)

Dies entspricht einer Interpolation mit einem Polynom 2. Grades. Die Transferfunktion lautet:

$$H(\omega) = \frac{1}{i\omega}\frac{\omega\Delta t}{3}\frac{2 + \cos\omega\Delta t}{\sin\omega\Delta t}$$

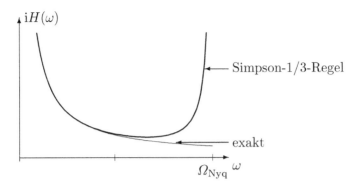

Abb. 5.15. Transferfunktion für die Simpson-1/3-Regel und exakter Wert (*dünne Linie*)

und ist in Abb. 5.15 dargestellt.

Bei hohen Frequenzen liefert die Simpson-1/3-Regel grob falsche Werte. Natürlich ist die Simpson-1/3-Regel bei mittleren Frequenzen genauer als die Trapezregel, sonst würde sich der Aufwand des Interpolierens mit einem Polynom 2. Grades ja gar nicht lohnen.

Bei $\omega = \Omega_{\mathrm{Nyq}}/2$ haben wir relativ zu $H(\omega) = \frac{1}{i\omega}$:

Trapez:

$$\frac{\Omega_{\mathrm{Nyq}}\Delta t}{4} \cot \frac{\Omega_{\mathrm{Nyq}}\Delta t}{4} = \frac{\pi}{4} \cot \frac{\pi}{4} = \frac{\pi}{4} = 0{,}785 \qquad (\text{zu klein}),$$

Simpson-1/3:

$$\frac{\Omega_{\mathrm{Nyq}}\Delta t}{6} \frac{2 + \cos(\Omega_{\mathrm{Nyq}}\Delta t/2)}{\sin(\Omega_{\mathrm{Nyq}}\Delta t/2)} = \frac{\pi}{6} \frac{2 + 0}{1} = \frac{\pi}{3} = 1{,}047 \qquad (\text{zu groß}).$$

Die Simpson-1/3-Regel ist auch bei sehr tiefen Frequenzen besser als die Trapezregel:

Trapez:

$$\frac{\omega\Delta t}{2} \left(\frac{1}{\omega\Delta t/2} - \frac{\omega\Delta t/2}{3} + \dots \right) \approx 1 - \frac{\omega^2\Delta t^2}{12}$$

Simpson-1/3:

$$
\frac{\omega\Delta t}{3} \frac{\left(2 + 1 - \dfrac{1}{2}\omega^2\Delta t^2 + \dfrac{\omega^4\Delta t^4}{24}\cdots\right)}{\omega\Delta t\left(1 - \dfrac{\omega^2\Delta t^2}{6} + \dfrac{\omega^4\Delta t^4}{120}\cdots\right)}
$$

$$
= \frac{\left(1 - \dfrac{\omega^2 t^2}{6} + \dfrac{\omega^4 t^4}{72}\cdots\right)}{\left(1 - \dfrac{\omega^2 t^2}{6} + \dfrac{\omega^4 t^4}{120}\cdots\right)}
$$

$$
\approx 1 + \frac{\omega^4\Delta t^4}{180}\cdots.
$$

Die Beispiele aus den Abschn. 5.2–5.6 legen folgende Empfehlungen bei der digitalen Datenverarbeitung nahe:

> Sampeln Sie so fein wie möglich!
> Halten Sie sich von Ω_{Nyq} fern!

Probieren Sie auch andere Algorithmen aus! Viel Spaß dabei!

Spielwiese

5.1. Bildrekonstruktion

Nehmen Sie an, wir haben folgendes Objekt mit zwei Projektionen (kleinstes, nichttriviales symmetrisches Bild):

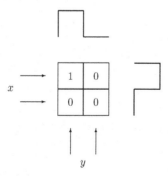

Wenn es hilft, stellen Sie sich einen Würfel mit konstanter Dichte vor und seinen Schatten (=Projektion), wenn er mit einem Lichtstrahl aus der x- und y-Richtung beleuchtet wird. 1 =Würfel ist da, 0 =Würfel ist nicht da (aber wir haben ein 2d-Problem).

Benützen Sie ein „Rampenfilter", definiert als $\{g_0 = 0, g_1 = 1\}$ und periodisch fortgesetzt, um die Projektion mit der inversen Fouriertransformierten der Rampe zu falten und projizieren Sie die gefilterten Daten zurück. Diskutieren Sie alle möglichen verschiedenen Bilder.

Hinweis: Falten Sie nacheinander entlang der x- und y-Richtung!

5.2. Total verschieden
Gegeben ist die Funktion $f(t) = \cos(\pi t/2)$, die zu den Zeiten $t_k = k\Delta t$, $k = 0,1,\ldots,5$ mit $\Delta t = 1/3$ gesampelt wurde.

Berechnen Sie die erste zentrale Differenz und vergleichen Sie das Ergebnis mit dem „exakten" Wert für $f'(t)$. Zeichnen Sie Ihr Ergebnis. Wie groß ist der prozentuale Fehler?

5.3. Simpson-1/3 gegen Trapez
Gegeben ist die Funktion $f(t) = \cos \pi t$, die zu Zeiten $t_k = k\Delta t$, $k = 0,1,\ldots,4$ mit $\Delta t = 1/3$ gesampelt wurde.

Berechnen Sie das Integral mit der Simpson-1/3-Regel und der Trapezregel und vergleichen Sie Ihr Resultat mit dem exakten Wert.

5.4. Total verrauscht
Gegeben ist als Input eine Kosinus-Zahlenfolge, die vom Rauschen praktisch begraben wird (Abb. 5.16).

$$f_i = \cos \frac{\pi j}{4} + 5(\text{RND} - 0{,}5), \qquad j = 0, 1, \ldots, N. \tag{5.46}$$

Das Rauschen hat in diesem Beispiel eine 2,5-fach höhere Amplitude als das Kosinus-Signal. (Das Signal-zu-Rausch-Verhältnis ist also $0{,}5 : 5/12 = 1{,}2$). Im Zeitspektrum (Abb. 5.16) ist diese Kosinus-Komponente nicht einmal zu erahnen.

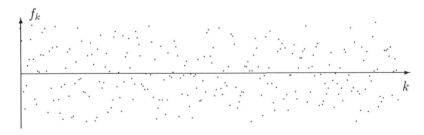

Abb. 5.16. Kosinus-Signal in total verrauschtem Untergrund nach (5.46)

a. Was erwarten Sie als Fouriertransformierte der Zahlenfolge von (5.46)?
b. Was kann man tun, um die Kosinus-Komponente auch im Zeitspektrum sichtbar zu machen?

5.5. Schiefe Ebene
Gegeben ist als Input eine diskrete Linie, die auf einem langsam abfallenden Untergrund sitzt (Abb. 5.17).

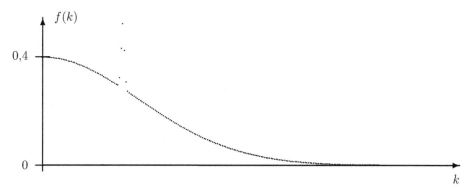

Abb. 5.17. Diskrete Linie auf langsam abfallendem Untergrund

a. Wie wird man den Untergrund am elegantesten los?
b. Wie wird man die „Unterschwinger" los?

Anhang: Lösungen

Spielwiese von Kapitel 1

1.1. Rasend schnell

$$\omega = 2\pi\nu \quad \text{mit } \nu = 100 \times 10^6 \, \text{s}^{-1}$$
$$= 628.3 \, \text{Mrad/s}$$
$$T = \frac{1}{\nu} = 10 \, \text{ns} \, ; s = cT = 3 \times 10^8 \, \text{m/s} \times 10^{-8} \, \text{s} = 3 \, \text{m}.$$

Leicht zu merken: 1 ns entspricht 30 cm, die Länge eines Lineals.

1.2. Total seltsam
Sie ist gemischt, da weder $f(t) = f(-t)$ noch $f(-t) = -f(t)$ gilt.
   Zerlegung:

$$f(t) = f_{\text{gerade}}(t) + f_{\text{ungerade}}(t) = \cos\frac{\pi}{2}t \quad \text{in } 0 < t \leq 1$$
$$f_{\text{gerade}}(t) = f_{\text{gerade}}(-t) = f_{\text{gerade}}(1-t)$$
$$f_{\text{ungerade}}(t) = -f_{\text{ungerade}}(-t) = -f_{\text{ungerade}}(1-t)$$

$$f_{\text{gerade}}(1-t) - f_{\text{ungerade}}(1-t) = f_{\text{gerade}}(t) + f_{\text{ungerade}}(t) = \cos\frac{\pi}{2}t = \sin\frac{\pi}{2}(1-t).$$

Ersetzen Sie $1 - t$ durch t:

$$f_{\text{gerade}}(t) - f_{\text{ungerade}}(t) = \sin\frac{\pi}{2}t \tag{A.1}$$

$$f_{\text{gerade}}(t) + f_{\text{ungerade}}(t) = \cos\frac{\pi}{2}t \tag{A.2}$$

$$\text{(A.1)} + \text{(A.2) yields}: \quad f_{\text{gerade}}(t) = \frac{1}{2}\left(\cos\frac{\pi}{2}t + \sin\frac{\pi}{2}t\right)$$

$$\text{(A.1)} - \text{(A.2) yields}: \quad f_{\text{ungerade}}(t) = \frac{1}{2}\left(\cos\frac{\pi}{2}t - \sin\frac{\pi}{2}t\right).$$

Die graphische Lösung ist in Abb. A.1 dargestellt.

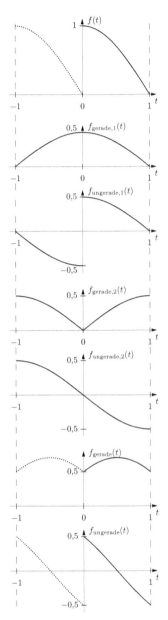

Abb. A.1. $f(x) = \cos(\pi t/2)$ für $0 \le t \le 1$, periodische Fortsetzung in dem Intervall $-1 \le t \le 0$ ist *gepunktet*; die folgenden zwei Graphen addieren sich korrekt für das Intervall $0 \le t \le 1$, geben aber 0 für das Intervall $-1 \le t \le 0$; die nächsten zwei Graphen addieren sich korrekt für das Intervall $-1 \le t \le 0$ und lassen das Intervall $0 \le t \le 1$ unverändert;   die   zwei   untersten   Graphen   zeigen $f_{\text{gerade}}(t) = f_{\text{gerade},1}(t) + f_{\text{gerade},2}(t)$ und $f_{\text{ungerade}}(t) = f_{\text{ungerade},1}(t) + f_{\text{ungerade},2}(t)$ (*von oben nach unten*)

1.3. Absolut wahr

Das ist eine gerade Funktion! Sie hätte auch genauso gut als $f(t) = |\sin \pi t|$ in $-\infty \le t \le +\infty$ geschrieben werden können. Es ist am praktischsten von 0 bis 1 zu integrieren, d.h. eine volle Periode mit Einheitslänge.

$$C_k = \int_0^1 \sin \pi t \cos 2\pi k t \, dt$$

$$= \int_0^1 \frac{1}{2} \left[\sin(\pi - 2\pi k)t + \sin(\pi + 2\pi k)t \right] dt$$

$$= \frac{1}{2} \left\{ (-1) \frac{\cos(\pi - 2\pi k)t}{\pi - 2\pi k} \Big|_0^1 + (-1) \frac{\cos(\pi + 2\pi k)t}{\pi + 2\pi k} \Big|_0^1 \right\}$$

$$= \frac{1}{2} \left\{ \frac{(-1)\cos\pi(1-2k)}{\pi - 2\pi k} + \frac{1}{\pi - 2\pi k} + \frac{(-1)\cos\pi(1+2k)}{\pi + 2\pi k} + \frac{1}{\pi + 2\pi k} \right\}$$

$$= \frac{1}{2} \left\{ (-1) \left[\frac{\overset{=(-1)}{\cos \pi} \overset{=1}{\cos 2\pi k} + \overset{=0}{\sin \pi} \overset{=0}{\sin 2\pi k}}{\pi - 2\pi k} \right] \right.$$

$$\left. + (-1) \left[\frac{\overset{=(-1)}{\cos \pi} \overset{=1}{\cos 2\pi k} - \overset{=0}{\sin \pi} \overset{=0}{\sin 2\pi k}}{\pi + 2\pi k} \right] + \frac{2\pi}{\pi^2 - 4\pi^2 k^2} \right\}$$

$$= \frac{1}{2} \left\{ \frac{1}{\pi - 2\pi k} + \frac{1}{\pi + 2\pi k} + \frac{2\pi}{\pi^2 - 4\pi^2 k^2} \right\}$$

$$= \frac{2}{\pi - 4\pi k^2} = \frac{2}{\pi(1 - 4k^2)}$$

$$f(t) = \overset{k=0}{\frac{2}{\pi}} - \overset{k=\pm 1}{\frac{4}{3\pi} \cos 2\pi t} - \overset{k=\pm 2}{\frac{4}{15\pi} \cos 4\pi t} - \overset{k=\pm 3}{\frac{4}{35\pi} \cos 6\pi t} - \ldots .$$

1.4. Ziemlich komplex

Die Funktion $f(t) = 2\sin(3\pi t/2)\cos(\pi t/2)$ für $0 \le t \le 1$ kann mithilfe einer trigonometrischen Identität umgeschrieben werden zu $f(t) = \sin \pi t + \sin 2\pi t$. Wir haben gerade den ersten Teil berechnet und das Linearitätstheorem sagt uns, daß wir nur C_k für den zweiten Teil berechnen müssen und dann beide Koeffizienten addieren müssen. Der zweite Teil ist eine ungerade Funktion! Wir müssen C_k eigentlich gar nicht berechnen, da der zweite Teil unsere Basisfunktion für $k = 1$ ist. Daher ergibt sich:

$$C_k = \begin{cases} i/2 & \text{für } k = +1 \\ -i/2 & \text{für } k = -1 \\ 0 & \text{sonst} \end{cases} .$$

Zusammen:

$$C_k = \frac{2}{\pi(1 - 4k^2)} + \frac{\mathrm{i}}{2}\delta_{k,1} - \frac{\mathrm{i}}{2}\delta_{k,-1}.$$

Die graphische Lösung ist in Abb. A.2 dargestellt.

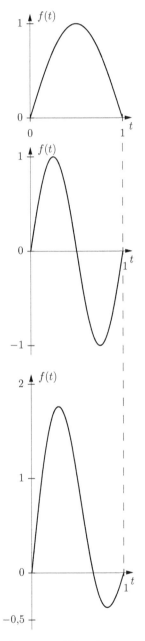

Abb. A.2. $\sin \pi t$ (*oben*); $\sin 2\pi t$ (*Mitte*); Summe von beiden (*unten*)

1.5. Schieberei

Mit dem 1. Verschiebungssatz bekommen wir:

$$C_k^{\text{neu}} = e^{+i2\pi k \frac{1}{2}} C_k^{\text{alt}}$$
$$= e^{+i\pi k} C_k^{\text{alt}} \quad = (-1)^k C_k^{\text{alt}}.$$

Verschobener erster Teil:
die geraden Terme bleiben unverändert, die ungeraden Terme bekommen ein Minuszeichen. Wir müßten rechnen:

Verschobener zweiter Teil:
die Imaginärteile für $k = \pm 1$ bekommen jetzt ein Minuszeichen, da die Amplitude negativ ist.

$$C_k = \int_{-1/2}^{1/2} \cos \pi t \cos 2\pi kt \, dt.$$

Abbildung A.3 illustriert beide verschobenen Teile. Beachten Sie den Knick im Zentrum des Intervalls, der von der Tatsache herrührt, daß die Steigungen der unverschobenen Funktion an den Intervallgrenzen verschieden sind (siehe Abb. A.2).

1.6. Kubisch

Die Funktion ist gerade, die C_k sind reell. Mit der trigonometrischen Identität $\cos^3 2\pi t = (1/4)(3\cos 2\pi t + \cos 6\pi t)$ bekommen wir:

$$\begin{array}{lll}
C_0 = 0 & & A_0 = 0 \\
C_1 = C_{-1} = 3/8 & \text{oder} & A_1 = 3/4 \\
C_3 = C_{-3} = 1/8 & & A_3 = 1/4
\end{array} \quad .$$

Kontrolle mit dem 2. Verschiebungssatz: $\cos^3 2\pi t = \cos 2\pi t \cos^2 2\pi t$. Von (1.5) bekommen wir $\cos^2 2\pi t = 1/2 + (1/2)\cos 4\pi t$, d.h. $C_0^{\text{alt}} = 1/2$, $C_2^{\text{alt}} = C_{-2}^{\text{alt}} = 1/4$.

Von (1.36) mit $T = 1$ und $a = 1$ bekommen wir für den Realteil (die B_k sind 0):

$$C_0 = A_0; \quad C_k = A_{k/2}; \quad C_{-k} = A_{k/2},$$

$$C_0^{\text{alt}} = 1/2 \quad \text{und} \quad C_2^{\text{alt}} = C_{-2}^{\text{alt}} = 1/4$$

mit $C_k^{\text{neu}} = C_{k-1}^{\text{alt}}$:

$$\begin{array}{ll}
C_0^{\text{neu}} = C_{-1}^{\text{alt}} = 0 & \\
C_1^{\text{neu}} = C_0^{\text{alt}} = 1/2 & C_{-1}^{\text{neu}} = C_{-2}^{\text{alt}} = 1/4 \\
C_2^{\text{neu}} = C_1^{\text{alt}} = 0 & C_{-2}^{\text{neu}} = C_{-3}^{\text{alt}} = 0 \\
C_3^{\text{neu}} = C_2^{\text{alt}} = 1/4 & C_{-3}^{\text{neu}} = C_{-4}^{\text{alt}} = 0.
\end{array}$$

Beachten Sie, daß für die verschobenen C_k nicht länger $C_k = C_{-k}$ gilt!

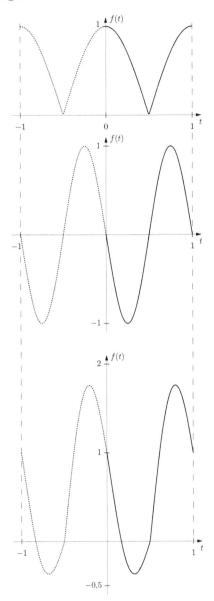

Abb. A.3. Verschobener erster Teil; verschobener zweiter Teil; Summe von beiden (*von oben nach unten*)

Lassen Sie uns zuerst die A_k^{neu} konstruieren:

$$A_k^{\text{neu}} = C_k^{\text{neu}} + C_{-k}^{\text{neu}}$$

$A_0^{\text{neu}} = 0$; $A_1^{\text{neu}} = 3/4$; $A_2^{\text{neu}} = 0$; $A_3^{\text{neu}} = 1/4$. Wir wollen natürlich $C_k = C_{-k}$ haben, also definieren wir lieber $C_0^{\text{neu}} = A_0^{\text{neu}}$ und $C_k^{\text{neu}} = C_{-k}^{\text{neu}} = A_k^{\text{neu}}/2$.

Abbildung A.4 zeigt die Zerlegung der Funktion $f(t) = \cos^3 2\pi t$ unter Verwendung der trigonometrischen Identität. Die Fourierkoeffizienten C_k von $\cos^2 2\pi t$ vor und nach dem Verschieben unter Verwendung des 2. Verschiebungssatzes sowie die Fourierkoeffizienten A_k für $\cos^2 2\pi t$ und $\cos^3 2\pi t$ sind in Abb. A.5 dargestellt.

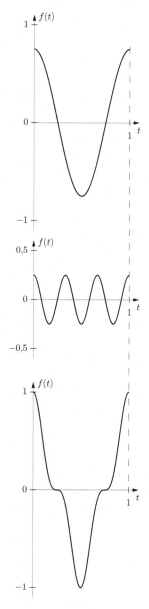

Abb. A.4. Die Funktion $f(t) = \cos^3 2\pi t$ kann mit Hilfe einer trigonometrischen Identität in $f(t) = (3\cos 2\pi t + \cos 6\pi t)/4$ zerlegt werden

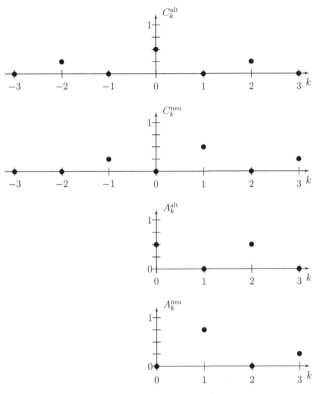

Abb. A.5. Fourierkoeffizienten C_k für $f(t) = \cos^2 2\pi t = 1/2 + (1/2)\cos 4\pi t$ und nach dem Verschieben mit Hilfe des 2. Verschiebungssatzes (*obere zwei*). Fourierkoeffizienten A_k für $f(t) = \cos^2 2\pi t$ und $f(t) = \cos^3 2\pi t$ (*untere zwei*)

1.7. Griff nach Unendlichkeit

Nehmen wir $T = 1$ und setzen $B_k = 0$. Dann haben wir von (1.50):

$$\int_0^1 f(t)^2 \mathrm{d}t = A_0^2 + \frac{1}{2}\sum_{k=1}^{\infty} A_k^2.$$

Wir wollen $A_k^2 \propto 1/k^4$ oder $A_k \propto \pm 1/k^2$ haben. Also brauchen wir einen Knick in unserer Funktion, wie in der „Dreieckfunktion". Allerdings wollen wir die Einschränkung auf negative k nicht: lassen Sie uns eine Parabel versuchen. $f(t) = t(1 - t)$ für $0 \le t \le 1$.
Für $k \ne 0$ bekommen wir:

$$C_k = \int_0^1 t(1 - t)\cos 2\pi kt \mathrm{d}t$$

$$= \int_0^1 t \cos 2\pi kt \mathrm{d}t - \int_0^1 t^2 \cos 2\pi kt \mathrm{d}t$$

$$= \frac{\cos 2\pi kt}{(2\pi k)^2}\bigg|_0^1 + \frac{t \sin 2\pi kt}{2\pi k}\bigg|_0^1$$

$$- \left(\frac{2t}{(2\pi k)^2} \cos 2\pi kt + \left(\frac{t^2}{2\pi k} - \frac{2}{(2\pi k)^3}\right) \sin 2\pi kt\right)\bigg|_0^1$$

$$= -\left(\frac{2}{(2\pi k)^2} \times 1 + \left(\frac{1}{2\pi k} - \frac{2}{(2\pi k)^3}\right) \times 0 - \left(0 - \frac{2}{(2\pi k)^3}\right) \times 0\right)$$

$$= -\frac{1}{2\pi^2 k^2}.$$

Für $k = 0$ bekommen wir:

$$C_0 = \int_0^1 t(1-t)\mathrm{d}t = \int_0^1 t\mathrm{d}t - \int_0^1 t^2\mathrm{d}t$$

$$= \frac{t^2}{2}\bigg|_0^1 - \frac{t^3}{3}\bigg|_0^1 = \frac{1}{2} - \frac{1}{3}$$

$$= \frac{1}{6}.$$

Von der linken Seite von (1.50) bekommen wir:

$$\int_0^1 t^2(1-t)^2\mathrm{d}t = \int_0^1 (t^2 - 2t^3 + t^4)\mathrm{d}t$$

$$= \frac{t^3}{3} - 2\frac{t^4}{4} + \frac{t^5}{5}\bigg|_0^1 = \frac{1}{3} - \frac{1}{2} + \frac{1}{5}$$

$$= \frac{10 - 15 + 6}{30}$$

$$= \frac{1}{30}.$$

Also bekommen wir mit $A_0 = C_0$ und $A_k = C_k + C_{-k} = 2C_k$:

$$\frac{1}{30} = \frac{1}{36} + \frac{1}{2}\sum_{k=1}^{\infty}\left(\frac{1}{\pi^2 k^2}\right)^2 = \frac{1}{36} + \frac{1}{2\pi^4}\sum_{k=1}^{\infty}\frac{1}{k^4}$$

$$\text{oder } \left(\frac{1}{30} - \frac{1}{36}\right)2\pi^4 = \sum_{k=1}^{\infty}\frac{1}{k^4} = \frac{36-30}{1080}2\pi^4$$

$$= \frac{6\pi^4}{540} = \frac{\pi^4}{90}.$$

1.8. Glatt

Aus (1.63) wissen wir, daß eine Diskontinuität in der Funktion zu einer $\left(\frac{1}{k}\right)$-Abhängigkeit führt; eine Diskontinuität in der ersten Ableitung führt zu einer $\left(\frac{1}{k^2}\right)$-Abhängigkeit etc.

Hier haben wir:

$$
\begin{aligned}
f &= 1 - 8t^2 + 16t^4 & &\text{kontinuierlich an den Grenzen} \\
f' &= -16t + 64t^3 = -16t(1 - 4t^2) & &\text{kontinuierlich an den Grenzen} \\
f'' &= -16 + 192t^2 & &\text{immer noch kontinuierlich an den Grenzen} \\
f''' &= 384t & &\underline{\text{nicht}} \text{ kontinuierlich an den Grenzen}
\end{aligned}
$$

$$f'''\left(-\tfrac{1}{2}\right) = -192 \qquad f'''\left(+\tfrac{1}{2}\right) = +192.$$

Also sollten wir eine $\left(\frac{1}{k^4}\right)$-Abhängigkeit haben.

Kontrolle durch direkte Berechnung. Für $k \neq 0$ bekommen wir:

$$
\begin{aligned}
C_k &= \int\limits_{-1/2}^{+1/2} (1 - 8t^2 + 16t^4)\cos 2\pi kt\, dt \\[2mm]
&= 2\int\limits_{0}^{1/2} (\cos 2\pi kt - 8t^2\cos 2\pi kt + 16t^4\cos 2\pi kt)dt \quad \text{mit } a = 2\pi k \\[2mm]
&= 2\left[\frac{\sin at}{a} - 8\left[\frac{2t}{a^2}\cos at + \left(\frac{t^2}{a} - \frac{2}{a^3}\right)\sin at\right]\right. \\[2mm]
&\quad \left. + t^4\frac{\sin at}{a} - \frac{4}{a}\left[\left(\frac{3t^2}{a^2} - \frac{6}{a^4}\right)\sin at - \left(\frac{t^3}{a} - \frac{6t}{a^3}\right)\cos at\right]\right]\Big|_0^{1/2} \\[2mm]
&= 2\left[-8\left(\frac{1}{a^2}(-1)^k\right) + 16\frac{1}{2a^4}(-1)^k(a^2 - 24)\right] \\[2mm]
&= 2(-1)^k\left(\frac{8}{a^2} + \frac{8}{a^4}(a^2 - 24)\right) \\[2mm]
&= 16(-1)^k\left(-\frac{1}{a^2} + \frac{1}{a^2} - \frac{24}{a^4}\right) \\[2mm]
&= -16 \times 24\frac{(-1)^k}{a^4} \\[2mm]
&= -384\frac{(-1)^k}{a^4} \\[2mm]
&= -\frac{24(-1)^k}{\pi^4 k^4}.
\end{aligned}
$$

Für $k = 0$ bekommen wir:

$$C_0 = 2\int\limits_{0}^{1/2} (1 - 8t^2 + 16t^4)dt$$

$$= 2 \left(t - \frac{8}{3}t^3 + \frac{16}{5}t^5 \right) \Big|_0^{1/2}$$

$$= 2 \left(\frac{1}{2} - \frac{8}{3}\frac{1}{8} + \frac{16}{5}\frac{1}{32} \right)$$

$$= 2 \left(\frac{1}{2} - \frac{1}{3} + \frac{1}{10} \right) = 2\frac{15 - 10 + 3}{30}$$

$$= \frac{8}{15}.$$

Spielwiese von Kapitel 2

2.1. Schwarze Magie

Abbildung A.6 illustriert die Konstruktion:

a. Die schräge Gerade ist $y = x \tan\theta$; die Gerade, die parallel zur x-Achse ist, ist $y = a$. Ihr Schnittpunkt gibt $x \tan\theta = a$ oder $x = a \cot\theta$. Der Kreis wird geschrieben als $x^2 + (y - a/2)^2 = (a/2)^2$ oder $x^2 + y^2 - ay = 0$. Setzt man $x = y \cot\theta$ für die schräge Gerade ein, ergibt sich $y^2 \cot^2\theta + y^2 = ay$ oder – mit dividieren durch $y \neq 0$ – $y = a/(1 + \cot^2\theta) = a \sin^2\theta$ (die triviale Lösung $y = 0$ entspricht dem Schnittpunkt im Ursprung und $\pm\infty$).

b. Durch eliminieren von θ erhalten wir $y = a/(1 + (x/a)^2) = a^3/(a^2 + x^2)$.

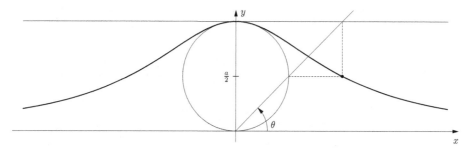

Abb. A.6. Die „Versiera" der Agnesi: ein Konstruktionsrezept für eine Lorentz-Funktion mit Zirkel und Lineal

c. Die Berechnung der Fouriertransformierten ist das umgekehrte Problem von (2.17):

$$F(\omega) = 2 \int_0^\infty \frac{a^3}{a^2 + x^2} \cos\omega x \, dx$$

$$= 2a^3 \int_0^\infty \frac{\cos\omega a x'}{a^2 + a^2 x'^2} a \, dx' \qquad \text{mit } x = ax'$$

$$= 2a^2 \int\limits_0^\infty \frac{\cos \omega a x'}{1 + x'^2} \mathrm{d}x'$$

$$= a^2 \pi e^{-a|\omega|}$$

die beidseitige Exponentialfunktion. In der Tat, was Mathematiker „Versiera" der Agnesi nennen ist – abgesehen von Konstanten – identisch mit dem, was Physiker Lorentz-Funktion nennen.

Was hat das mit „schwarzer Magie" zu tun? Eine rationale Funktion, der geometrische Ort eines einfachen Problems mit Geraden und einem Kreis, hat eine transzendente Fouriertransformierte und umgekehrt! Kein Wunder, die trigonometrischen Funktionen, die in der Fouriertransformation verwendet werden, sind selbst transzendent!

2.2. Phasenverschiebungsknopf

Wir schreiben $f(t) \leftrightarrow \mathrm{Re}\{F(\omega)\} + \mathrm{i}\,\mathrm{Im}\{F(\omega)\}$ vor dem Verschieben. Mit dem 1. Verschiebungssatz bekommen wir:

$$f(t - a) \leftrightarrow (\mathrm{Re}\{F(\omega)\} + \mathrm{i}\,\mathrm{Im}\{F(\omega)\}) (\cos \omega a - \mathrm{i} \sin \omega a)$$
$$= \mathrm{Re}\{F(\omega)\} \cos \omega a + \mathrm{Im}\{F(\omega)\} \sin \omega a$$
$$+ \mathrm{i}\,(\mathrm{Im}\{F(\omega)\} \cos \omega a - \mathrm{Re}\{F(\omega)\} \sin \omega a).$$

Der Imaginärteil verschwindet für $\tan \omega a = \mathrm{Im}\{F(\omega)\}/\mathrm{Re}\{F(\omega)\}$ oder $a = (1/\omega) \times \arctan(\mathrm{Im}\{F(\omega)\}/\mathrm{Re}\{F(\omega)\})$. Für einen sinusförmigen Input mit Phasenverschiebung, d.h. $f(t) = \sin(\omega t - \varphi)$, identifizieren wir a mit φ/ω, also $\varphi = a \arctan(\mathrm{Im}\{F(\omega)\}/\mathrm{Re}\{F(\omega)\})$. Das ist unser „Phasenverschiebungsknopf". Falls z.B. $\mathrm{Re}\{F(\omega)\}$ vor dem Verschieben 0 war, müßten wir den „Phasenverschiebungsknopf" um $\omega a = \pi/2$ oder – mit $\omega = 2\pi/T$ – um $a = T/4$ (oder 90°, d.h. die Phasenverschiebung zwischen Sinus und Kosinus) verschieben. Da $\mathrm{Re}\{F(\omega)\}$ vor dem Verschieben nicht 0 war, genügt weniger als 90°, um den Imaginärteil zu 0 zu machen. Der Realteil, der sich nach der Verschiebung ergibt, muß $\mathrm{Re}\{F_{\text{verschoben}}\} = \sqrt{\mathrm{Re}\{F(\omega)\}^2 + \mathrm{Im}\{F(\omega)\}^2}$, da $|F(\omega)|$ durch die Verschiebung nicht beeinflußt wird und $\mathrm{Im}\{F_{\text{verschoben}}\} = 0$. Falls Sie skeptisch sind, setzen Sie $\tan \omega a = \mathrm{Im}\{F(\omega)\}/\mathrm{Re}\{F(\omega)\}$ in den Ausdruck für $\mathrm{Re}\{F_{\text{verschoben}}\}$ ein:

$$\mathrm{Re}\{F_{\text{verschoben}}\} = \mathrm{Re}\{F(\omega)\} \cos \omega a + \mathrm{Im}\{F(\omega)\} \sin \omega a$$
$$= \mathrm{Re}\{F(\omega)\} \frac{1}{\sqrt{1 + \tan^2 \omega a}} + \mathrm{Im}\{F(\omega)\} \frac{\tan \omega a}{\sqrt{1 + \tan^2 \omega a}}$$
$$= \frac{\mathrm{Re}\{F(\omega)\} + \mathrm{Im}\{F(\omega)\} \frac{\mathrm{Im}\{F(\omega)\}}{\mathrm{Re}\{F(\omega)\}}}{\sqrt{1 + \frac{\mathrm{Im}\{F(\omega)\}^2}{\mathrm{Re}\{F(\omega)\}^2}}}$$
$$= \sqrt{\mathrm{Re}\{F(\omega)\}^2 + \mathrm{Im}\{F(\omega)\}^2}.$$

Natürlich funktioniert der „Phasenverschiebungsknopf" nur für eine bestimmte Frequenz ω.

2.3. Pulse

$f(t)$ ist ungerade; $\omega_0 = n\frac{2\pi}{T/2}$ oder $\frac{T}{2}\omega_0 = n2\pi$.

$$F(\omega) = (-\mathrm{i}) \int_{-T/2}^{T/2} \sin(\omega_0 t)\sin\omega t\, dt$$

$$= (-\mathrm{i})\frac{1}{2} \int_{-T/2}^{T/2} \left(\cos(\omega_0 - \omega)t - \cos(\omega_0 + \omega)t\right) dt$$

$$= (-\mathrm{i}) \int_{0}^{T/2} \left(\cos(\omega_0 - \omega)t - \cos(\omega_0 + \omega)t\right) dt$$

$$= (-\mathrm{i})\left(\frac{\sin(\omega_0 - \omega)\frac{T}{2}}{\omega_0 - \omega} - \frac{\sin(\omega_0 + \omega)\frac{T}{2}}{\omega_0 + \omega}\right)$$

$$= (-\mathrm{i})\left(\frac{\overset{=0}{\sin\omega_0\frac{T}{2}}\,\overset{=1}{\cos\omega\frac{T}{2}} - \cos\omega_0\frac{T}{2}\sin\omega\frac{T}{2}}{\omega_0 - \omega}\right.$$

$$\left. - \frac{\overset{=0}{\sin\omega_0\frac{T}{2}}\,\overset{=1}{\cos\omega\frac{T}{2}} + \cos\omega_0\frac{T}{2}\sin\omega\frac{T}{2}}{\omega_0 + \omega}\right)$$

$$= \mathrm{i}\sin\omega\frac{T}{2}\left(\frac{1}{\omega_0 - \omega} + \frac{1}{\omega_0 + \omega}\right) = 2\mathrm{i}\sin\frac{\omega T}{2} \times \frac{\omega_0}{\omega_0^2 - \omega^2}\,.$$

In Resonanz: $F(\omega_0) = -\mathrm{i}T/2$; $F(-\omega_0) = +\mathrm{i}T/2$; $|F(\pm\omega_0)| = T/2$. Das ist leicht einzusehen, indem man zurück geht zu den Ausdrücken vom Typ $\frac{\sin x}{x}$.

Für zwei solche Pulse zentriert um $\pm\Delta$ bekommen wir:

$$F_{\text{verschoben}}(\omega) = 2\mathrm{i}\sin\frac{\omega T}{2} \times \frac{\omega_0}{\omega_0^2 - \omega^2}\left(e^{\mathrm{i}\omega\Delta} + e^{-\mathrm{i}\omega\Delta}\right)$$

$$= 4\mathrm{i}\sin\frac{\omega T}{2} \times \frac{\omega_0}{\omega_0^2 - \omega^2}\cos\omega\Delta \quad \longleftarrow \text{„Modulation"}.$$

$|F(\omega_0)| = T$ falls in Resonanz: $\omega_0\Delta = l\pi$. Um $|F(\omega)|$ zu maximieren, brauchen wir $\omega\Delta = l\pi$; $l = 1,2,3,\ldots$; Δ hängt von ω ab!

2.4. Phasengekoppelte Pulse

Das ist ein Textbuchfall für den 2. Verschiebungssatz! Also starten wir mit DC-Pulsen. Diese Funktion ist gerade!

$$F_{\text{DC}}(\omega) = \int_{-\Delta-\frac{T}{2}}^{-\Delta+\frac{T}{2}} \cos\omega t\, dt + \int_{+\Delta-\frac{T}{2}}^{+\Delta+\frac{T}{2}} \cos\omega t\, dt = 2\int_{\Delta-\frac{T}{2}}^{\Delta+\frac{T}{2}} \cos\omega t\, dt$$

mit $t' = -t$ bekommen wir ein Minuszeichen von dt' und ein weiteres vom Vertauschen der Integrationsgrenzen

$$= 2\frac{\sin \omega t}{\omega}\Big|_{\Delta-\frac{T}{2}}^{\Delta+\frac{T}{2}} = 2\frac{\sin \omega \left(\Delta + \frac{T}{2}\right) - \sin \omega \left(\Delta - \frac{T}{2}\right)}{\omega}$$

$$= \frac{4}{\omega} \cos \omega \Delta \sin \omega \frac{T}{2}.$$

Mit (2.29) bekommen wir schließlich:

$$F(\omega) = 2i \left[\frac{\sin(\omega + \omega_0)\frac{T}{2} \cos(\omega + \omega_0)\Delta}{\omega + \omega_0} - \frac{\sin(\omega - \omega_0)\frac{T}{2} \cos(\omega - \omega_0)\Delta}{\omega - \omega_0} \right]$$

$$= 2i \left[\frac{\cos(\omega + \omega_0)\Delta \left(\overset{=1}{\sin \omega \frac{T}{2} \cos \omega_0 \frac{T}{2}} + \overset{=0}{\cos \omega \frac{T}{2} \sin \omega_0 \frac{T}{2}} \right)}{\omega + \omega_0} \right.$$

$$\left. - \frac{\cos(\omega - \omega_0)\Delta \left(\overset{=1}{\sin \omega \frac{T}{2} \cos \omega_0 \frac{T}{2}} - \overset{=0}{\cos \omega \frac{T}{2} \sin \omega_0 \frac{T}{2}} \right)}{\omega - \omega_0} \right]$$

$$= 2i \sin \omega \frac{T}{2} \left[\frac{\cos(\omega + \omega_0)\Delta}{\omega + \omega_0} - \frac{\cos(\omega - \omega_0)\Delta}{\omega - \omega_0} \right]$$

$$= \frac{2i \sin \omega \frac{T}{2}}{\omega^2 - \omega_0^2} ((\omega - \omega_0) \cos(\omega + \omega_0)\Delta - (\omega + \omega_0) \cos(\omega - \omega_0)\Delta).$$

Um die Extrema zu finden, genügt es zu berechnen:

$$\frac{d}{d\Delta} ((\omega - \omega_0) \cos(\omega + \omega_0)\Delta - (\omega + \omega_0) \cos(\omega - \omega_0)\Delta) = 0$$

$$(\omega - \omega_0)(-1)(\omega + \omega_0) \sin(\omega + \omega_0)\Delta - (\omega + \omega_0)(\omega - \omega_0) \sin(\omega - \omega_0)\Delta = 0$$

$$\text{oder } (\omega^2 - \omega_0^2)(\sin(\omega + \omega_0)\Delta - \sin(\omega - \omega_0)\Delta) = 0$$

$$\text{oder } (\omega^2 - \omega_0^2) \cos \omega \Delta \sin \omega_0 \Delta = 0.$$

Das ist erfüllt für alle Frequenzen ω falls $\sin \omega_0 \Delta = 0$ oder $\omega_0 \Delta = l\pi$. Mit dieser Wahl bekommen wir schließlich:

$$F(\omega) = \frac{2i \sin \omega \frac{T}{2}}{\omega^2 - \omega_0^2} \left[(\omega - \omega_0) \left(\cos \omega \Delta \cos \omega_0 \Delta - \overset{=0}{\sin \omega \Delta \sin \omega_0 \Delta} \right) \right.$$

$$\left. - (\omega + \omega_0) \left(\cos \omega \Delta \cos \omega_0 \Delta + \overset{=0}{\sin \omega \Delta \sin \omega_0 \Delta} \right) \right]$$

$$= \frac{2i \sin \omega \frac{T}{2}}{\omega^2 - \omega_0^2} (-1)^l \cos \omega \Delta \times 2\omega_0$$

$$= 4i\omega_0(-1)^l \frac{\sin\omega\frac{T}{2}\cos\omega\Delta}{\omega^2-\omega_0^2}.$$

In Resonanz $\omega = \omega_0$ bekommen wir:

$$|F(\omega)| = 4\omega_0 \lim_{\omega\to\omega_0} \frac{\sin\omega\frac{T}{2}}{\omega^2-\omega_0^2} \qquad \text{mit } T = \frac{4\pi}{\omega_0}$$

$$= 4\omega_0 \lim_{\omega\to\omega_0} \frac{\sin 2\pi\frac{\omega}{\omega_0}}{\omega_0^2\left(\frac{\omega^2}{\omega_0^2}-1\right)} \qquad \text{mit } \alpha = \frac{\omega}{\omega_0}$$

$$= \frac{4}{\omega_0} \lim_{\alpha\to 1} \frac{\sin 2\pi\alpha}{(\alpha-1)(\alpha+1)} \qquad \text{mit } \beta = \alpha - 1$$

$$= \frac{2}{\omega_0} \lim_{\beta\to 0} \frac{\sin 2\pi(\beta+1)}{\beta} = \frac{2}{\omega_0} \lim_{\beta\to 0} \left(\frac{\sin 2\pi\beta \overset{=1}{\cos 2\pi} + \cos 2\pi\beta \overset{=0}{\sin 2\pi}}{\beta} \right)$$

$$= \frac{2}{\omega_0} \lim_{\beta\to 0} \frac{2\pi\cos 2\pi\beta}{1} = \frac{4\pi}{\omega_0} = T.$$

Für die Berechnung der FWHM gehen wir lieber zurück zu DC-Pulsen!
Für zwei Pulse im Abstand 2Δ bekommen wir:

$$F_{DC}(0) = 4\frac{T}{2} \lim_{\omega\to 0} \frac{\sin\omega\frac{T}{2}}{\omega\frac{T}{2}} = 2T$$

$$\text{und } |F_{DC}(0)|^2 = 4T^2.$$

Mit $\left(\frac{4}{\omega}\cos\omega\Delta\sin\omega\frac{T}{2}\right)^2 = \frac{1}{2}|F_{DC}(0)|^2 = 2T^2$ bekommen wir (mittels $\frac{\Delta}{T} = \frac{l}{4}$):

$$16\cos^2\frac{\omega Tl}{4}\sin^2\frac{\omega T}{2} = 2T^2\omega^2 \qquad \text{mit } x = \frac{\omega T}{4}$$

$$\cos^2 xl\sin^2 2x = 2x^2.$$

Für $l = 1$ haben wir:

$$\cos^2 x\sin^2 2x = 2x^2$$
$$\text{oder } \cos x\sin 2x = \sqrt{2}x$$
$$\cos x \times 2\sin x\cos x = \sqrt{2}x$$
$$\cos^2 x\sin x = \frac{x}{\sqrt{2}}.$$

Die Lösung dieser transzendenten Gleichung ergibt:

$$\Delta\omega = \frac{4{,}265}{T} \qquad \text{mit } \Delta = \frac{T}{4}.$$

Für $l = 2$ haben wir:

$$\cos^2 2x \sin^2 2x = 2x^2$$
$$\text{oder } \cos 2x \sin 2x = \sqrt{2}x$$
$$\frac{1}{2} \sin 4x = \sqrt{2}x$$
$$\sin 4x = 2\sqrt{2}x.$$

Die Lösung dieser transzendenten Gleichung ergibt:

$$\Delta\omega = \frac{2{,}783}{T} \qquad \text{mit } \Delta = \frac{T}{2}.$$

Diese Werte für die FWHM sollten mit dem Wert für einen einzelnen DC-Puls verglichen werden (siehe (3.12)):

$$\Delta\omega = \frac{5{,}566}{T}.$$

Die Fouriertransformierte eines solchen Doppelpulses stellt das Frequenzspektrum dar, das für die Anregung in einem Resonanzabsorptionsexperiment zur Verfügung steht. In der Hochfrequenzspektroskopie heißt das Ramsey–Technik, Ärzte würden es fraktionierte Medikation nennen.

2.5. Trickreiche Faltung

Wir wollen $h(t) = f_1(t) \otimes f_2(t)$ berechnen. Machen wir's doch andersherum! Wir wissen vom Faltungssatz, daß die Fouriertransformierte eines Faltungsintegrals einfach das Produkt der einzelnen Fouriertransformierten ist, d.h.:

$$f_{1,2}(t) = \frac{\sigma_{1,2}}{\pi} \frac{1}{\sigma_{1,2}^2 + t^2} \qquad \leftrightarrow \qquad F_{1,2}(\omega) = \mathrm{e}^{-\sigma_{1,2}|\omega|}.$$

Kontrolle:

$$F(\omega) = \frac{2\sigma}{\pi} \int\limits_0^\infty \frac{\cos\omega t}{\sigma^2 + t^2} \mathrm{d}t$$

$$= \frac{2}{\pi\sigma} \int\limits_0^\infty \frac{\cos\omega t}{1 + (t/\sigma)^2} \mathrm{d}t$$

$$= \frac{2}{\pi\sigma} \int\limits_0^\infty \frac{\cos(\omega\sigma t')}{1 + t'^2} \sigma \mathrm{d}t' \qquad \text{mit } t' = \frac{t}{\sigma}$$

$$= \frac{2}{\pi} \frac{\pi}{2} \mathrm{e}^{-\sigma|\omega|} = \mathrm{e}^{-\sigma|\omega|}.$$

Kein Wunder, das ist einfach das inverse Problem von (2.18).

Also ist $H(\omega) = \exp(-\sigma_1|\omega|)\exp(-\sigma_2|\omega|) = \exp(-(\sigma_1+\sigma_2)|\omega|)$. Die inverse Transformation liefert:

$$h(t) = \frac{2}{2\pi} \int_0^\infty e^{-(\sigma_1+\sigma_2)\omega} \cos\omega t\, d\omega$$

$$= \frac{1}{\pi} \frac{\sigma_1+\sigma_2}{(\sigma_1+\sigma_2)^2 + t^2},$$

d.h. wieder eine Lorentz-Funktion mit $\sigma_{\text{total}} = \sigma_1 + \sigma_2$.

2.6. Noch trickreicher
Wir haben:

$$f_1(t) = \frac{1}{\sigma_1\sqrt{2\pi}} e^{-\frac{1}{2}\frac{t^2}{\sigma_1^2}} \quad \leftrightarrow \quad F_1(\omega) = e^{-\frac{1}{2}\sigma_1^2\omega^2}$$

und:

$$f_2(t) = \frac{1}{\sigma_2\sqrt{2\pi}} e^{-\frac{1}{2}\frac{t^2}{\sigma_2^2}} \quad \leftrightarrow \quad F_2(\omega) = e^{-\frac{1}{2}\sigma_2^2\omega^2}.$$

Wir wollen $h(t) = f_1(t) \otimes f_2(t)$ berechnen.

Wir haben $H(\omega) = \exp\left(\frac{1}{2}\left(\sigma_1^2 + \sigma_2^2\right)\omega^2\right)$. Das müssen wir rücktransformieren, um das Faltungsintegral zu bekommen:

$$h(t) = \frac{1}{2\pi} \int_{-\infty}^{+\infty} e^{-\frac{1}{2}(\sigma_1^2+\sigma_2^2)\omega^2} e^{+i\omega t}\, d\omega$$

$$= \frac{1}{\pi} \int_0^\infty e^{-\frac{1}{2}(\sigma_1^2+\sigma_2^2)\omega^2} \cos\omega t\, d\omega$$

$$= \frac{1}{\pi} \frac{\sqrt{\pi}}{2\frac{1}{\sqrt{2}}\sqrt{\sigma_1^2+\sigma_2^2}} e^{-\frac{t^2}{4\frac{1}{2}(\sigma_1^2+\sigma_2^2)}}$$

$$= \frac{1}{\sqrt{2\pi}} \frac{1}{\sqrt{\sigma_1^2+\sigma_2^2}} e^{-\frac{1}{2}\frac{t^2}{\sigma_1^2+\sigma_2^2}}$$

$$= \frac{1}{\sqrt{2\pi}} \frac{1}{\sigma_{\text{gesamt}}} e^{-\frac{1}{2}\frac{t^2}{\sigma_{\text{gesamt}}^2}} \qquad \text{mit } \sigma_{\text{gesamt}}^2 = \sigma_1^2 + \sigma_2^2.$$

Also bekommen wir wieder eine Gauß-Funktion mit den σ's quadratisch addiert. Die direkte Berechnung des Faltungsintegrals ist weitaus mühsamer:

$$f_1(t) \otimes f_2(t) = \frac{1}{\sigma_1\sigma_2 2\pi} \int_{-\infty}^{+\infty} e^{-\frac{1}{2}\frac{\xi^2}{\sigma_1^2}} e^{-\frac{1}{2}\frac{(t-\xi)^2}{\sigma_2^2}}\, d\xi$$

mit dem Exponenten:

$$-\frac{1}{2}\left[\frac{\xi^2}{\sigma_1^2}+\frac{\xi^2}{\sigma_2^2}-\frac{2t\xi}{\sigma_2^2}+\frac{t^2}{\sigma_2^2}\right]$$

$$=-\frac{1}{2}\left[\left(\frac{1}{\sigma_1^2}+\frac{1}{\sigma_2^2}\right)\left(\xi^2-\frac{2t\xi}{\sigma_2^2}\frac{1}{\frac{1}{\sigma_1^2}+\frac{1}{\sigma_2^2}}\right)+\frac{t^2}{\sigma_2^2}\right]$$

$$=-\frac{1}{2}\left[\left(\frac{1}{\sigma_1^2}+\frac{1}{\sigma_2^2}\right)\left(\xi^2-\frac{2t\xi\sigma_1^2}{\sigma_1^2+\sigma_2^2}+\frac{t^2\sigma_1^4}{(\sigma_1^2+\sigma_2^2)^2}-\frac{t^2\sigma_1^4}{(\sigma_1^2+\sigma_2^2)^2}\right)+\frac{t^2}{\sigma_2^2}\right]$$

$$=-\frac{1}{2}\left[\left(\frac{1}{\sigma_1^2}+\frac{1}{\sigma_2^2}\right)\left(\xi-\frac{t\sigma_1^2}{\sigma_1^2+\sigma_2^2}\right)^2-\frac{(\sigma_1^2+\sigma_2^2)}{\sigma_1^2\sigma_2^2}\frac{t^2\sigma_1^4}{(\sigma_1^2+\sigma_2^2)^2}+\frac{t^2}{\sigma_2^2}\right]$$

$$=-\frac{1}{2}\left[\left(\frac{1}{\sigma_1^2}+\frac{1}{\sigma_2^2}\right)\left(\xi-\frac{t\sigma_1^2}{\sigma_1^2+\sigma_2^2}\right)^2-\frac{t^2\sigma_1^2}{\sigma_2^2(\sigma_1^2+\sigma_2^2)}+\frac{t^2}{\sigma_2^2}\right]$$

$$=-\frac{1}{2}\left[\left(\frac{1}{\sigma_1^2}+\frac{1}{\sigma_2^2}\right)\left(\xi-\frac{t\sigma_1^2}{\sigma_1^2+\sigma_2^2}\right)^2+\frac{t^2}{\sigma_2^2}\left(1-\frac{\sigma_1^2}{\sigma_1^2+\sigma_2^2}\right)\right]$$

$$=-\frac{1}{2}\left[\left(\frac{1}{\sigma_1^2}+\frac{1}{\sigma_2^2}\right)\left(\xi-\frac{t\sigma_1^2}{\sigma_1^2+\sigma_2^2}\right)^2+\frac{t^2}{\sigma_2^2}\frac{\sigma_2^2}{\sigma_1^2+\sigma_2^2}\right]$$

$$=-\frac{1}{2}\left[\left(\frac{1}{\sigma_1^2}+\frac{1}{\sigma_2^2}\right)\left(\xi-\frac{t\sigma_1^2}{\sigma_1^2+\sigma_2^2}\right)^2+\frac{t^2}{\sigma_1^2+\sigma_2^2}\right]$$

also:

$$f_1(t)\otimes f_2(t)=\frac{1}{\sigma_1\sigma_2 2\pi}e^{-\frac{1}{2}\frac{t^2}{\sigma_1^2+\sigma_2^2}}\int\limits_{-\infty}^{+\infty}e^{-\frac{1}{2}\left(\frac{1}{\sigma_1^2}+\frac{1}{\sigma_2^2}\right)\left(\xi-\frac{t\sigma_1^2}{\sigma_1^2+\sigma_2^2}\right)^2}d\xi$$

$$\text{mit }\xi-\frac{t\sigma_1^2}{\sigma_1^2+\sigma_2^2}=\xi'$$

$$=\frac{1}{\sigma_1\sigma_2 2\pi}e^{-\frac{1}{2}\frac{t^2}{\sigma_1^2+\sigma_2^2}}\int\limits_{-\infty}^{+\infty}e^{-\frac{1}{2}\left(\frac{1}{\sigma_1^2}+\frac{1}{\sigma_2^2}\right)\xi'^2}d\xi'$$

$$=\frac{1}{\sigma_1\sigma_2 2\pi}e^{-\frac{1}{2}\frac{t^2}{\sigma_1^2+\sigma_2^2}}\frac{\sqrt{\pi}}{2}\frac{2}{\frac{1}{\sqrt{2}}\sqrt{\frac{1}{\sigma_1^2}+\frac{1}{\sigma_2^2}}}$$

$$=\frac{1}{\sqrt{2\pi}}e^{-\frac{1}{2}\frac{t^2}{\sigma_1^2+\sigma_2^2}}\frac{1}{\sigma_1\sigma_2}\frac{\sigma_1\sigma_2}{\sqrt{\sigma_1^2+\sigma_2^2}}$$

$$=\frac{1}{\sqrt{2\pi}}\frac{1}{\sigma_{\text{gesamt}}}e^{-\frac{1}{2}\frac{t^2}{\sigma_{\text{gesamt}}^2}}\qquad\text{mit }\sigma_{\text{gesamt}}^2=\sigma_1^2+\sigma_2^2.$$

2.7. Voigt-Profil (nur für Gourmets)

$$f_1(t) = \frac{\sigma_1}{\pi}\frac{1}{\sigma_1^2+\sigma_2^2} \qquad \leftrightarrow \qquad F_1(\omega) = e^{-\sigma_1|\omega|}$$

$$f_2(t) = \frac{1}{\sigma_2\sqrt{2\pi}}e^{-\frac{1}{2}\frac{t^2}{\sigma_2^2}} \qquad \leftrightarrow \qquad F_2(\omega) = e^{-\frac{1}{2}\sigma_2^2\omega^2}$$

$$H(\omega) = e^{-\sigma_1|\omega|}e^{-\frac{1}{2}\sigma_2^2\omega^2}.$$

Die inverse Transformation ist ein Alptraum! Beachten Sie, daß $H(\omega)$ eine gerade Funktion ist.

$$h(t) = \frac{1}{2\pi}2\int_0^\infty e^{-\sigma_1\omega}e^{-\frac{1}{2}\sigma_2^2\omega^2}\cos\omega t\,d\omega$$

$$= \frac{1}{\pi}\frac{1}{2\left(2\frac{1}{2}\sigma_2^2\right)^{\frac{1}{2}}}\exp\left(\frac{\sigma_1^2-t^2}{8\frac{1}{2}\sigma_2^2}\right)$$

$$\times\Gamma(1)\left\{\exp\left(-\frac{i\sigma_1 t}{4\frac{1}{2}\sigma_2^2}\right)D_{-1}\left(\frac{\sigma_1-it}{\sqrt{2\frac{1}{2}\sigma_2^2}}\right)\right.$$

$$\left.+\exp\left(\frac{i\sigma_1 t}{4\frac{1}{2}\sigma_2^2}\right)D_{-1}\left(\frac{\sigma_1+it}{\sqrt{2\frac{1}{2}\sigma_2^2}}\right)\right\}$$

$$= \frac{1}{2\pi}\frac{1}{\sigma_2}\exp\left(\frac{\sigma_1^2-t^2}{4\sigma_2^2}\right)\left\{\exp\left(-\frac{i\sigma_1 t}{2\sigma_2^2}\right)D_{-1}\left(\frac{\sigma_1-it}{\sigma_2}\right)+\text{c.c.}\right\}$$

mit der parabolischen Zylinderfunktion $D_{-1}(z)$. Das komplex-konjugiert-Zeichen („c.c.") stellt sicher, daß $h(t)$ reell ist. Eine ähnliche Situation kommt in (3.32) vor, wo wir eine Gauß-Funktion abgeschnitten hatten. Hier haben wir eine Spitze in $H(\omega)$. Was für eine komplizierte Linienform für eine lorentzförmige Spektrallinie und ein Spektrometer mit einer gaußförmigen Auflösungsfunktion!

Unter Spektroskopikern ist diese Linienform als „Voigt-Profil" bekannt. Die parabolische Zylinderfunktion $D_{-1}(z)$ kann durch die komplementäre Error-Funktion ausgedrückt werden:

$$D_{-1}(z) = e^{\frac{z^2}{4}}\sqrt{\frac{\pi}{2}}\text{erfc}\left(\frac{z}{\sqrt{2}}\right).$$

Also können wir schreiben:

$$h(t) = \frac{1}{2\pi\sigma_2}\sqrt{\frac{\pi}{2}}e^{\left(\frac{\sigma_1-it}{\sigma_2}\right)^2\frac{1}{4}}\text{erfc}\left(\frac{\sigma_1-it}{\sqrt{2}\sigma_2}\right)e^{+\frac{\sigma_1^2-t^2}{4\sigma_2^2}}e^{-\frac{i\sigma_1 t}{2\sigma_2^2}}$$

$$+\frac{1}{2\pi\sigma_2}\sqrt{\frac{\pi}{2}}e^{\left(\frac{\sigma_1+it}{\sigma_2}\right)^2\frac{1}{4}}\text{erfc}\left(\frac{\sigma_1+it}{\sqrt{2}\sigma_2}\right)e^{+\frac{\sigma_1^2-t^2}{4\sigma_2^2}}e^{+\frac{i\sigma_1 t}{2\sigma_2^2}}$$

$$= \frac{1}{\sqrt{2\pi}2\sigma_2}\left\{ e^{\frac{1}{4\sigma_2^2}[\sigma_1^2-2\mathrm{i}t\sigma_1-t^2+\sigma_1^2-t^2-2\mathrm{i}\sigma_1 t]}\operatorname{erfc}\left(\frac{\sigma_1-\mathrm{i}t}{\sqrt{2}\sigma_2}\right)\right.$$

$$\left.+ e^{\frac{1}{4\sigma_2^2}[\sigma_1^2+2\mathrm{i}t\sigma_1-t^2+\sigma_1^2-t^2+2\mathrm{i}\sigma_1 t]}\operatorname{erfc}\left(\frac{\sigma_1+\mathrm{i}t}{\sqrt{2}\sigma_2}\right)\right\}$$

$$= \frac{1}{\sqrt{2\pi}2\sigma_2}\left\{ e^{\frac{1}{2\sigma_2^2}(\sigma_1^2-2\mathrm{i}t\sigma_1-t^2)}\operatorname{erfc}\left(\frac{\sigma_1-\mathrm{i}t}{\sqrt{2}\sigma_2}\right)\right.$$

$$\left.+ e^{\frac{1}{2\sigma_2^2}(\sigma_1^2+2\mathrm{i}t\sigma_1-t^2)}\operatorname{erfc}\left(\frac{\sigma_1+\mathrm{i}t}{\sqrt{2}\sigma_2}\right)\right\}$$

$$= \frac{1}{\sqrt{2\pi}2\sigma_2}\left\{ e^{\left(\frac{\sigma_1-\mathrm{i}t}{\sqrt{2}\sigma_2}\right)^2}\operatorname{erfc}\left(\frac{\sigma_1-\mathrm{i}t}{\sqrt{2}\sigma_2}\right)+ e^{\left(\frac{\sigma_1+\mathrm{i}t}{\sqrt{2}\sigma_2}\right)^2}\operatorname{erfc}\left(\frac{\sigma_1+\mathrm{i}t}{\sqrt{2}\sigma_2}\right)\right\}$$

$$= \frac{1}{\sqrt{2\pi}2\sigma_2}\operatorname{erfc}\left(\frac{\sigma_1-\mathrm{i}t}{\sqrt{2}\sigma_2}\right) e^{\left(\frac{\sigma_1-\mathrm{i}t}{\sqrt{2}\sigma_2}\right)^2}+ \mathrm{c.c.}$$

2.8. Ableitbar

Die Funktion ist gemischt. Wir wissen, daß $\mathrm{d}F(\omega)/\mathrm{d}\omega = -\mathrm{i}\mathrm{FT}(tf(t))$ mit $f(t) = e^{-\lambda t}$ für $t \geq 0$ (siehe (2.57)), und wir kennen ihre Fouriertransformierte (siehe (2.21)) $F(\omega) = 1/(\lambda + \mathrm{i}\omega)$.

Also:

$$G(\omega) = \mathrm{i}\frac{\mathrm{d}}{\mathrm{d}\omega}\left(\frac{1}{\lambda+\mathrm{i}\omega}\right)$$

$$= \mathrm{i}\frac{(-\mathrm{i})}{(\lambda+\mathrm{i}\omega)^2} = \frac{1}{(\lambda+\mathrm{i}\omega)^2}$$

$$= \frac{(\lambda-\mathrm{i}\omega)^2}{(\lambda+\mathrm{i}\omega)^2(\lambda-\mathrm{i}\omega)^2} = \frac{\lambda^2-2\mathrm{i}\omega\lambda-\omega^2}{(\lambda^2+\omega^2)^2}$$

$$= \frac{\lambda^2-\omega^2}{(\lambda^2+\omega^2)^2} - \frac{2\mathrm{i}\omega\lambda}{(\lambda^2+\omega^2)^2}$$

$$= \frac{(\lambda^2-\omega^2)-2\mathrm{i}\omega\lambda}{(\lambda^2+\omega^2)^2}.$$

Inverse Transformation:

$$g(t) = \frac{1}{2\pi}\int\limits_{-\infty}^{\infty}\frac{e^{\mathrm{i}\omega t}}{(\lambda+\mathrm{i}\omega)^2}\mathrm{d}\omega$$

$$\text{Realteil:}\quad \frac{1}{2\pi}2\int\limits_0^{\infty}\cos\omega t\,\frac{\lambda^2-\omega^2}{(\lambda^2+\omega^2)^2}\mathrm{d}\omega$$

$$\text{Imaginärteil:}\quad \frac{1}{2\pi}2\int\limits_0^{\infty}\sin\omega t\,\frac{(-2)\omega\lambda}{(\lambda^2+\omega^2)^2}\mathrm{d}\omega;\qquad (\omega\sin\omega t \text{ ist gerade in } \omega!).$$

Hinweis: Zitat [8, Nr. 3.769.1 und 3.769.2] $\nu = 2$; $\beta = \lambda$; $x = \omega$:

$$\frac{1}{(\lambda + i\omega)^2} + \frac{1}{(\lambda - i\omega)^2} = \frac{2(\lambda^2 - \omega^2)}{(\lambda^2 + \omega^2)^2}$$

$$\frac{1}{(\lambda + i\omega)^2} - \frac{1}{(\lambda - i\omega)^2} = \frac{-4i\omega\lambda}{(\lambda^2 + \omega^2)^2}$$

$$\int_0^\infty \frac{(\lambda^2 - \omega^2)}{(\lambda^2 + \omega^2)^2} \cos\omega t\, d\omega = \frac{\pi}{2} t e^{-\lambda t}$$

$$\int_0^\infty \frac{-2i\omega\lambda}{(\lambda^2 + \omega^2)^2} \sin\omega t\, d\omega = \frac{\pi}{2} i t e^{-\lambda t}$$

$$\begin{array}{ccc} \text{vom Realteil} & \text{vom Imaginärteil} & \\ \dfrac{1}{\pi}\dfrac{\pi}{2} t e^{-\lambda t} & + \quad \dfrac{1}{\pi}\dfrac{\pi}{2} t e^{-\lambda t} & = t e^{-\lambda t} \qquad \text{für } t > 0. \end{array}$$

2.9. Nichts geht verloren

Zuerst stellen wir fest, daß der Integrand eine gerade Funktion ist, und wir schreiben können:

$$\int_0^\infty \frac{\sin^2 a\omega}{\omega^2} d\omega = \frac{1}{2} \int_{-\infty}^{+\infty} \frac{\sin^2 a\omega}{\omega^2} d\omega.$$

Dann identifizieren wir $\sin a\omega / \omega$ mit $F(\omega)$, der Fouriertransformierten der „Rechteckfunktion" mit $a = T/2$ (und einen Faktor 2 kleiner).

Die inverse Transformation liefert:

$$f(t) = \begin{cases} 1/2 \text{ für } -a \leq t \leq a \\ 0 \quad \text{sonst} \end{cases}$$

$$\text{und } \int_{-a}^{+a} |f(t)|^2 dt = \frac{1}{4} 2a = \frac{a}{2}.$$

Schließlich liefert Parsevals Theorem:

$$\frac{a}{2} = \frac{1}{2\pi} \int_{-\infty}^{+\infty} \frac{\sin^2 a\omega}{\omega^2} d\omega$$

$$\text{oder } \int_{-\infty}^\infty \frac{\sin^2 a\omega}{\omega^2} d\omega = \frac{2\pi a}{2} = \pi a$$

$$\text{oder } \int_0^\infty \frac{\sin^2 a\omega}{\omega^2} d\omega = \frac{\pi a}{2}.$$

Spielwiese von Kapitel 3

3.1. Quadriert
$f(\omega) = T\sin(\omega T/2)/(\omega T/2)$. Bei $\omega = 0$ haben wir $F(0) = T$. Diese Funktion fällt auf $T/2$ bei einer Frequenz ω ab, die durch folgende transzendente Gleichung definiert ist:

$$\frac{T}{2} = T\frac{\sin(\omega T/2)}{\omega T/2}$$

mit $x = \omega T/2$ haben wir $x/2 = \sin x$ mit der Lösung $x = 1{,}8955$, folglich $\omega_{3dB} = 3{,}791/T$. Mit einem Taschenrechner hätten wir folgendes tun können:

x	$\sin x$	$x/2$
1,5	0,997	0,75
1,4	0,985	0,7
1,6	0,9995	0,8
1,8	0,9738	0,9
1,85	0,9613	0,925
1,88	0,9526	0,94
1,89	0,9495	0,945
1,895	0,9479	0,9475
1,896	0,9476	0,948
1,8955	0,94775	0,94775 .

Die volle Breite ist $\Delta\omega = 7{,}582/T$.

Für $F^2(\omega)$ hatten wir $\Delta\omega = 5{,}566/T$; also ist die 3 dB-Bandbreite von $F(\omega)$ einen Faktor 1,362 größer als die von $F^2(\omega)$, ungefähr 4% weniger als $\sqrt{2} = 1{,}414$.

3.2. Let's Gibbs Again (klingt wie „let's twist again")
An den Intervallgrenzen gibt es kleine Stufen, also haben wir -6 dB/Oktave.

3.3. Expander
Blackman–Harris-Fenster:

$$f(t) = \begin{cases} \displaystyle\sum_{n=0}^{3} a_n \cos\frac{2\pi nt}{T} & \text{für } -T/2 \le t \le T/2 \\[2em] 0 & \text{sonst} \end{cases} .$$

Von der Reihenentwicklung des Kosinus bekommen wir (im Intervall $-T/2 \le t \le T/2$):

$$f(t) = \sum_{n=0}^{3} a_n \left(1 - \frac{1}{2!}\left(\frac{2\pi nt}{T}\right)^2 + \frac{1}{4!}\left(\frac{2\pi nt}{T}\right)^4 - \frac{1}{6!}\left(\frac{2\pi nt}{T}\right)^6 + \cdots\right)$$

$$= \sum_{k=0}^{\infty} b_k \left(\frac{t}{T/2}\right)^{2k} .$$

Setzten wir die Koeffizienten a_n für das -74 dB-Fenster ein, so erhalten wir:

k	b_k
0	$+0{,}99495^1$
1	$-4{,}38793$
2	$+8{,}71803$
3	$-10{,}47110$
4	$+8{,}60067$
5	$-5{,}28347$
6	$+2{,}61984$
7	$-1{,}07695$
8	$+0{,}36546$
9	$-0{,}10182$.

Die Koeffizienten sind in Abb. A.7 dargestellt. Beachten Sie, daß wir an den

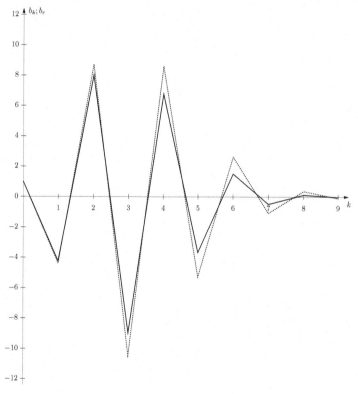

Abb. A.7. Entwicklungskoeffizienten b_k für das Blackman–Harris-Fenster (-74 dB) *(gepunktete Linie)* und Entwicklungskoeffizienten b_r für das Kaiser–Bessel-Fenster ($\beta = 9$) *(durchgezogene Linie)*. Es gibt nur gerade Potenzen von t, d.h. dem Koeffizient b_6 entspricht t^{12}

---

[1] Die Summe der Koeffizienten sollte eigentlich 1 sein (siehe S. 86).

Intervallgrenzen $t = \pm T/2$ $\sum_{k=0}^{\infty} b_k = 0$ haben sollten. Die ersten zehn Terme addieren sich zu $-0{,}02232$.

Jetzt berechnen wir:

$$I_0(z) = \sum_{k=0}^{\infty} \frac{\left(\frac{1}{4}z^2\right)^k}{(k!)^2}$$

für $z = 9$:

k	$(4{,}5^k/k!)^2$
0	1,000
1	20,250
2	102,516
3	230,660
4	291,929
5	236,463
6	133,010
7	54,969
8	17,392
9	4,348 .

Wenn wir die ersten zehn Terme aufsummieren bekommen wir 1092,537, nahe an dem exakten Wert von 1093,58835.

Jetzt müssen wir den Zähler der Kaiser–Bessel-Fensterfunktion entwickeln:

$$I_0(9)f(t) = \sum_{k=0}^{\infty} \frac{\left[\frac{81}{4}\left(1 - \left(\frac{2t}{T}\right)^2\right)\right]^k}{(k!)^2}$$

$$= \sum_{k=0}^{\infty} \frac{\left(\frac{81}{4}\right)^k}{(k!)^2}\left(1 - \left(\frac{2t}{T}\right)^2\right)^k \qquad \text{mit } \left(\frac{2t}{T}\right)^2 = y$$

$$= \sum_{k=0}^{\infty} \left[\frac{\left(\frac{9}{2}\right)^k}{k!}\right]^2 (1-y)^k$$

$$\left[\text{mit Binomialformel } (1-y)^k = \sum_{r=0}^{k} \binom{k}{r}(-1)^r y^r = \sum_{r=0}^{k} \frac{k!}{r!(k-r)!}(-y)^r\right]$$

$$= \sum_{k=0}^{\infty} \left[\frac{\left(\frac{9}{2}\right)^k}{k!}\right]^2 \sum_{r=0}^{k} \frac{k!}{r!(k-r)!}(-y)^r$$

$$= \underset{r=0}{\sum_{k=0}^{\infty}} \left[\frac{\left(\frac{9}{2}\right)^k}{k!}\right]^2 + \underset{r=1}{\sum_{k=1}^{\infty}} \left[\frac{\left(\frac{9}{2}\right)^k}{k!}\right]^2 \overset{=k}{\overbrace{\frac{k!}{(k-1)!}}}(-y)^1$$

$$+ \sum_{k=2}^{\infty} \left[\frac{\left(\frac{9}{2}\right)^k}{k!} \right]^2 \overbrace{\frac{k!}{2!(k-2)!}}^{=k(k-1)/2} y^2$$

$$r=2$$

$$+ \sum_{k=3}^{\infty} \left[\frac{\left(\frac{9}{2}\right)^k}{k!} \right]^2 \overbrace{\frac{k!}{3!(k-3)!}}^{=k(k-1)(k-2)/6} (-y)^3 + \ldots$$

$$r=3$$

$$= \sum_{r=0}^{\infty} b_r \left(\frac{t}{T/2} \right)^{2r}$$

(*Achtung*: Für ganze, negative k haben wir $k! = \pm\infty$ und $0! = 1$.).

Die Berechnung jedes einzelnen Entwicklungskoeffizienten b_r benötigt jetzt (im Prinzip) die Berechnung einer unendlichen Reihe. Wir schneiden die Reihe bei $k = 19$ ab. Dort sind die Beiträge von der Größenordnung 10^{-5} oder kleiner. Für $r = 0$ bis zu $r = 9$ bekommen wir:

r	b_r
0	+1,0000
1	−4,2421
2	+8,0040
3	−8,9811
4	+6,7708
5	−3,6768
6	+1,5063
7	−0,4816
8	+0,1233
9	−0,0258 .

Diese Koeffizienten sind in Abb. A.7 dargestellt. Beachten Sie, daß an den Intervallgrenzen $t = \pm T/2$ die Summe der Koeffizienten b_r nun nicht mehr genau 0 ergeben muß. Abbildung A.7 zeigt, warum das Blackman–Harris(-74 dB)-Fenster und das Kaiser–Bessel($\beta = 9$)-Fenster sehr ähnliche Eigenschaften haben.

3.4. Minderheiten

a. Für ein Rechteckfenster haben wir $\Delta\omega = 5{,}566/T = 50$ Mrad/s, woraus wir $T = 111{,}32$ ns erhalten.

b. Das vermutete Signal ist bei 600 Mrad/s, d.h. 4 mal die FWHM entfernt von dem zentralen Peak.

Das Rechteckfenster ist nicht geeignet für die Detektion. Das Dreieckfenster hat einen Faktor $8{,}016/5{,}566 = 1{,}44$ größere FWHM, d.h. unserer vermuteter Peak ist 2,78 mal die FWHM entfernt von dem zentralen Peak. Ein

Blick auf Abb. 3.2 sagt uns, daß dieses Fenster auch nicht geeignet ist. Das Kosinusfenster hat nur einen Faktor $7,47/5,566 = 1,34$ größere FWHM, ist aber immer noch nicht gut genug. Für das $\cos^2$-Fenster haben wir einen Faktor $9,06/5,566 = 1,63$ größere FWHM, d.h. nur 2,45 mal die FWHM entfernt vom zentralen Peak. Das bedeutet, daß -50 dB, 2,45 mal die FWHM höher als der zentrale Peak, immer noch nicht mit diesem Fenster detektierbar sind. Genauso ist das Hamming-Fenster nicht gut genug. Das Gauß-Fenster, wie in Abschn. 3.7 beschrieben, wäre eine Möglichkeit wegen $\Delta\omega T \sim 9,06$, aber die „Sidelobe"-Unterdrückung würde gerade ausreichen.

Das Kaiser–Bessel-Fenster mit $\beta = 8$ hat $\Delta\omega T \sim 10$, aber genügend „Sidelobe"-Unterdrückung, und beide Blackman–Harris-Fenster wären natürlich adäquat.

Spielwiese von Kapitel 4

4.1. Korreliert

$h_k = (\text{const.}/N) \sum_{l=0}^{N-1} f_l$, unabhängig von k falls $\sum_{l=0}^{N-1} f_l$ verschwindet (d.h. der Mittelwert ist 0), dann ist $h_k = 0$ für alle k, anderenfalls $h_k = \text{const.} \times \langle f_l \rangle$ für alle k (siehe Abb. A.8).

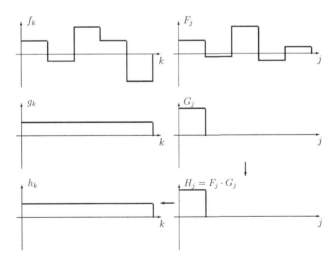

Abb. A.8. Ein beliebiges f_k (*oben links*) und seine Fouriertransformierte F_j (*oben rechts*). Ein konstantes g_k (*Mitte links*) und seine Fouriertransformierte G_j (*Mitte rechts*). Das Produkt von $H_j = F_j G_j$ (*unten rechts*) und seine inverse Transformierte h_k (*unten links*)

4.2. Nichts gemeinsam

$$h_k = \frac{1}{N} \sum_{l=0}^{N-1} f_l^* g_{l+k}$$

wir brauchen den * hier nicht.

$$h_0 = \frac{1}{4}(f_0 g_0 + f_1 g_1 + f_2 g_2 + f_3 g_3)$$
$$= \frac{1}{4}(1 \times 1 + 0 \times (-1) + (-1) \times 1 + 0 \times (-1)) = 0$$

$$h_1 = \frac{1}{4}(f_0 g_1 + f_1 g_2 + f_2 g_3 + f_3 g_0)$$
$$= \frac{1}{4}(1 \times (-1) + 0 \times 1 + (-1) \times (-1) + 0 \times 1) = 0$$

$$h_2 = \frac{1}{4}(f_0 g_2 + f_1 g_3 + f_2 g_0 + f_3 g_1)$$
$$= \frac{1}{4}(1 \times 1 + 0 \times (-1) + (-1) \times 1 + 0 \times (-1)) = 0$$

$$h_3 = \frac{1}{4}(f_0 g_3 + f_1 g_0 + f_2 g_1 + f_3 g_2)$$
$$= \frac{1}{4}(1 \times (-1) + 0 \times 1 + (-1) \times (-1) + 0 \times 1) = 0$$

f entspricht der halben Nyquist-Frequenz und g entspricht der Nyquist-Frequenz. Ihre Kreuzkorrelation verschwindet. Die FT von $\{f_k\}$ ist $\{F_j\} = \{0,1/2,0,1/2\}$, die FT von $\{g_k\}$ ist $\{G_j\} = \{0,0,1,0\}$. Die Multiplikation von $F_j G_j$ zeigt, daß sie nichts gemeinsam haben:

$$\{F_j G_j\} = \{0,0,0,0\} \quad \text{und schließlich} \quad \{h_k\} = \{0,0,0,0\}.$$

4.3. Brüderlich

$$F_0 = \frac{1}{2}$$
$$F_1 = \frac{1}{4}\left(1 + 0 \times e^{-\frac{2\pi i \times 1}{4}} + 1 \times e^{-\frac{2\pi i \times 2}{4}} + 0 \times e^{-\frac{2\pi i \times 3}{4}}\right)$$
$$= \frac{1}{4}(1 + 0 + (-1) + 0) = 0$$
$$F_2 = \frac{1}{4}\left(1 + 0 \times e^{-\frac{2\pi i \times 2}{4}} + 1 \times e^{-\frac{2\pi i \times 4}{4}} + 0 \times e^{-\frac{2\pi i \times 6}{4}}\right)$$
$$= \frac{1}{4}(1 + 0 + 1 + 0) = \frac{1}{2}$$
$$F_3 = 0$$
$$\{G_j\} = \{0, 0, 1, 0\} \quad \text{Nyquist-Frequenz}$$
$$\{H_j\} = \{F_j G_j\} = \{0,0,1/2,0\}.$$

Inverse Transformation:

$$h_k = \sum_{j=0}^{N-1} H_j W_N^{+kj} \qquad W_4^{+kj} = \mathrm{e}^{\frac{2\pi \mathrm{i} kj}{N}}.$$

Also:

$$h_k = \sum_{j=0}^{3} H_j \mathrm{e}^{\frac{2\pi \mathrm{i} kj}{4}} = \sum_{j=0}^{3} H_j \mathrm{e}^{\mathrm{i}\frac{\pi kj}{2}}$$

$$h_0 = H_0 + H_1 + H_2 + H_3 = \frac{1}{2}$$

$$h_1 = H_0 + H_1 \times \mathrm{i} + H_2 \times (-1) + H_3 \times (-\mathrm{i}) = -\frac{1}{2}$$

$$h_2 = H_0 + H_1 \times (-1) + H_2 \times 1 + H_3 \times (-1) = \frac{1}{2}$$

$$h_3 = H_0 + H_1 \times (-\mathrm{i}) + H_2 \times (-1) + H_3 \times \mathrm{i} = -\frac{1}{2}.$$

Abbildung A.9 ist die graphische Illustration.

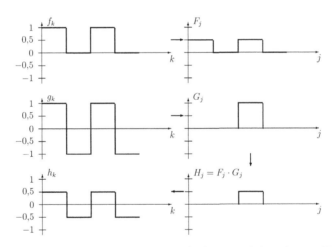

Abb. A.9. Nyquist-Frequenz plus const.$= 1/2$ (*oben links*) und seine Fouriertransformierte F_j (*oben rechts*). Nyquist-Frequenz (*Mitte links*) und seine Fouriertransformierte G_j (*Mitte rechts*). Produkt von $H_j = F_j G_j$ (*unten rechts*) und seine inverse Transformierte (*unten links*)

4.4. Autokorreliert

$N = 6$, reeller Input:

$$h_k = \frac{1}{6} \sum_{l=0}^{5} f_l f_{l+k}$$

$$h_0 = \frac{1}{6}\sum_{l=0}^{5} f_l^2 = \frac{1}{6}(1 + 4 + 9 + 4 + 1) = \frac{19}{6}$$

$$h_1 = \frac{1}{6}(f_0 f_1 + f_1 f_2 + f_2 f_3 + f_3 f_4 + f_4 f_5 + f_5 f_0)$$

$$= \frac{1}{6}(0 \times 1 + 1 \times 2 + 2 \times 3 + 3 \times 2 + 2 \times 1 + 1 \times 0)$$

$$= \frac{1}{6}(2 + 6 + 6 + 2) = \frac{16}{6}$$

$$h_2 = \frac{1}{6}(f_0 f_2 + f_1 f_3 + f_2 f_4 + f_3 f_5 + f_4 f_0 + f_5 f_1)$$

$$= \frac{1}{6}(0 \times 2 + 1 \times 3 + 2 \times 2 + 3 \times 1 + 2 \times 0 + 1 \times 1)$$

$$= \frac{1}{6}(3 + 4 + 3 + 1) = \frac{11}{6}$$

$$h_3 = \frac{1}{6}(f_0 f_3 + f_1 f_4 + f_2 f_5 + f_3 f_0 + f_4 f_1 + f_5 f_2)$$

$$= \frac{1}{6}(0 \times 3 + 1 \times 2 + 2 \times 1 + 3 \times 0 + 2 \times 1 + 1 \times 2)$$

$$= \frac{1}{6}(2 + 2 + 2 + 2) = \frac{8}{6}$$

$$h_4 = \frac{1}{6}(f_0 f_4 + f_1 f_5 + f_2 f_0 + f_3 f_1 + f_4 f_2 + f_5 f_3)$$

$$= \frac{1}{6}(0 \times 2 + 1 \times 1 + 2 \times 0 + 3 \times 1 + 2 \times 2 + 1 \times 3)$$

$$= \frac{1}{6}(1 + 3 + 4 + 3) = \frac{11}{6}$$

$$h_5 = \frac{1}{6}(f_0 f_5 + f_1 f_0 + f_2 f_1 + f_3 f_2 + f_4 f_3 + f_5 f_4)$$

$$= \frac{1}{6}(0 \times 1 + 1 \times 0 + 2 \times 1 + 3 \times 2 + 2 \times 3 + 1 \times 2)$$

$$= \frac{1}{6}(2 + 6 + 6 + 2) = \frac{16}{6}.$$

FT von $\{f_k\}$: $N = 6$, $f_k = f_{-k} = f_{6-k}$ $\rightarrow$ gerade!

$$F_j = \frac{1}{6}\sum_{k=0}^{5} f_k \cos\frac{2\pi k j}{6} = \frac{1}{6}\sum_{k=0}^{5} f_k \cos\frac{\pi k j}{3}$$

$$F_0 = \frac{1}{6}(0 + 1 + 2 + 3 + 2 + 1) = \frac{9}{6}$$

$$F_1 = \frac{1}{6}\left(1\cos\frac{\pi}{3} + 2\cos\frac{2\pi}{3} + 3\cos\frac{3\pi}{3} + 2\cos\frac{4\pi}{3} + 1\cos\frac{5\pi}{3}\right)$$

$$= \frac{1}{6}\left(\frac{1}{2} + 2\times\left(-\frac{1}{2}\right) + 3\times(-1) + 2\times\left(-\frac{1}{2}\right) + 1\times\frac{1}{2}\right)$$

$$= \frac{1}{6}\left(\frac{1}{2} - 1 - 3 - 1 + \frac{1}{2}\right) = \frac{1}{6}(-4) = -\frac{4}{6}$$

$$F_2 = \frac{1}{6}\left(1\cos\frac{2\pi}{3} + 2\cos\frac{4\pi}{3} + 3\cos\frac{6\pi}{3} + 2\cos\frac{8\pi}{3} + 1\cos\frac{10\pi}{3}\right)$$

$$= \frac{1}{6}\left(-\frac{1}{2} + 2 \times \left(-\frac{1}{2}\right) + 3 \times 1 + 2 \times \left(-\frac{1}{2}\right) + 1 \times \left(-\frac{1}{2}\right)\right)$$

$$= \frac{1}{6}(-1 - 2 + 3) = 0$$

$$F_3 = \frac{1}{6}\left(1\cos\frac{3\pi}{3} + 2\cos\frac{6\pi}{3} + 3\cos\frac{9\pi}{3} + 2\cos\frac{12\pi}{3} + 1\cos\frac{15\pi}{3}\right)$$

$$= \frac{1}{6}(-1 + 2 \times 1 + 3 \times (-1) + 2 \times 1 + 1 \times (-1))$$

$$= \frac{1}{6}(-5 + 4) = -\frac{1}{6}$$

$$F_4 = F_2 = 0$$

$$F_5 = F_1 = -\frac{4}{6}.$$

$$\{F_j^2\} = \left\{\frac{9}{4}, \frac{4}{9}, 0, \frac{1}{36}, 0, \frac{4}{9}\right\}.$$

FT($\{h_k\}$):

$$H_0 = \frac{1}{6}\left(\frac{19}{6} + \frac{16}{6} + \frac{11}{6} + \frac{8}{6} + \frac{11}{6} + \frac{16}{6}\right) = \frac{81}{36} = \frac{9}{4}$$

$$H_1 = \frac{1}{6}\left(\frac{19}{6} + \frac{16}{6}\cos\frac{\pi}{3} + \frac{11}{6}\cos\frac{2\pi}{3} + \frac{8}{6}\cos\frac{3\pi}{3} + \frac{11}{6}\cos\frac{4\pi}{3} + \frac{16}{6}\cos\frac{5\pi}{3}\right)$$

$$= \frac{4}{9}$$

$$H_2 = \frac{1}{6}\left(\frac{19}{6} + \frac{16}{6}\cos\frac{2\pi}{3} + \frac{11}{6}\cos\frac{4\pi}{3} + \frac{8}{6}\cos\frac{6\pi}{3} + \frac{11}{6}\cos\frac{8\pi}{3} + \frac{16}{6}\cos\frac{10\pi}{3}\right)$$

$$= 0$$

$$H_3 = \frac{1}{6}\left(\frac{19}{6} + \frac{16}{6}\cos\frac{3\pi}{3} + \frac{11}{6}\cos\frac{6\pi}{3} + \frac{8}{6}\cos\frac{9\pi}{3} + \frac{11}{6}\cos\frac{12\pi}{3} + \frac{16}{6}\cos\frac{15\pi}{3}\right)$$

$$= \frac{1}{36}$$

$$H_4 = H_2 = 0$$

$$H_5 = H_1 = \frac{4}{9}.$$

4.5. Schieberei

a. Die Zahlenfolge ist eine gerade Zahlenfolge, weil $f_k = +f_{N-k}$ gilt.

b. Wegen der Dualität der Hin- und Rücktransformation (außer dem Normierungsfaktor betrifft das nur ein Vorzeichen bei $e^{-i\omega t} \to e^{+i\omega t}$) könnte die Frage auch lauten: Welche Zahlenfolge erzeugt bei der Fouriertransformation nur einen einzigen Fourierkoeffizienten und zwar bei der

Frequenz 0? Natürlich eine Konstante! Die Fouriertransformation einer „diskreten δ-Funktion" ist also eine Konstante (siehe Abb. A.10).

Abb. A.10. Antwort b

c. Die Zahlenfolge ist gemischt. Sie setzt sich wie in Abb. A.11 zusammen.

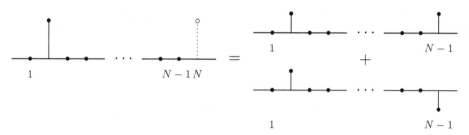

Abb. A.11. Antwort c

d. Die Verschiebung bewirkt nur eine Phase in F_j, d.h., $|F_j|^2$ bleibt gleich.

4.6. Rauschen pur

a. Man erhält eine Random-Zahlenfolge sowohl im Realteil (Abb. A.12) als auch im Imaginärteil (Abb. A.13). Random bedeutet das Fehlen jeglicher Struktur. Es müssen also alle spektralen Komponenten vorkommen, und sie müssen selbst wieder random sein, denn sonst würde die Rücktransformation eine Struktur erzeugen.

b. *Trick*: Für $N \to \infty$ kann man sich die Random-Zahlenfolge als diskrete Version der Funktion $f(t) = t$ für $-1/2 \le t \le 1/2$ vorstellen. Man muß dazu lediglich die Zahlenwerte der Random-Zahlenfolge der Größe nach ordnen! Nach Parsevals Theorem (4.31) brauchen wir gar keine Fouriertransformation durchzuführen. Wir benötigen also bei $2N + 1$ Sampels:

$$\frac{2}{2N+1} \sum_{k=0}^{N} \left(\frac{k}{N}\right)^2 = \frac{2}{2N+1} \frac{1}{4N^2} \frac{(2N+1)N(N+1)}{6} \qquad (A.3)$$

$$= \frac{N+1}{12N}; \qquad \lim_{N\to\infty} \frac{N+1}{12N} = \frac{1}{12}.$$

Abb. A.12. Realteil der Fouriertransformierten der Random-Zahlenfolge

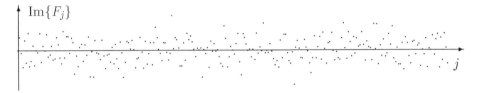

Abb. A.13. Imaginärteil der Fouriertransformierten der Random-Zahlenfolge

Stattdessen hätten wir auch das folgende Integral lösen können:

$$\int\limits_{-0,5}^{+0,5} t^2 \mathrm{d}t = 2 \int\limits_{0}^{+0,5} t^2 \mathrm{d}t = 2\frac{t^3}{3}\bigg|_0^{0,5} = \frac{2}{3}\frac{1}{8} = \frac{1}{12}. \tag{A.4}$$

Zum Vergleich: $0,5\cos\omega t$ hat wegen $\overline{\cos^2 \omega t} = 0,5$ die Rauschleistung $0,5^2 \times 0,5 = \frac{1}{8}$.

4.7. Mustererkennung

Man verwendet am einfachsten die Kreuzkorrelation. Sie wird mit der Fouriertransformierten der experimentellen Daten aus Abb. A.14 und dem theoretischen „Frequenzrechen", dem Muster, gebildet (Abb. 4.29). Da wir nach Kosinus-Mustern suchen, benutzen wir für die Kreuzkorrelation nur den Realteil.

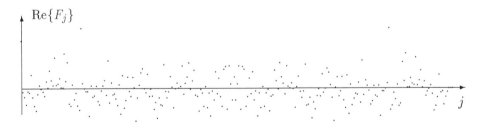

Abb. A.14. Realteil der Fouriertransformierten aus (4.58)

Hier läuft Kanal 36 hoch (von 128 Kanälen bis Ω_{Nyq}). Die rechte Hälfte ist das Spiegelbild der linken Hälfte. Die Fouriertransformierte suggeriert also lediglich eine spektrale Komponente (außer Rauschen) bei $(36/128)\Omega_{\mathrm{Nyq}} = (9/32)\Omega_{\mathrm{Nyq}}$. Durchsucht man die Daten aber nach dem Muster von Abb. 4.29 ergibt sich etwas völlig anderes. Das Ergebnis der Kreuzkorrelation mit dem theoretischen Frequenzrechen führt zu folgendem Algorithmus:

$$G_j = F_{5j} + F_{7j} + F_{9j}. \tag{A.5}$$

Das Ergebnis zeigt Abb. A.15.

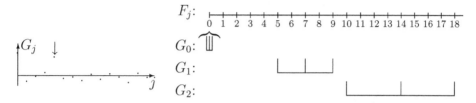

Abb. A.15. Ergebnis der Kreuzkorrelation: an der Stelle der Grundfrequenz bei Kanal 4 ist deutlich das „Signal" (Pfeil) zu erkennen; der Kanal 0 läuft zufälligerweise auch hoch, ihm entspricht allerdings kein Muster

Das verrauschte Signal enthält also Kosinus-Komponenten mit den Frequenzen $5\pi(4/128)$, $7\pi(4/128)$ und $9\pi(4/128)$.

4.8. Auf die Rampe! (Nur für Gourmets)

Die Reihe ist gemischt, weil weder $f_k = f_{-k}$ noch $f_k = -f_{-k}$ erfüllt ist. Zerlegung in geraden und ungeraden Anteil. Wir haben die folgenden Gleichungen:

$$f_k = f_k^{\mathrm{gerade}} + f_k^{\mathrm{ungerade}}$$
$$f_k^{\mathrm{gerade}} = f_{N-k}^{\mathrm{gerade}} \qquad \text{für } k = 0,1,\ldots,N-1.$$
$$f_k^{\mathrm{ungerade}} = -f_{N-k}^{\mathrm{ungerade}}$$

Die erste Bedingung gibt N Gleichungen für $2N$ Unbekannte. Die zweite und dritte Gleichung geben jeweils N weitere Bedingungen, jede taucht zweimal auf, also haben wir N zusätzliche Gleichungen. Anstatt dieses lineare Gleichungssystem aufzulösen, lösen wir das Problem durch argumentieren.

Erstens haben wir wegen $f_0^{\mathrm{ungerade}} = 0$ auch $f_0^{\mathrm{gerade}} = 0$. Wenn wir die Rampe nach unten um $N/2$ verschieben, haben wir bereits eine ungerade Funktion mit Ausnahme von $k = 0$ (siehe Abb. A.16):

$$f_k^{\mathrm{verschoben}} = k - \frac{N}{2} \qquad \text{für } k = 0,1,2,\ldots,N-1.$$

$$f_{-k}^{\mathrm{verschoben}} = f_{N-k}^{\mathrm{verschoben}} = (N-k) - \frac{N}{2} = \frac{N}{2} - k$$

$$= -\left(k - \frac{N}{2}\right).$$

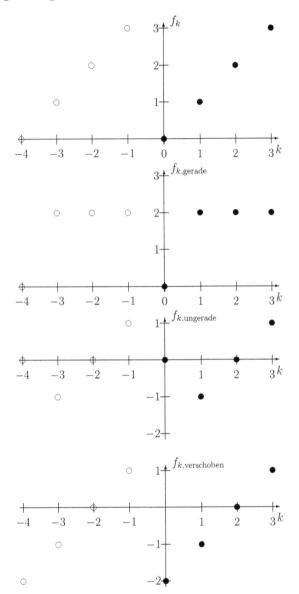

Abb. A.16. Einseitige Rampe für $N = 4$ (periodische Fortsetzung mit offenen Kreisen); Zerlegung in gerade und ungerade Anteile; wenn die Rampe um 2 verschoben wird, bekommen wir sofort den ungeraden Anteil (außer für $k = 0$) (*von oben nach unten*)

So haben wir schon den ungeraden Anteil gefunden:

$$f_k^{\text{ungerade}} = k - \frac{N}{2} \qquad \text{für } k = 1,2,\ldots,N-1$$
$$f_0^{\text{ungerade}} = 0$$

und wir haben natürlich auch den geraden Anteil gefunden:

$$f_k^{\text{gerade}} = \frac{N}{2} \qquad \text{für } k = 1, 2, \ldots, N-1 \quad \text{(kompensiert Verschiebung)}$$

$$f_0^{\text{gerade}} = 0 \qquad \text{(siehe oben)}.$$

Realteil der Fouriertransformierten:

$$\text{Re}\{F_j\} = \frac{1}{N} \sum_{k=1}^{N-1} \frac{N}{2} \cos \frac{2\pi k j}{N}.$$

Dirichlet: $1/2 + \cos x + \cos 2x + \ldots + \cos Nx = \sin[(N+1/2)x]/(2\sin[x/2])$; hier haben wir $x = 2\pi j/N$ und anstelle von N geht die Summe bis $N-1$:

$$\sum_{k=1}^{N-1} \cos kx = \frac{\sin(N - \frac{1}{2})x}{2\sin\frac{x}{2}} - \frac{1}{2}$$

$$= \frac{\overset{=0}{\sin Nx} \cos\frac{x}{2} - \overset{=1}{\cos Nx} \sin\frac{x}{2}}{2\sin\frac{x}{2}} - \frac{1}{2}$$

$$= -\frac{1}{2} - \frac{1}{2} = -1.$$

$$\text{Re}\{F_0\} = \frac{1}{N}\frac{N}{2}\underbrace{(N-1)}_{\text{Zahl der Terme}} = \frac{N-1}{2}, \qquad \text{Re}\{F_j\} = -\frac{1}{2}.$$

Kontrolle:

$$\text{Re}\{F_0\} + \sum_{j=1}^{N-1} \text{Re}\{F_j\} = \frac{N-1}{2} - \frac{1}{2}(N-1) = 0.$$

Imaginärteil der Fouriertransformierten:

$$\text{Im}\{F_j\} = \frac{1}{N} \sum_{k=1}^{N-1} \left(k - \frac{N}{2}\right) \sin \frac{2\pi k j}{N}.$$

Für die Summe über die Sinusse benötigen wir das Analogon des Dirichletschen Kerns für Sinusse. Probieren wir mal einen Ausdruck mit einem unbekannten Zähler aber demselben Nenner wie für die Summe über Kosinusse:

$$\sin x + \sin 2x + \ldots + \sin Nx = \frac{?}{2\sin\frac{x}{2}}$$

$$2\sin\frac{x}{2}\sin x + 2\sin\frac{x}{2}\sin 2x + \ldots + 2\sin\frac{x}{2}\sin Nx$$

$$= \cos\frac{x}{2} \underbrace{- \cos\frac{3x}{2} + \cos\frac{3x}{2}}_{=0}$$

$$- \cos \frac{5x}{2} + \ldots + \cos \left(N - \frac{1}{2} \right) x$$

$$\underbrace{\phantom{- \cos \frac{5x}{2} + \ldots + \cos \left(N - \frac{1}{2} \right) x}}_{=0}$$

$$- \cos \left(N + \frac{1}{2} \right) x$$

$$= \cos \frac{x}{2} - \cos \left(N + \frac{1}{2} \right) x$$

$$\longrightarrow \quad \sum_{k=1}^{N-1} \sin kx = \frac{\cos \frac{x}{2} - \cos \left(N - \frac{1}{2} \right) x}{2 \sin \frac{x}{2}}$$

$$= \frac{\cos \frac{x}{2} - \overset{=1}{\cos Nx} \cos \frac{x}{2} - \overset{=0}{\sin Nx} \sin \frac{x}{2}}{2 \sin \frac{x}{2}} = 0.$$

Also bleibt nur der Term mit $k \sin(2\pi kj/N)$ übrig. Wir können diese Summe durch Ableitung der Formel für den Dirichletschen Kern erhalten (verwenden Sie die allgemeine Formel und setzen Sie $x = 2\pi j/N$ in die abgeleitete Formel ein!):

$$\frac{\mathrm{d}}{\mathrm{d}x} \sum_{k=1}^{N-1} \cos kx = - \sum_{k=1}^{N-1} k \sin kx$$

$$= \frac{1}{2} \frac{\left(N - \frac{1}{2} \right) \cos \left[\left(N - \frac{1}{2} \right) x \right] \sin \frac{x}{2} - \sin \left[\left(N - \frac{1}{2} \right) x \right] \frac{1}{2} \cos \frac{x}{2}}{\sin^2 \frac{x}{2}}$$

$$= \frac{1}{2} \frac{\left(N - \frac{1}{2} \right) \left(\overset{=1}{\cos Nx} \cos \frac{x}{2} \right) \sin \frac{x}{2} - \left(\overset{=0}{\sin Nx} \cos \frac{x}{2} - \overset{=1}{\cos Nx} \sin \frac{x}{2} \right) \frac{1}{2} \cos \frac{x}{2}}{\sin^2 \frac{x}{2}}$$

$$= \frac{1}{2} \left(\left(N - \frac{1}{2} \right) \frac{\cos \frac{x}{2}}{\sin \frac{x}{2}} + \frac{1}{2} \frac{\cos \frac{x}{2}}{\sin \frac{x}{2}} \right)$$

$$= \frac{N}{2} \frac{\cos \frac{x}{2}}{\sin \frac{x}{2}} = \frac{N}{2} \cot \frac{\pi j}{N}$$

$$\mathrm{Im}\{F_j\} = \frac{1}{N}(-1) \frac{N}{2} \cot \frac{\pi j}{N} = -\frac{1}{2} \cot \frac{\pi j}{N}, \qquad j \neq 0, \qquad \mathrm{Im}\{F_0\} = 0,$$

schließlich zusammen:

$$F_j = \begin{cases} -\dfrac{1}{2} - \dfrac{i}{2} \cot \dfrac{\pi j}{N} & \text{für } j \neq 0 \\[2ex] \dfrac{N-1}{2} & \text{für } j = 0 \end{cases}.$$

Parsevals Theorem:

linke Seite: $\dfrac{1}{N} \displaystyle\sum_{k=1}^{N-1} k^2 = \dfrac{1}{N} \dfrac{(N-1)N(2(N-1)+1)}{6} = \dfrac{(N-1)(2N-1)}{6}$

rechte Seite: $\left(\dfrac{N-1}{2}\right)^2 + \dfrac{1}{4}\displaystyle\sum_{j=1}^{N-1}\left(1+\mathrm{i}\cot\dfrac{\pi j}{N}\right)\left(1-\mathrm{i}\cot\dfrac{\pi j}{N}\right)$

$$= \left(\dfrac{N-1}{2}\right)^2 + \dfrac{1}{4}\sum_{j=1}^{N-1}\left(1+\cot^2\dfrac{\pi j}{N}\right)$$

$$= \left(\dfrac{N-1}{2}\right)^2 + \dfrac{1}{4}\sum_{j=1}^{N-1}\dfrac{1}{\sin^2\frac{\pi j}{N}}$$

also:

$$\dfrac{(N-1)(2N-1)}{6} = \left(\dfrac{N-1}{2}\right)^2 + \dfrac{1}{4}\sum_{j=1}^{N-1}\dfrac{1}{\sin^2\frac{\pi j}{N}}$$

oder $\dfrac{1}{4}\displaystyle\sum_{j=1}^{N-1}\dfrac{1}{\sin^2\frac{\pi j}{N}} = \dfrac{(N-1)(2N-1)}{6} - \dfrac{(N-1)^2}{4}$

$$= (N-1)\dfrac{(2N-1)2-(N-1)3}{12}$$

$$= \dfrac{N-1}{12}(4N-2-3N+3)$$

$$= \dfrac{N-1}{12}(N+1) = \dfrac{N^2-1}{12}$$

und schließlich:

$$\sum_{j=1}^{N-1}\dfrac{1}{\sin^2\frac{\pi j}{N}} = \dfrac{N^2-1}{3}.$$

Das Resultat für $\sum_{j=1}^{N-1}\cot^2(\pi j/N)$ erhalten wir folgendermaßen: wir verwenden Parsevals Theorem für den reellen/geraden und imaginären/ungeraden Anteil separat. Für den Realteil bekommen wir:

linke Seite: $\dfrac{1}{N}\left(\dfrac{N}{2}\right)^2(N-1) = \dfrac{N(N-1)}{4}$

rechte Seite: $\left(\dfrac{N-1}{2}\right)^2 + \dfrac{N-1}{4} = \dfrac{N(N-1)}{4}.$

Die Realteile sind gleich, also müssen auch die Imaginärteile der linken und rechten Seiten gleich sein.

Für den Imaginärteil bekommen wir:

linke Seite:

$\dfrac{1}{N}\displaystyle\sum_{k=1}^{N-1}\left(\dfrac{k-N}{2}\right)^2 = \dfrac{1}{N}\sum_{k=1}^{N-1}\left(k^2 - kN + \dfrac{N^2}{4}\right)$

$$= \dfrac{1}{N}\left(\dfrac{(N-1)N(2N-1)}{6} - \dfrac{N(N-1)N}{2} + \dfrac{N^2(N-1)}{4}\right)$$

$$= \frac{(N-1)(N-2)}{12}$$

rechte Seite:

$$\frac{1}{4} \sum_{j=1}^{N-1} \cot^2 \frac{\pi j}{N}$$

woraus wir $\sum_{j=1}^{N-1} \cot^2 \frac{\pi j}{N} = (N-1)(N-2)/3$ erhalten.

4.9. Transzendent (nur für Gourmets)

Die Reihe ist gerade wegen:

$$f_{-k} = f_{N-k} \overset{?}{=} f_k.$$

Setzen Sie $N-k$ in (4.59) auf beiden Seiten ein:

$$f_{N-k} = \begin{cases} N-k & \text{für } N-k = 0,1,\ldots,N/2-1 \\ N-(N-k) & \text{für } N-k = N/2, N/2+1,\ldots,N-1 \end{cases}$$

$$\text{oder} \quad f_{N-k} = \begin{cases} N-k & \text{für } k = N, N-1,\ldots,N/2+1 \\ k & \text{für } k = N/2, N/2-1,\ldots,1 \end{cases}$$

$$\text{oder} \quad f_{N-k} = \begin{cases} k & \text{für } k = 1,2,\ldots,N/2 \\ N-k & \text{für } k = N/2+1,\ldots,N \end{cases},$$

a. für $k = N$ haben wir $f_0 = 0$, also könnten wir es auch zu der ersten Zeile hinzufügen weil $f_N = f_0 = 0$.

b. für $k = N/2$ haben wir $f_{N/2} = N/2$, also könnten wir es auch zu der zweiten Zeile hinzufügen.

Damit ist der Beweis abgeschlossen. Weil die Reihe gerade ist, müssen wir nur den Realteil berechnen:

$$F_j = \frac{1}{N} \sum_{k=0}^{N-1} f_k \cos \frac{2\pi k j}{N}$$

$$= \frac{1}{N} \left(\sum_{k=0}^{\frac{N}{2}-1} k \cos \frac{2\pi k j}{N} + \sum_{k=\frac{N}{2}}^{N-1} (N-k) \cos \frac{2\pi k j}{N} \right) \qquad \text{mit } k' = N-k$$

$$= \frac{1}{N} \left(\sum_{k=0}^{\frac{N}{2}-1} k \cos \frac{2\pi k j}{N} + \sum_{k'=\frac{N}{2}}^{1} k' \cos \frac{2\pi (N-k')j}{N} \right)$$

$$= \frac{1}{N} \left(\sum_{k=0}^{\frac{N}{2}-1} k \cos \frac{2\pi k j}{N} \right.$$

$$\left. + \sum_{k'=1}^{\frac{N}{2}} k' \left(\underbrace{\cos \frac{2\pi N j}{N}}_{=1} \cos \frac{2\pi k' j}{N} + \underbrace{\sin \frac{2\pi N j}{N}}_{=0} \sin \frac{2\pi(-k')j}{N} \right) \right)$$

$$= \frac{1}{N} \left(\sum_{k=0}^{\frac{N}{2}-1} k \cos \frac{2\pi k j}{N} + \sum_{k'=1}^{\frac{N}{2}} k' \cos \frac{2\pi k' j}{N} \right)$$

$$= \frac{1}{N} \left(2 \sum_{k=1}^{\frac{N}{2}-1} k \cos \frac{2\pi k j}{N} + \frac{N}{2} \cos \pi j \right) \qquad \text{mit } \frac{2\pi \frac{N}{2} j}{N} = \pi j$$

$$= \frac{2}{N} \sum_{k=1}^{\frac{N}{2}-1} k \cos \frac{2\pi k j}{N} + \frac{1}{2}(-1)^j.$$

Das kann man weiter vereinfachen.

Wie bekommen wir diese Summe? Probieren wir mal einen Ausdruck mit einem unbekannten Zähler, aber demselben Nenner wie für die Summe über Kosinusse („Schwester-Analogon" zum Dirichletschen Kern):

$$\sum_{k=1}^{\frac{N}{2}-1} \sin kx = \frac{?}{2 \sin \frac{x}{2}} \qquad \text{mit } x = \frac{2\pi j}{N}.$$

Der Zähler auf der rechten Seite lautet:

$$2 \sin \frac{x}{2} \sin x + 2 \sin \frac{x}{2} \sin 2x + \ldots + 2 \sin \frac{x}{2} \sin \left(\frac{N}{2} - 1 \right) x$$

$$= \cos \left(\frac{x}{2} \right) \underbrace{- \cos \left(\frac{3x}{2} \right) + \cos \left(\frac{3x}{2} \right)}_{=0} - \ldots$$

$$\underbrace{- \cos \left(\frac{N}{2} - \frac{3}{2} \right) x + \cos \left(\frac{N}{2} - \frac{3}{2} \right) x}_{=0} - \cos \left(\frac{N}{2} - \frac{1}{2} \right) x$$

$$= \cos \frac{x}{2} - \cos \frac{N-1}{2} x.$$

Schließlich bekommen wir:

$$\boxed{\sum_{k=1}^{\frac{N}{2}-1} \sin kx = \frac{\cos \frac{x}{2} - \cos \frac{N-1}{2} x}{2 \sin \frac{x}{2}}, \ N = \text{gerade, gilt für } x \neq 0.}$$

Jetzt werden wir nach x ableiten. Wir wollen den speziellen Fall $x = 0$ ausschließen. Wir werden ihn später behandeln.

$$\frac{\mathrm{d}}{\mathrm{d}x}\sum_{k=1}^{\frac{N}{2}-1}\sin kx = \sum_{k=1}^{\frac{N}{2}-1}k\cos kx$$

$$= \frac{1}{2}\frac{\left[-\frac{1}{2}\sin\frac{x}{2}+\left(\frac{N-1}{2}\right)\sin\left(\frac{N-1}{2}\right)x\right]\sin\frac{x}{2}-\left[\cos\frac{x}{2}-\cos\left(\frac{N-1}{2}\right)x\right]\frac{1}{2}\cos\frac{x}{2}}{\sin^2\frac{x}{2}}$$

$$= \frac{1}{2}\frac{-\frac{1}{2}\sin^2\frac{x}{2}-\frac{1}{2}\cos^2\frac{x}{2}+\left(\frac{N-1}{2}\right)\left(\overset{=0}{\overbrace{\sin\frac{Nx}{2}\cos\frac{x}{2}-\cos\frac{Nx}{2}\sin\frac{x}{2}}}\right)\sin\frac{x}{2}}{\sin^2\frac{x}{2}}$$

$$+\frac{1}{2}\left(\overset{=0}{\overbrace{\cos\frac{Nx}{2}\cos\frac{x}{2}+\sin\frac{Nx}{2}\sin\frac{x}{2}}}\right)\cos\frac{x}{2}$$

$$\text{mit } x = \frac{2\pi j}{N},\ \cos\frac{Nx}{2} = \cos\pi j = (-1)^j,\ \sin\frac{Nx}{2} = \sin\pi j = 0$$

$$= \frac{1}{2}\frac{-\frac{1}{2}+\frac{N-1}{2}(-1)^{j+1}\sin^2\frac{x}{2}+\frac{1}{2}(-1)^j\cos^2\frac{x}{2}}{\sin^2\frac{x}{2}}$$

$$= \frac{1}{2}\frac{-\frac{1}{2}+(-1)^{j+1}\frac{N}{2}\sin^2\frac{x}{2}-\frac{1}{2}(-1)^j\left(\overset{=-1}{\overbrace{-\cos^2\frac{x}{2}-\sin^2\frac{x}{2}}}\right)}{\sin^2\frac{x}{2}}$$

$$= \frac{1}{2}\left(\frac{1}{2\sin^2\frac{x}{2}}\left((-1)^j-1\right)+(-1)^{j+1}\frac{N}{2}\right)$$

$$\Rightarrow F_j = \frac{2}{N}\left(\frac{(-1)^j-1}{2}\frac{1}{2}\frac{1}{\sin^2\frac{\pi j}{N}}+(-1)^{j+1}\frac{N}{4}\right)+\frac{1}{2}(-1)^j$$

$$= \frac{(-1)^j-1}{2N\sin^2\frac{\pi j}{N}}$$

$$= \begin{cases} -\dfrac{1}{N\sin^2\frac{\pi j}{N}} & \text{für } j = \text{ungerade} \\ 0 & \text{sonst} \end{cases}.$$

Den Spezialfall $j = 0$ erhalten wir aus:

$$\sum_{k=1}^{\frac{N}{2}-1}k = \frac{\left(\frac{N}{2}-1\right)\frac{N}{2}}{2} = \frac{N^2}{8}-\frac{N}{4}.$$

Also:

$$F_0 = \frac{2}{N}\left(\frac{N^2}{8} - \frac{N}{4}\right) + \frac{1}{2} = \frac{N}{4}.$$

Schließlich haben wir:

$$F_j = \begin{cases} -\dfrac{1}{N\sin^2\dfrac{\pi j}{N}} & \text{für } j = \text{ungerade} \\[2mm] 0 & \text{für } j = \text{gerade}, \, j \neq 0 \\[2mm] \dfrac{N}{4} & \text{für } j = 0 \end{cases}.$$

Jetzt verwenden wir Parsevals Theorem:

linke Seite: $\dfrac{1}{N}\left[2\dfrac{\left(\dfrac{N}{2}-1\right)\dfrac{N}{2}\left(2\left(\dfrac{N}{2}-1\right)+1\right)}{6} + \dfrac{N^2}{4}\right]$

$$= \frac{1}{N}\left[2\frac{1}{2}\frac{(N-2)\frac{1}{2}N(N-1)}{6} + \frac{N^2}{4}\right]$$

$$= \frac{1}{N}\left[\frac{N(N-1)(N-2) + 3N^2}{12}\right] = \frac{(N-1)(N-2) + 3N}{12}$$

$$= \frac{N^2 + 2}{12}$$

rechte Seite: $\dfrac{N^2}{16} + \displaystyle\sum_{\substack{j=1 \\ \text{ungerade}}}^{N-1} \dfrac{1}{N^2\sin^4\dfrac{\pi j}{N}}$ mit $j = 2k - 1$

$$= \sum_{k=1}^{N/2} \frac{1}{N^2\sin^4\dfrac{\pi(2k-1)}{N}} + \frac{N^2}{16}$$

was liefert:

$$\frac{N^2}{12} + \frac{1}{6} = \sum_{k=1}^{N/2} \frac{1}{N^2\sin^4\dfrac{\pi(2k-1)}{N}} + \frac{N^2}{16}$$

und schließlich:

$$\boxed{\sum_{k=1}^{N/2} \frac{1}{\sin^4\dfrac{\pi(2k-1)}{N}} = \frac{N^2(N^2+8)}{48}.}$$

Man kann zeigen, daß die rechte Seite eine ganze Zahl ist! Setzen wir $N = 2M$.

$$\frac{4M^2(4M^2+8)}{48} = \frac{4M^2 4(M^2+2)}{48} = \frac{M^2(M^2+2)}{3}$$
$$= \frac{M(M-1)M(M+1)+3M^2}{3}$$
$$= M\frac{(M-1)M(M+1)}{3} + M^2.$$

Drei aufeinander folgende Zahlen kann man immer durch 3 teilen!

Jetzt verwenden wir die Hochpaß-Eigenschaft:

$$\sum_{j=0}^{N-1} F_j = \frac{N}{4} - \frac{1}{N} \sum_{\substack{j=1 \\ \text{ungerade}}}^{N-1} \frac{1}{\sin^2 \frac{\pi j}{N}} \qquad \text{mit } j = 2k-1$$

$$= \frac{N}{4} - \frac{1}{N} \sum_{k=1}^{\frac{N}{2}} \frac{1}{\sin^2 \frac{\pi(2k-1)}{N}}.$$

Für ein Hochpaß-Filter muß gelten $\sum_{j=0}^{N-1} F_j = 0$, weil die Frequenz 0 nicht durchgelassen werden darf (siehe Kap. 5). Wenn Sie wollen, benützen Sie die Definition (4.13) mit $k = 0$ und interpretieren Sie f_k als Filter in der Frequenzdomäne und F_j als seine Fouriertransformierte. Also bekommen wir:

$$\boxed{\sum_{k=1}^{N/2} \frac{1}{\sin^2 \frac{\pi(2k-1)}{N}} = \frac{N^2}{4}.}$$

Da N gerade ist, ist das Resultat immer ganzzahlig!

Dies sind schöne Beispiele dafür wie endliche Reihen über einen Ausdruck, der transzendente Funktionen enthält, ganze Zahlen ergeben!

Spielwiese von 5

5.1. Bildrekonstruktion
Inverse FT des „Rampenfilters" ($N = 2$):

$$G_0 = \frac{1}{2}(g_0 + g_1) = \frac{1}{2}$$
$$G_1 = \frac{1}{2}\left(g_0 e^{-\frac{2\pi i \times 0}{2}} + g_1 e^{-\frac{2\pi i \times 1}{2}}\right)$$
$$= \frac{1}{2}(0 \times 1 + 1 \times (-1)) = -\frac{1}{2}$$

G_0 ist der Mittelwert und die Summe von G_0 und G_1 muß verschwinden!

Die Faltung ist wie folgt definiert:

$$h_k = \frac{1}{2} \sum_{l=0}^{1} f_l G_{k-l}.$$

Bild # 1: x

1	0
0	0

y

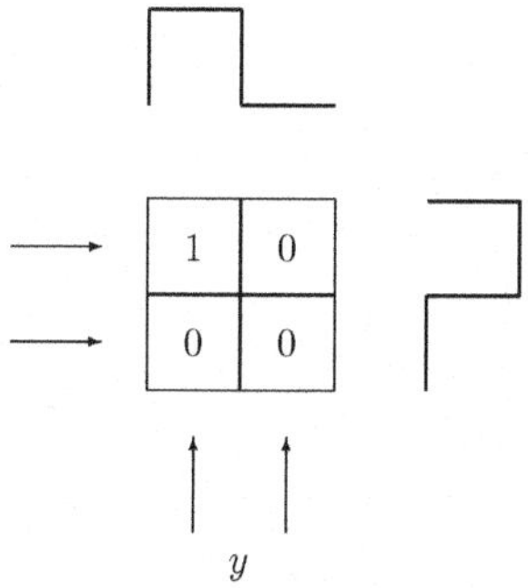

Faltung:

x-Richtung: $f_0 = 1 \quad f_1 = 0$

$$h_0 = \frac{1}{2}(f_0 G_0 + f_1 G_1) = \frac{1}{2}\left(1 \times \frac{1}{2} + 0 \times \frac{-1}{2}\right) = +\frac{1}{4}$$

$$h_1 = \frac{1}{2}(f_0 G_1 + f_1 G_0) = \frac{1}{2}\left(1 \times \frac{-1}{2} + 0 \times \frac{1}{2}\right) = -\frac{1}{4}$$

y-Richtung: $f_0 = 1 \quad f_1 = 0$

$$h_0 = \frac{1}{2}\left(1 \times \frac{1}{2} + 0 \times \frac{-1}{2}\right) = +\frac{1}{4}$$

$$h_1 = \frac{1}{2}\left(1 \times \frac{-1}{2} + 0 \times \frac{1}{2}\right) = -\frac{1}{4}.$$

gefaltet: rückprojiziert:

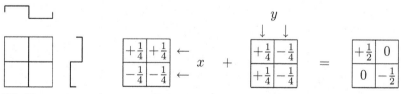

Die Box mit $-1/2$ ist ein Rekonstruktionsartefakt. Schneiden Sie ab: alle negativen Werte entsprechen keinem Objekt.

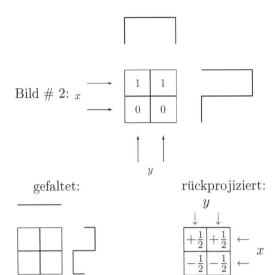

Bild # 2: x

gefaltet: rückprojiziert:

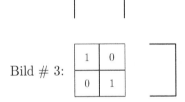

Hier haben wir eine interessante Situation: die gefilterte y-Projektion verschwindet identisch, weil eine Konstante – vergessen Sie die periodische Fortsetzung nicht! – nicht durch ein Hochpaß-Filter durchgelassen wird. In anderen Worten, ein gleichförmiges Objekt sieht wie gar kein Objekt aus! Kontrast ist alles was zählt!

Bild # 3:

Dieses „diagonale Objekt" kann nicht rekonstruiert werden. Wir bräuchten dazu Projektionen entlang der Diagonalen!

Bild # 4:

ist das „Umgekehrte" von Bild # 1.

Bild # 5:

ist wie ein weißes Kaninchen im Schnee oder ein schwarzer Panther im Dunkeln.

5.2. Total verschieden

Die erste zentrale Differenz ist:

„exakt"

$$y_k = \frac{f_{k+1} - f_{k-1}}{2\Delta t} \qquad\qquad f'(t) = -\frac{\pi}{2} \sin \frac{\pi}{2} t$$

$$y_0 = \frac{f_1 - f_{-1}}{2/3} = \frac{f_1 - f_5}{2/3} = \frac{1 + \sqrt{3}/2}{2/3} = 2{,}799 \qquad f'(t_0) = 0$$

$$y_1 = \frac{f_2 - f_0}{2/3} = \frac{1/2 - 1}{2/3} = -0{,}750 \qquad f'(t_1) = -\frac{\pi}{2} \sin \frac{\pi}{2} \frac{1}{3} = -0{,}7854$$

$$y_2 = \frac{f_3 - f_1}{2/3} = \frac{0 - \sqrt{3}/2}{2/3} = -1{,}299 \qquad f'(t_2) = -\frac{\pi}{2} \sin \frac{\pi}{2} \frac{2}{3} = -1{,}3603$$

$$y_3 = \frac{f_4 - f_2}{2/3} = \frac{-1/2 - 1/2}{2/3} = -1{,}500 \qquad f'(t_3) = -\frac{\pi}{2} \sin \frac{\pi}{2} \frac{3}{3} = -1{,}5708$$

$$y_4 = \frac{f_5 - f_3}{2/3} = \frac{-\sqrt{3}/2 - 0}{2/3} = -1{,}299 \qquad f'(t_4) = -\frac{\pi}{2} \sin \frac{\pi}{2} \frac{4}{3} = -1{,}3603$$

$$y_5 = \frac{f_6 - f_4}{2/3} = \frac{f_0 - f_4}{2/3} = \frac{1 + 1/2}{2/3} = 2{,}250 \qquad f'(t_5) = -\frac{\pi}{2} \sin \frac{\pi}{2} \frac{5}{3} = -0{,}7854.$$

Natürlich ist der Anfang y_0 und das Ende y_5 völlig falsch wegen der periodischen Fortsetzung. Rechnen wir den relativen Fehler für die anderen Ableitungen aus:

$$k = 1 \quad \frac{\text{exakt} - \text{diskret}}{\text{exakt}} = \frac{-0{,}7854 + 0{,}750}{-0{,}7854} = 4{,}5\% \text{ zu klein}$$

$$k = 2 \quad 4{,}5\% \text{ zu klein}$$

$$k = 3 \quad 4{,}5\% \text{ zu klein}$$

$$k = 4 \quad 4{,}5\% \text{ zu klein.}$$

Das Resultat ist in Abb. A.17 dargestellt.

5.3. Simpson-1/3 gegen Trapez

Die Funktion sowie die Rechnungen mit der Trapezregel und der Simpson-1/3-Regel sind in Abb. A.18 dargestellt.

Trapez:

$$I = \left(\frac{f_0}{2} + \sum_{k=1}^{3} f_k + \frac{f_4}{2} \right)$$

$$= \left(\frac{1}{2} + 0{,}5 - 0{,}5 - 1 - \frac{0{,}5}{2} \right) = -0{,}75,$$

Simpson-1/3:

$$I = \left(\frac{f_2 + 4f_1 + f_0}{3} \right) + \left(\frac{f_4 + 4f_3 + f_2}{3} \right)$$

$$= \left(\frac{-0{,}5 + 4 \times 0{,}5 + 1}{3} \right) + \left(\frac{-0{,}5 + 4 \times (-1) + (-0{,}5)}{3} \right) = -0{,}833.$$

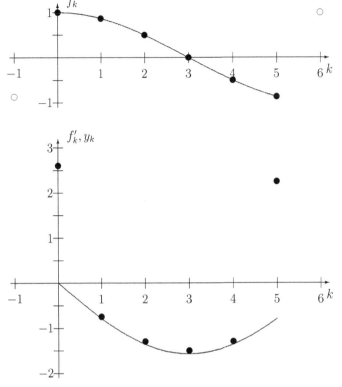

Abb. A.17. Input $f_k = \cos \pi t_k/2, t_k = k\Delta t$ mit $k = 0,1,\ldots,5$ und $\Delta t = 1/3$ (*oben*). Erste zentrale Differenz (*unten*). Die durchgezogene Linie ist die exakte Ableitung. y_0 und y_5 scheinen völlig falsch zu sein. Wir sollten aber die periodische Fortsetzung der Reihe nicht vergessen (*siehe offene Kreise in dem oberen Teil*)

Um den exakten Wert zu berechnen, müssen wir $f_k = \cos(k\pi\Delta t/3)$ in $f(t) = \cos(\pi t/3)$ umrechnen. Also bekommen wir $\int_0^4 \cos(\pi t/3)\mathrm{d}t = -0{,}82699$.

Die relativen Fehler sind:

$$1 - \frac{\text{Trapez}}{\text{exakt}} = 1 - \frac{-0{,}75}{-0{,}82699} \Rightarrow 9{,}3\% \text{ zu klein,}$$

$$1 - \frac{\text{Simpson-1/3}}{\text{exakt}} = 1 - \frac{-0{,}833}{-0{,}82699} \Rightarrow 0{,}7\% \text{ zu groß.}$$

Das ist konsistent mit der Tatsache, daß die Trapezregel immer das Integral unterschätzt, während die Simpson-1/3-Regel immer überschätzt. (siehe Abb. 5.14 und Abb. 5.15).

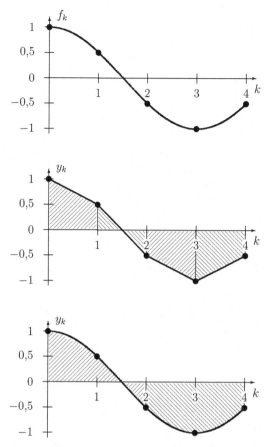

Abb. A.18. Input $f_k = \cos \pi t_k$, $t_k = k\Delta t$, $k = 0, 1, \ldots, 4$, $\Delta t = 1/3$ (*oben*). Flächen der Trapeze, die addiert werden müssen. Schrittweite ist Δt (*Mitte*). Flächen der parabolisch interpolierten Segmente mit der Simpson-1/3-Regel. Schrittweite ist $2\Delta t$ (*unten*)

5.4. Total verrauscht

a. Man erhält Randomrauschen und im Realteil (wegen des Kosinus!) zusätzlich eine diskrete Linie bei der Frequenz $(1/4)\Omega_{\text{Nyq}}$ (siehe Abb. A.19 und Abb. A.20).

b. Bearbeitet man den Input mit Hilfe eines einfachen Tiefpaßfilters (5.11), so sieht das Zeitsignal schon besser aus wie in Abb. A.21 zu sehen ist. Der Realteil der Fouriertransformierten der gefilterten Funktion wird in Abb. A.22 gezeigt.

5.5. Schiefe Ebene

a. Wir verwenden einfach ein Hochpaßfilter (siehe (5.12)). Das Ergebnis ist in Abb. A.23 dargestellt.

b. Für eine „δ-förmige Linie" als Input erhält man gerade die Definition des Hochpaßfilters als Resultat. Daraus ergibt sich folgender Vorschlag für

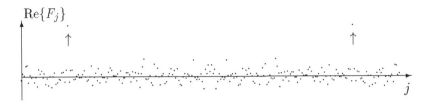

Abb. A.19. Realteil der Fouriertransformierten der Zahlenfolge aus (5.46)

Abb. A.20. Imaginärteil der Fouriertransformierten der Zahlenfolge aus (5.46)

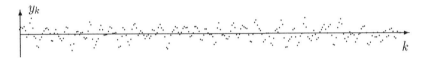

Abb. A.21. Mit Tiefpaßfilter bearbeiteter Input aus (5.46)

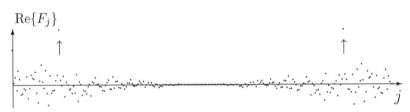

Abb. A.22. Realteil der Fouriertransformierten der gefilterten Funktion y_k aus Abb. A.21

Abb. A.23. Daten   aus   Abb. 5.17   mit   dem   Hochpaßfilter $y_k = (1/4)(-f_{k-1} + 2f_k - f_{k+1})$ bearbeitet. Unschön sind die „Unterschwinger"

ein Hochpaßfilter mit kleineren „Unterschwingern":

$$y_k = \frac{1}{8}(-f_{k-2} - f_{k-1} + 4f_k - f_{k+1} - f_{k+2}). \qquad (A.6)$$

Das Ergebnis dieser Datenbearbeitung zeigt Abb. A.24. Spinnt man die-

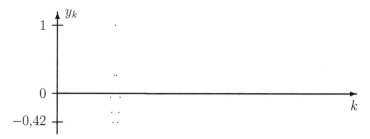

Abb. A.24. Daten aus Abb. 5.17 mit dem modifizierten Hochpaßfilter aus (A.6) bearbeitet. Die „Unterschwinger" werden etwas kleiner und breiter. Der Erfolg ist zwar klein, aber sichtbar

sen Gedanken weiter, so erkennt man unschwer den Dirichletschen Integralkern (1.53) wieder, der zu einer Stufe gehört. Das Problem ist dabei, daß die Randeffekte immer schwieriger zu behandeln sind. Wesentlich besser lassen sich Daten natürlich mit rekursiven Filtern bearbeiten.

Literaturverzeichnis

1. H.J. Lipkin: *Beta-decay for Pedestrians* (North-Holland Publ., Amsterdam 1962)
2. H.J. Weaver: *Applications of Discrete and Continuous Fourier Analysis* (A Wiley–Interscience Publication John Wiley & Sons, New York 1983)
3. H.J. Weaver: *Theory of Discrete and Continuous Fourier Analysis* (John Wiley & Sons, New York 1989)
4. E. Zeidler (Ed.): *Oxford Users' Guide to Mathematics* (Oxford University Press, Oxford 2004)
5. W.H. Press, B.P. Flannery, S.A. Teukolsky, W.T. Vetterling: *Numerical Recipes, The Art of Scientific Computing* (Cambridge University Press, New York 1989)
6. F.J. Harris: Proceedings of the IEEE **66**, 51 (1978)
7. M. Abramowitz, I.A. Stegun: *Handbook of Mathematical Functions* (Dover Publications, Inc., New York 1972)
8. I.S. Gradshteyn, I.M. Ryzhik: *Tables of Integrals, Series, and Products* (Academic Press, Inc., San Diego 1980)

Sachverzeichnis

Aus dem Programm Physik

Dobrinski, Paul / Krakau, Gunter / Vogel, Anselm

Physik für Ingenieure

12., akt. Aufl. 2010. 703 S. mit Periodensystem der Elemente,
Spektraltafel 4c. Geb. EUR 44,95
ISBN 978-3-8348-0580-5

Mechanik - Wärmelehre - Elektrizität und Magnetismus - Strahlenoptik
- Schwingungs- und Wellenlehre - Atomphysik - Festkörperphysik -
Relativitätstheorie

Neben den klassischen Gebieten der Physik werden auch moderne
Themen, z.B. makroskopische Quanten-Effekte wie Laser, Quanten-Hall-
Effekt und Josephson-Effekte, die in der Anwendung immer wichtiger
werden, ausführlich dargestellt. Zahlreiche Beispiele stellen immer
wieder den Bezug zur Praxis heraus. Für eine optimale Unterstützung
des Selbststudiums enthält das Buch ca. 300 Aufgaben mit Lösungen.

**VIEWEG+
TEUBNER**

Abraham-Lincoln-Straße 46
65189 Wiesbaden
Fax 0611.7878-400
www.viewegteubner.de

Stand Juli 2011.
Änderungen vorbehalten.
Erhältlich im Buchhandel oder im Verlag.

Printed in the United States
By Bookmasters